飲料調製證照教室

許可函◎著

飲調丙級技術士技能檢定
術科寶典＆學科滿分題庫

朱雀文化

另類的幸福

很久很久之前，可函老師曾經告訴我：「她準備出一本書！」

當下，我的「哇！」很大聲，很好！很棒！是有作為的年輕人，我喜歡。接著，不久之前，可函老師、餐飲管理科學生以及專業攝影師，非常忙碌地在本校飲調教室，不斷分解動作，不斷修改，不斷重複，不斷拍攝，為的是追求一份精緻和完美的作品。我知道這是一件非常不容易的事，但是他們做到了，是一種幸福。

看到這本書的初稿。試想如果我是學生，我會如何運用這本精美的實作書，讓自己的飲料調製專業可以提升，並取得丙級檢定證書？翻啊翻，讀啊讀，我發現可函老師實在用心良苦。

她透過這些年的教學和實務經驗，把飲調中的調製法以統整的方式，用圖文步驟逐一詳解，既清晰又實用。同時，也整理出考生通常容易搞錯的幾款水果切法，不但有圖示，也有教學影片。最貼心的是用小提示，提醒考生較常犯的錯誤。這就是身為老師，凡事以「學生為中心」的理念架構下所產生的一本實作書，非常適合教師檢定教學、學生實務操作，或對飲調有興趣的社會人士自學。

尤其近年來飲料店產業，無論在營業家數或從業人數上都呈現高速成長，專業人力需求持續增加，能夠先擁有丙級技術士證照，進而邁向乙級技術士證照，都是為自己的職能加分。現在又有可函老師運用最新版本而精心設計的輔助步驟，我相信專業學習一定可以事半功倍。

蔣勳曾說：「把此時此刻該做的事情做好，就是幸福。點點滴滴的生活裡，最平凡的細節加起來，才是幸福。」我也想說：「可函老師就是把當下該做的事情做好做滿，還超越了該做的事情，希望每一個平凡的細節都能日臻完善，這也是一種幸福。」希望使用這本書的讀者，每天都能夠帶著這種幸福，調製出一杯杯幸福的飲料。

臺南市光華高中校長

一起邁向精進飲料、飲品調製的世界

　　從進入教職，任教於光華高中，教授實作科目有飲料調製、蔬果切雕等，在教學現場常發現科目雖不同，內容卻具有相關性，其中感觸特別深的是，學生在蔬果切雕課程中，時常對飲料調製水果拼盤有疑問。因此讓我萌生專書出版的念頭，用步驟示範、詳解說明，使學生更能上手。讓讀者更簡單明瞭地閱讀與學習，是本書撰寫的方向。感謝師長們的引薦，能有此次機會將心中的念頭實踐，心中的感動不可言喻！

　　本書分成五大部分，第一部分將飲料調製證照考試從考試規準重點列出；第二部分將評分扣分項目詳加說明，包含：吧檯準備工作每一套大題組完成、前置作業流程參考圖、善後作業流程參考圖及裝飾物製作介紹；第三部分各調製法說明及示範；第四部分檢定內容的每大題組之各小題示範，每道題皆有小提醒，提醒考生可能犯錯或扣分項目，並將考生常不熟悉之水果盤拍攝影片，加強考生印象。最後，在第五部分將檢定測驗的學科整理於書末，以便考生閱讀學習。本書引導考生關注於技能檢定證照考試，更可作為未來精進飲料、飲品調製的基礎。

　　除了感謝師長們的促成，讓我有此機會與朱雀文化合作，更感謝光華高中張淑霞校長及各處室主任全力支持，才能有如此專業的拍攝環境及場地；以及在本書協助操作的靖容老師及瑋如老師，作為十多年好友，二話不說地前來幫忙。利用暑期休假從早上 7 點準時陪老師奮戰的 110 級餐三仁同學，宛甯、佳玲、俞妤、吉玉、宸宇、柏諺、玉靖、協助咖啡拍攝的逢逢、幫忙拍攝補圖的承融，都特別撥出時間前來幫忙，有時甚至因拍攝忙碌到深夜，大家都義無反顧全力協助，老師感動在心，有你們真好；最後更感謝許瓜爸爸在餐飲之路給我滿滿的鼓勵及勇氣。因為有你們，本書才能順利完成。期盼本書的誕生，能讓參加技能檢定考試的你迎刃而解、有所助益，更祝福你順利考取飲料調製丙級技術士證照。

許可欣

作者

目錄
Contents

PART 1 / 飲料調製檢定規範

PART 2 / 調製方法介紹

PART 3 / 技術士技能檢定飲料調製職類丙級術科測試試題

術科測試試題 A 組

術科測試試題 B 組

PART 4 / 學科試題與解答

PART 1

飲料調製
檢定規範

壹、綜合注意事項

（一）應檢人於測試前詳閱應檢參考資料，含試題、評審表，以避免違規或操作錯誤情事發生。水果拼盤之成品，其等份數、切割方法、擺設方式須與成品參考圖相同。柳橙玉兔盤，須為單耳兔，兔耳左右不拘，底座柳橙應從尾部切開。術科測試辦理單位應發放應檢人水果拼盤之成品參考圖卡。

（二）本職類術科測試試題規定之操作、處理手法，僅供應檢人參加檢定時，應先瞭解之共通基礎技術，實際從事相關行業時，應遵守職場道德等相關規定。

（三）檢定作業完成時間應循時間配當表之規定，不得藉故要求提早結束或延長。

（四）應檢結束後，其成品不論完成與否，均不得要求攜回或飲用，並請確實完成個人操作檯之清潔工作後，始可離開檢定場。

（五）應檢人應注意工作安全，預防意外事故發生。

（六）應檢人可視需求，以電子式磅秤秤量乾燥材料，例如：茶葉、咖啡粉等（非乾燥材料不可秤量）。

（七）半磅磨豆機為提供應檢人濾杯式及虹吸式咖啡磨豆用。

（八）配合政府環保政策，所有冷飲成品均不附加一次用塑膠吸管。

（九）砧板之使用應符合食品安全衛生要求，避免汙染。

貳、檢定當日應注意事項

（一）應依通知日期時間到達檢定場後，請先到「報到處」辦理報到手續，然後依試務人員安排至指定處等候。

（二）報到時，請出示術科測試通知單、准考證及國民身分證或其他法定身分證明文件。

（三）報到完畢後，由試務人員集合，核對人數後，交由當日監評長（或指定之監評人員），進行服裝儀容檢查，未符合規定者，請詳註原因。服裝儀容未依規定穿著者，不得進場應試，術科成績以不及格論。應檢人如有異議，監評長應邀集所有監評人員召開臨時會議討論並決議之。

（四）監評長宣布當日一般注意事項，並須解說或測試檢定場果汁機及義式咖啡

機、半磅磨豆機、電子式磅秤使用方法及垃圾、廚餘的分類方式。抽題結束後，試務人員記錄應檢人題號同時發給題目，監評長依序核對檢定號碼並簽名確認抽題題目，經監評人員再次確認應檢資料後，等待監評長發「開始」指令。

（五）應檢人於術科測試時間開始後 15 分鐘以上尚未進場者視同未報到，並以「缺考」註記。

（六）監評長宣布依據辦理單位所提供之機具、設備及材料表清點，如有短少或損壞，立即請場地管理人員補充或更換；檢定中損壞之機具、設備及材料經監評人員確認責任後，由該應檢人於檢定結束後賠償之。

（七）俟監評長宣布「開始」口令後，才能開始檢定作業。

（八）應檢人應詳閱試題，若有疑問應於檢定開始前提出。辦理單位提供之杯器皿容量規格，應在容許之誤差範圍內。應檢人應依試題規定適當運用辦理單位提供之杯器皿進行術科測試。

（九）檢定中不得有交談、協助他人或託他人代為實作等違規行為，否則以「扣考」論處，不得繼續應檢，其術科測試成績以不及格論。應檢人認為測試題組使用之器具、原料為其他應檢人取用致短缺時，應立即向監評人員反應，經監評人員確認後，得中止該名應檢人測試時間，做適當處理，並補足其測試時間。

（十）檢定中，術科試題題卡必須放置於操作檯處，應檢人不可攜帶至公共材料區。

（十一）檢定中應注意自己、鄰人及檢定場地之安全。

（十二）在規定時間內提早完成者，於原地靜候指令。

（十三）檢定須在規定時間內完成，在監評長宣布「檢定截止」時，應請立即停止操作。

（十四）離場時，除自備用品外，不得攜帶任何東西出場。

（十五）不遵守試場規則者，得勒令出場，予以扣考，不得繼續應檢，已檢定之術科測試成績以不及格論。

（十六）進入檢定場後，應將所有電子通信設備關閉，以免影響檢定場秩序。

（十七）本須知未盡事項，依技術士技能檢定及發證辦法、技術士技能檢定作業及試場規則等相關規定處理。

參、當日檢定程序

（一）每位應檢人檢定二大題，檢定時間總計 2 小時 55 分鐘。

（二）檢定當日程序：

1. **第一大題──吧檯準備：** 準備飲料調製 6 小題所需器皿及水果裝飾物，時間 6 分鐘，評分時間 4 分鐘，共計 10 分鐘。

第一大題──吧檯準備（時間 6 分鐘） 準備 6 小題所需器皿及水果裝飾物 （操作完，剩餘且堪用水果運送回公共材料區）			
準備 時間	準備機具及工作項目	擺放位置	圖示
6 分 鐘	1. 搖酒器 2. 量酒器 3. 吧叉匙 4. 濾茶器 5. 水果夾 6. 三角尖刀 7. 冰鏟 8. 冰夾	吧檯瀝水墊	
	9. 壓汁器 10. 2 個小圓盤 11. 沖壺 12. 杯墊	瀝水墊外桌上	
	13. 砧板 14. 圓托盤 15. 海綿刷 16. 抹布 17. 服務巾	工作檯夾層	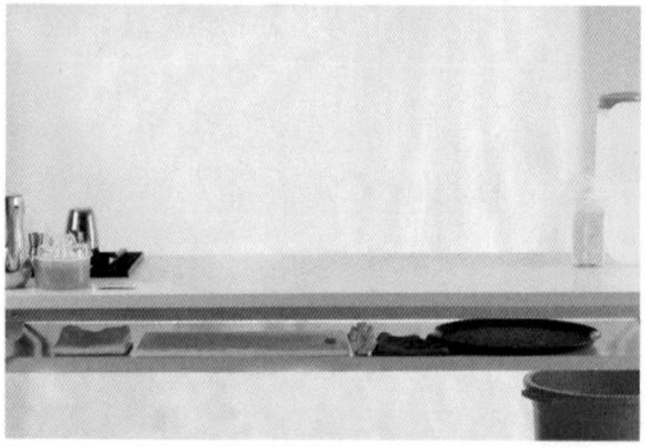

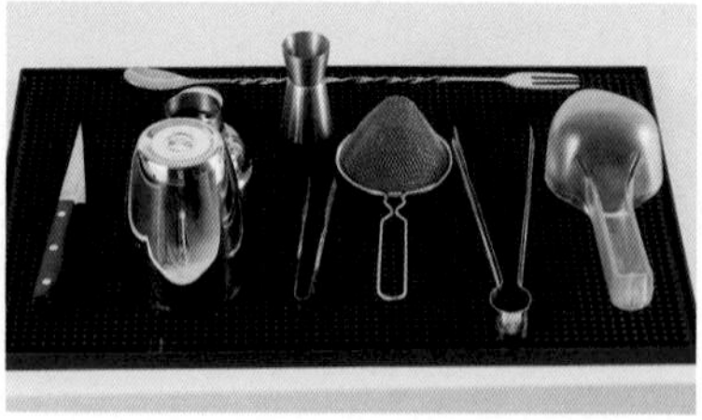

2. **第二大題——飲料調製：**一題組六小題，每小題檢定含評分時間為 27 分鐘（第六小題為 30 分鐘），共計 2 小時 45 分鐘。

題數	項目	計時時間
第一題（27 分鐘）	前置作業	5 分鐘
	評分（停止操作）	3 分鐘
	調製過程	7 分鐘
	成品完成	
	評分	4 分鐘
	善後處理	5 分鐘
	評分	3 分鐘
第二題（27 分鐘）	前置作業	5 分鐘
	評分（停止操作）	3 分鐘
	調製過程	7 分鐘
	成品完成	
	評分	4 分鐘
	善後處理	5 分鐘
	評分	3 分鐘
第三題（27 分鐘）	前置作業	5 分鐘
	評分（停止操作）	3 分鐘
	調製過程	7 分鐘
	成品完成	
	評分	4 分鐘
	善後處理	5 分鐘
	評分	3 分鐘
第四題（27 分鐘）	前置作業	5 分鐘
	評分（停止操作）	3 分鐘
	調製過程	7 分鐘
	成品完成	
	評分	4 分鐘
	善後處理	5 分鐘
	評分	3 分鐘
第五題（27 分鐘）	前置作業	5 分鐘
	評分（停止操作）	3 分鐘
	調製過程	7 分鐘
	成品完成	
	評分	4 分鐘

		善後處理	5 分鐘
第五題（27 分鐘）		評分	3 分鐘
第六題（30 分鐘）		前置作業	5 分鐘
		評分（停止操作）	3 分鐘
		調製過程	7 分鐘
		成品完成	
		評分	4 分鐘
		善後處理	8 分鐘
		評分	3 分鐘
進行時間總計：2 小時 45 分鐘			

肆、檢定場平面圖（右圖）

1. 最小面積共計 1520cm×840cm（扣除牆柱及裝潢建築物之實際長寬）

   - 考試台 180cm×60cm
   - 個人臺間距 80cm
   - 中間走道 120cm
   - 邊圍走道 60cm

2. 因全日分二場檢定，另設置監評人員及應檢人員休息場所。

3. 考場可依場地狀況，將義式咖啡機及半磅磨豆機架設在考場前、後方或適當位置。

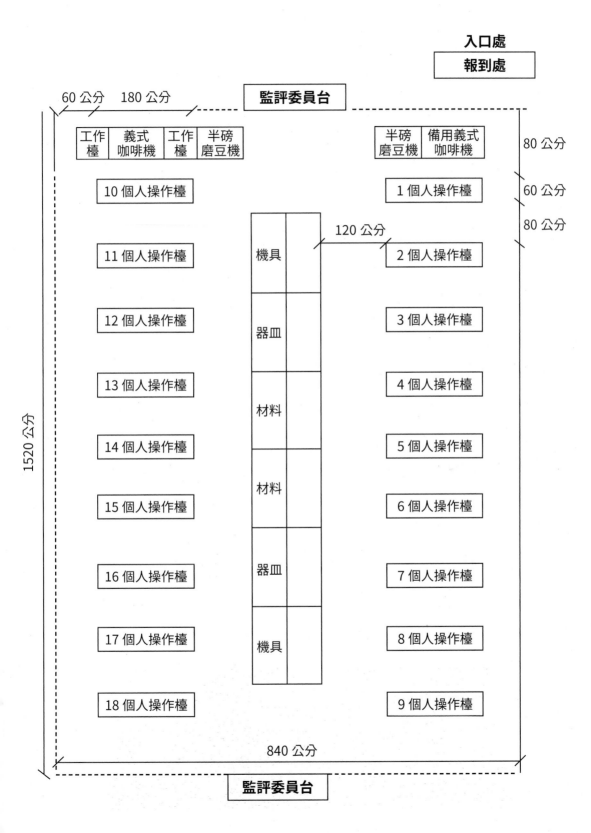

伍、操作檯平面圖

1. 器皿區及材料區可左右調換位置。
2. 廚餘桶放置於垃圾桶左前方。
3. 冰桶及吧檯瀝水墊可調換位置。

180 公分

材料區	成品區	冰桶
	裝飾物區	
儲水桶 （需裝水）		
	工作區	器皿區

60 公分

水桶　　　　　　應檢人站立位置　　　　　廚餘桶　　垃圾桶

陸、器皿區擺放參考圖

柒、職場專業服裝儀容說明

① **頭髮**：梳理整齊，髮長觸及衣領或過肩者須往後綁成髻並戴上髮網，額前頭髮不得長及眼睛。

② **顏面**：不蓄鬍鬚，不可濃妝艷抹，不可佩戴飾品（例如：耳環、鼻環……等）。

③ **領結或領帶**：不限樣式及顏色。

④ **手**：不得留長指甲（超出指肉者謂之）、不著指甲油；雙手潔淨，不戴飾物（含手錶），辦理單位及監評人員請協助及輔導應檢人，於點名作業前，先提供潤滑油協助取下手鐲並提醒針對不可拆除之手鐲，應全程配戴乳膠手套。

⑤ **白襯衫**：長袖（不可捲、折）並以釦子扣住領口及袖口，長度至手腕。

⑥ **背心**：西服背心，長度至腰際，顏色不限。

⑦ **長褲**：一律深黑或深藍色，有褲耳者需繫皮帶，褲襠不得短及露出肚臍；褲長達鞋面。

⑧ **襪子**：著黑色襪子，襪子長度須超過腳踝。

⑨ **皮鞋**：須為黑色並須擦拭乾淨，鞋跟不得超過 5 公分。

⑩ 服裝之材質以棉或混紡之西服布料為準（不可著牛仔褲或緊身褲）。

◆ 應檢人服裝參考（女）

◆ 應檢人服裝參考（男）

捌、檢定器具、設備介紹

■ 玻璃類

可林杯 Collins glass	
360ml（±5ml）， 為容量最大。	

高飛球杯 Highball glass	
240ml（±5ml） ◆ 冰蜜桃比妮（A1- 　3、B12-4） ◆ 奇異之吻（A6-3、 　C17-1）兩題使用， 　並附攪拌棒。	

古典杯 Old Fashioned glass	
240ml（±5ml）	

香甜酒杯 Liqueur glass	
30ml（±2ml）可 用來盛裝裝飾物， 如：蜂蜜、糖水。	

拿鐵玻璃杯	
250ml（±10ml）， 可用來裝熱抹茶拿 鐵、熱拿鐵咖啡。	

公杯	
300ml（±20ml） 帶嘴，壓克力或玻 璃材質亦可；需耐 溫 80℃ 盛裝果汁、 牛奶、熟粉圓。	

耐熱玻璃壺	
550ml（±50ml）	

沖茶器	
二人份	

咖啡煮器 Syphon coffee maker	
2人份含上下球、酒精燈、調棒（竹/木製）。	 **打火機**

■ 瓷器類

咖啡杯組		寬口咖啡杯組	
170ml（±10ml）、附底盤及不銹鋼咖啡匙。		270ml（±10ml）、附底盤及不銹鋼咖啡匙，置於義式咖啡機上方備用。	

紅茶杯組		蓋碗杯組	
220 ml（±10ml）、附底盤及不銹鋼咖啡匙。		200 ml（±20ml）、附底盤及杯蓋。	

小圓盤		圓盤	
直徑 15～18 cm		直徑 22～24 cm（9吋盤），盛裝水果拼盤用。	

■ 雜項類

砧板		三角尖刀	
45cm×30cm×1cm、塑膠製（直接拿，不需使用托盤）		12 ～ 15cm（不含刀柄）	

水果夾		檸檬刮絲器	
12 ～ 15cm		五孔	

雪平鍋		壓汁器	
直徑 16 ～ 18cm		塑膠製	

濾茶器		榨汁器	
不鏽鋼材質（直徑8～11公分）		不銹鋼製	

吧叉匙		長柄咖啡匙	
32 ～ 34cm		不銹鋼製、長 19 ～ 20 cm。	

咖啡豆量匙		圓湯匙	
塑膠製，盛豆量 8 ～ 10公克。		不銹鋼製 16 ～ 19 cm。	

量酒器 Jigger	搖酒器 Shaker
30ml / 15m， 共計 45ml 	350ml ～ 530ml 
拉花鋼杯	小鋼杯
600ml（±100ml） 	225ml（±25ml） 
奶泡壺 Milk Pot	沖壺
600ml（±200ml） 	600 ～ 1000ml、 不銹鋼製、細嘴。 
壓克力防風架	咖啡過濾杯
長 13 cm × 寬 14 cm × 高 15 cm 以上； ㄇ字型。 	2 人份、 壓克力製。 
瓦斯爐	瓦斯罐
30cmx30cm （±5cm）/ 附隔熱裝置。 	卡於瓦斯爐中使用 

開罐器		圓托盤	
有壓孔功能、簡單型		直徑 35cm、止滑	

抹布		過濾網	
毛巾料（20兩/一打）或棉紗；63×30 cm 或 30×30 cm。		不銹鋼製，直徑 12～16cm，過濾冰西瓜汁、冰柳橙鳳梨汁用。	

急救箱		海棉刷	
安全效期內之完整藥品及配件		長柄	

吧檯瀝水墊		電子式磅秤	
可瀝水，至少 30×40cm 以上，放置洗淨後之器皿。		最小度量 0.1公克，僅限秤量乾燥材料。	

冰桶（附冰鏟/冰夾）		水桶	
至少 2 公升以上		45 公升以上、塑膠製，下方會放置水桶10～15公升（塑膠製）承接廢水。	

垃圾桶		廚餘桶	
10～15 公升，塑膠製。		2 公升以上、塑膠或不銹鋼製。	

果汁機組

具碎冰功能 / 附延長線（從電源至每一應檢人操作檯長度），直接拿取。

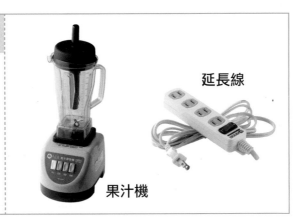

延長線

果汁機

半自動義式咖啡機

雙口、鍋爐容量 10 公升以上；單口鍋爐容量 8 公升以上（咖啡機兩側須保留至少長 90 公分、寬 60 公分之檯面供應檢人操作）

單孔咖啡把手

雙孔咖啡把手

義式咖啡磨豆機

豆槽容量
450 公克以上

環保粗吸管

粗管，材質不限，可重複使用，附吸管刷。

■ 配料類

1. 乾燥材料，如：咖啡豆、茶葉用古典杯盛裝。
2. 濕性材料，如：果汁、液態鮮奶油用公杯盛裝。

肉桂（玉桂）粉	
360ml（±5ml）， 為容量最大	

可可粉	
整瓶取用	

二砂糖	
600 公克 / 包，用 古典杯裝，以咖啡 豆匙量取。	

糖包	
8 公克 / 包、50 包 / 盒，整包取並放在 小圓盤。	

細鹽	
整瓶取用	

淺焙或中焙咖啡豆	
1 磅裝	

中深或深焙咖啡豆	
1 磅裝	

無糖抹茶粉	
50 公克 / 罐	

義式咖啡豆		奶精球	
1 磅裝		整粒取用，置於小圓盤。	

摩卡粉（或原味三合一即溶咖啡粉）		柳橙汁	
200 公克，以咖啡豆量匙取用，以電子秤秤量，置於古典杯。		1000ml 公杯取用	

鳳梨汁		無色汽水	
190~360ml / 易開罐裝 整瓶取用		500ml 以上 / 保特瓶裝 整瓶取用	

果露、糖漿	紅石榴糖漿	水蜜桃果露	奇異果果露	榛果糖漿	焦糖糖漿
700ml / 瓶以上 整瓶取用					

巧克力醬	
450 ～ 700ml 整瓶取用	

焦糖醬	
450 ～ 500 公克 整瓶取用	

柚子醬	
500 公克以上，以 咖啡豆量匙量取。	

蜂蜜 （或蜂蜜調味糖漿）	
250 ～ 750ml	

龍眼乾肉	
100 公克 / 盒以上	

紅櫻桃	
帶梗，以水果夾挾 取用。	

紅棗乾	
100 公克以上（有 籽、無籽皆可，大 小不拘），以咖啡 豆量匙量取。	

水蜜桃罐頭	
約 820 公克， 1/2 粒裝。	

紅茶包	
整包取用，置於古 典杯。	

蜜香紅茶葉	
100 公克（條索型， 台灣產），以咖啡 豆量匙量取	

綠茶茶葉

300 公克，以咖啡豆量匙量取。

凍頂烏龍茶葉

100 公克（凍頂型球型茶葉，台灣產），以咖啡豆量匙量取。

阿薩姆紅茶葉

300 公克（碎型），以咖啡豆量匙量取。

伯爵紅茶葉

200 公克，以咖啡豆量匙量取。

乾燥菊花

20 公克（黃、白菊皆可），以咖啡豆量匙量取。

枸杞

30 公克，以咖啡豆量匙量取。

乾燥洛神花

100 公克，以水果夾挾取。

黑森林果粒茶

100 公克

乳酸菌飲料（養樂多類）

100ml／罐，存放冰水中。

■ 雜項類

鮮奶	
0.9公升(以上)/盒、全脂(含脂肪量3～3.8%)，禁止使用回收乳品，以公杯、鋼杯或奶泡壺取用。	

泡沫鮮奶油	
存放於冰水中整罐取用	

無糖液態鮮奶油	
500ml 存放於冰箱中，以公杯取用	

檸檬	
置於容器中整顆、半顆取用	

柳橙	
置於容器中	

金桔	
置於容器中，保鮮膜包封。	

木瓜	
置於容器中，保鮮膜包封。	

西瓜	
置於容器中，保鮮膜包封。	

鳳梨	
置於容器中，保鮮膜包封。	

香蕉	
置於容器中	

奇異果	
置於容器中	

葡萄柚	
置於容器中	

百香果原汁（含肉含籽）		熟粉圓	
600 公克以上，新鮮或冷凍（需退冰）皆可，存放於冰水中，以公杯取用。		粉圓（生）尺寸大小不一，視考場提供。測試當天現煮，裝於加蓋容器中，以咖啡豆量匙量取。	

糖水

將二砂糖與熱水 1：1 製作，冷卻後以容量 360 ～ 750ml 瓶子盛裝，每罐至少 350ml，瓶子為塑膠或玻璃類。

■ 消耗品

咖啡濾紙		杯墊	
1 ～ 2 人份、40 張		可以環保杯墊取代	
櫻桃叉		攪拌棒	
工業用酒精		廚房紙巾	
注入酒精燈使用		建議用一包，一卷較容易滾到地上，應檢人自備。	

服務巾	
白色、全棉、長 55cm±3cm，不可有髒汙。	

■ 雜項類

填壓墊		填壓器	
放置於 義式咖啡機周圍		放置於 義式咖啡機周圍	

玖、術科測驗試題說明

（一） 檢定名稱：飲料調製

（二） 檢定時間：2 小時 55 分

（三） 檢定説明

1. 採用電子抽題方式，測試當日由術科測試編號最小號之應檢人抽出該應檢人個人之題組（第一大題併同第二大題，第一大題不單獨抽題），其餘應檢人則依術科測試編號順序對應試題組別測試（例如：1 號應檢人抽到 A6，2 號應檢人對應 B7）。於規定檢定時間內，完成吧檯準備及該組別六種飲料調製。

2. 檢定工作程序如下：

   （1） **第一大題吧檯準備（題號：1060301）**：準備飲料調製 6 小題所需器皿及水果裝飾物，時間 6 分鐘，評分時間 4 分鐘，共計 10 分鐘。

   （2） **第二大題飲料調製（題號：106302）**：第一至五小題之前置作業時間為 5 分鐘，調製過程及成品完成時間為 7 分鐘，善後處理時間為 5 分鐘，每題計 17 分鐘，第六小題前置作業時間為 5 分鐘，調製過程及成品完成時間為 7 分鐘，善後處理時間為 8 分鐘，計 20 分鐘，六小題共計 105 分鐘，不含評分時間（參閱檢定程序時間表）。

（四） 技能標準評分範圍

1. 重視職業道德、行業屬性及環保、衛生安全觀念。

2. 吧檯準備、前置作業：

   （1） 瞭解配方並認識食材與器皿。

   （2） 準備工作過程中之衛生與安全。

   （3） 正確擺設飲料調製機動形態之個人操作檯，含材料區、器皿區、成品區、裝飾物區及工作區。

   （4） 正確飲料操作觀念與習慣。

   （5） 製作裝飾物基礎技能的熟練度。

3. 調製過程：

   （1） 強調過程中之衛生與安全。

   （2） 具備飲料調製基本常識。

   （3） 熟練各式基本操作方式。

（4） 正確的使用及保養機具。

4. 成品評鑑：重視成品之色澤、香味、形態與口感。成品評鑑依試題規定之成份、調製法、裝飾物、杯器皿，以現場實作成品為主，試題成品參考圖為參考範例。

5. 善後處理：

（1） 具備正確的物料成本控制觀念。

（2） 強調過程中之衛生與安全。

（3） 正確處理垃圾、廚餘及水的分類（配合辦理單位之分類回收規定處理）。

（4） 落實材料、器皿及設備的清理與維護。

（五） 評分標準

　　職業道德與重大專業技能評分表，評斷應檢人自綜合注意事項說明開始至測試結束，應具備之基本職業道德及基礎專業技能。違反職業道德項目者，一律扣考，不得繼續應檢（術科測試成績以不及格論）。違反重大專業技能項目者，一律扣該題 100 分。

1. 第一、二大題獨立計分（第一大題 -100 分、第二大題 -600 分，第二大題各小題為 100 分）。測試過程依各該評分項目、評分標準，核實扣分。

2. 第一大題為吧檯準備，計 100 分。依該評分項目、評分標準，核實扣分。

3. 第二大題為飲料調製，分六小題，每小題 100 分，計 600 分。每小題又細分為：（1） 前置作業，最多扣 20 分；（2）調製過程，最多扣 30 分；（3）成品評鑑，最多扣 40 分；（4）善後處理，最多扣 10 分。

4. 第一大題平均扣分達 41 分（含）以上即為不及格，第二大題平均扣分總計達 241 分（含）以上即為不及格，第一、二大題均需及格，總評結果方為及格。

5. 調製使用之配方份量，以杯皿容量 10 等份為配比原則。

6. 紙巾使用原則：

（1） 用於古典杯、成品杯的擦拭。

（2） 用於手部的擦拭。

（3） 用於鋪設工作區（限單張）。

（4） 其餘物品擦拭，依環保、節約原則使用。

7. 服務巾使用原則：

（1） 需折疊整齊，與抹布分開放置於操作檯夾層。

（2） 服務巾僅限於善後處理時，擦拭洗淨後之器皿。

（六） 應檢人自備應檢事項

1. 著職場專業服裝儀容（請參照 P.17「職場專業服裝儀容說明」）。

2. 廚房紙巾，限一捲（盒）。

3. 服務巾，一條（白色、全棉、長寬 55cm±3cm，不可有髒汙）。

拾、術科測試評分表

（一）吧檯準備扣分項目

項目	扣分項目	扣分標準（次）
職業道德	・**違反下列事項者：** 1. 冒名頂替。 2. 傳遞資料或信號。 3. 協助他人或託他人代為實作。 4. 互換題卡。 5. 故意損壞機具、設備。 6. 擾亂試場內外秩序不聽勸阻。 7. 中途離場或自行變換檢定崗位。 8. 有吸菸、嚼檳榔、嚼口香糖等情形。 9. 除礦泉水、包裝飲用水外，攜帶任何食物或其他物件入場。 10. 應檢人間彼此交談、討論。 11. 不遵守試場規則者。	扣考
吧檯準備100分	1. 違反安全及衛生事項者 (依項次扣分)： ❶ 以抹布擦拭工作檯面及夾層以外的地方 ❷ 未能正確持用托盤運送物品 ❸ 將冰鏟 (冰夾) 放置於冰桶 (槽) 中 ❹ 製作裝飾物前未先洗手 ❺ 未分類處理垃圾、冰和水 ❻ 砧板及三角尖刀使用完後，未立即清洗 ❼ 水果未放置於小圓盤上 ❽ 未正確使用砧板造成汙染 ❾ 其他。	★8 分
	2. 運送物件時打翻、掉落或破損者。	20 分
	3. 未正確切割檸檬（柳橙）片（含厚薄不一、形狀不平整、未由頭至尾方向切片）。	★8 分
	4. 未正確切割檸檬角或寬度未在 1.5~2 公分之間、傷害到果肉者。	★8 分
	5. 生鮮物料未經正確清潔、處理（含去蒂頭、去除標籤）	20 分

項目	扣分項目	扣分標準（次）
吧檯準備 100 分	6. 吧檯準備作業時間截止，未完成、拿錯、未按試題布置之項目（依項次扣分）： ❶ 搖酒器 ❷ 量酒器 ❸ 吧叉匙 ❹ 濾茶器 ❺ 1 支水果夾 ❻ 三角尖刀 ❼ 壓汁器 ❽ 2 個小圓盤 ❾ 沖壺 ❿ 杯墊 ⓫ 砧板 ⓬ 圓托盤、海綿刷、抹布	★8 分
	7. 六小題所需水果裝飾物： ❶ 未完成 ❷ 取用錯誤 ❸ 切割數量超出試題規定 ❹ 浪費材料重新切割。 （鳳梨冰沙之新鮮鳳梨片除外）（依項次扣分）。	★12 分
	8. 未歸還可堪使用或未處理剩餘之生鮮物品者。	★8 分
	9. 未依正確方式操作，致使受傷，或受傷未立即包紮者。	20 分
	10. 時間截止時，仍繼續作業者。	40 分
	扣分總計（最多扣 100 分） 打★表示，該扣分項目得重複扣分	

（二）吧檯準備工作於每一套大題組前完成（計時 6 分鐘）

應檢人站在工作檯。

取抹布擦工作檯檯面。

抹布擦夾層。

洗抹布，折好收抽屜。

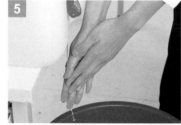

洗手。

擦手。

鋪設紙巾一張在工作區。

將 12 樣器具擺好在瀝水墊及周邊。

擺設操作檯器具。

取用 2 個圓盤擺放裝飾物。

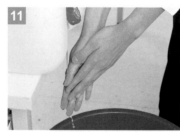

洗手。

擦手。

洗水果、撕除標籤。

擦淨水果。

將水果去蒂頭。

將水果切對半。

洗淨刀具、砧板。

擦乾淨刀子、砧板。

取抹布擦工作檯檯面。

洗抹布。

歸還可堪用汁水果。

工作崗位等候，評審評分。

〈注意事項〉

❶ 工作檯抹布只擦桌面及義式咖啡機區域。
❷ 取回水果在清洗過程，洗淨、撕除標籤後切割第一動作先去蒂頭。
❸ 12 項吧檯器具需詳記。

（三）重大專業技能扣分項目

項目	扣分項目	扣分標準（次）
職業道德	・**違反下列事項者：** 1. 冒名頂替。 2. 傳遞資料或信號。 3. 協助他人或託他人代為實作。 4. 互換題卡。 5. 故意損壞機具、設備。 6. 擾亂試場內外秩序不聽勸阻。 7. 中途離場或自行變換檢定崗位。 8. 有吸菸、嚼檳榔、嚼口香糖等情形。 9. 除礦泉水、包裝飲用水外，攜帶任何食物或其他物件入場。 10. 應檢人間彼此交談、討論。 11. 不遵守試場規則者。	扣考
重大專業技能	1. 未按題序恣意跳題製作者。	100 分
	2. 成品未按試題配方： ❶ 以成份、杯器皿取用。 ❷ 調製法操作。 ❸ 裝飾物（醬及粉類）操作與題意有重大不符且會影響口感。	100 分
	3. 水果拼盤之等份數或切割方法與成品參考圖不符。	100 分
	4. 操作時出現下列情形者扣該題 100 分： ❶ 呈現之成品，應有冰塊而未含冰塊時（或無需冰塊而含冰塊時）。 ❷ 呈現之成品，應含奶泡而無奶泡。 ❸ 未能正確且安全 地操作機具設備致危及安全或損壞者。例如：萃取義式濃縮咖啡時，把手未能扣緊或脫落、成品含咖啡渣、不當萃取倒掉重新填壓咖啡粉、操作虹吸式咖啡時下座未加水即點火或未扣緊濾網。 ❹ 成品量未達六分滿或水果拼盤成品果肉量未達 70%。 ❺ 成品完成送出後取回丟棄重新製作。 ❻ 製作果汁或冰沙時未按題示取用水果材料。 ❼ 水果拼盤切割錯誤重新取用材料。 ❽ 熱桔茶及熱水果茶以熱水沖泡紅茶包。 ❾ 調製時間截止無成品者。	100 分

註一：凡違反職業道德項者，一律扣考，不得繼續應檢（術科測試成績以不及格論）。
註二：凡違反重大專業技能項者，一律扣該題 100 分。
註三：應檢人如違反職業道德與重大專業技能項目者，將違反項目記錄於「重大專業技能扣分」備註欄內。

（四）前置作業扣分項目

項目	扣分項目	扣分標準（次）
職業道德	1. 違反安全、衛生相關事項者（依項次扣分）：❶ 未鋪設紙巾於工作區。❷ 未洗手即取物。❸ 未能正確持用托盤運送物品。❹ 未檢視處理杯器皿及清潔。❺ 清潔後之杯器皿未將外部擦拭乾淨。❻ 使用潮濕容器取用乾燥材料者。❼ 將冰鏟（冰夾）放置於冰桶（槽）中。❽ 砧板、三角尖刀使用完後，未立即清洗及歸位。❾ 水果未放置於圓盤上。❿ 持杯時手碰觸杯口。⓫ 未正確使用砧板造成汙染。⓬ 其他。	★4 分
（A）前置作業 20 %	2. 運送物件時打翻、掉落或破損者。	10 分
	3. 紙巾鋪設過多造成浪費。	4 分
	4. 未按試題布置個人操作檯。	4 分
	5. 未將材料或器皿商標或標籤正面朝前方。	4 分
	6. 取用不當器皿或材料，造成他人不敷使用者（依項次扣分）：❶ 材料 ❷ 杯皿 ❸ 器具 ❹ 其他。	★4 分
	7. 使用義式咖啡磨豆機未檢視咖啡粉存量，咖啡粉研磨過多，超過使用量之 1/2。	8 分
	8. 未正確整粉、填壓咖啡粉（太多、太少、不平整）、咖啡把手未拭粉。	8 分
	9. 填充咖啡粉後，未將填壓器放置咖啡填壓墊或未將把手放置於紙巾上。	4 分
	10. 未正確使用半磅磨豆機磨取咖啡粉。	8 分
	11. 前置作業未完成咖啡粉研磨或填壓。	12 分
	12. 於前置作業進行調製或取用熱水者。	8 分
	13. 未正確清潔、切割榨取果汁或裝飾物之水果（如檸檬、柳橙、金桔、葡萄柚等，含去蒂頭、去除標籤）。	★8 分
	14. 檸檬皮絲於前置作業時刮好備用。	4 分
	15. 未依正確方式操作，致使受傷，或受傷未立即包紮者。	20 分
	16. 前置作業時間截止，未完成之工作項目（依項次扣分）：❶ 材料（冰奶泡之鮮奶除外）❷ 杯皿 ❸ 器具 ❹ 其他。	★4 分
	17. 持題卡取物或前置作業時間截止，仍繼續作業者。	20 分
扣分小計（最多扣 20 分）		

註一：應檢人可於前置作業時間，操作壓（榨）汁動作，不予扣分。

注意事項：❶ 冰鏟及冰夾放在紙巾上，勿放置在桶內。
　　　　　❷ 公共材料區，濕性材料用公杯，乾性材料用古典杯。
　　　　　❸ 聽到調製過程計時開始，才可取熱水，取完熱水再洗手。
　　　　　❹ 題卡放置在水桶上方，不可邊持題卡邊取物品。

（五）前置作業流程參考圖

1. 一般小題

取抹布擦拭工作檯面。

擦夾層。

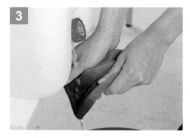

洗抹布。

洗手。

擦手。

鋪設紙巾在操作區。

取冰桶裝冰塊。

取器皿、取非生鮮類裝飾物。

當題組有茶葉、抹茶粉、菊花、龍眼乾、奶精粉、摩卡粉等時，用磅秤量取。

當題組有咖啡豆時，用磅秤量取，並用半磅磨豆機磨成粉。

撕除標籤、洗水果。

擦乾淨水果。

水果對切。

用海綿刷洗刀子、砧板。

用紙巾擦砧板刀子。

砧板收回夾層。

檢視器具：瓦斯爐要裝好，確認是否可使用。

檢查器具：果汁機須裝水蓋過葉片，並啟動清洗。

在工作崗位等候，評審評分。此時，記得將杯墊移至成品區。

2. 義式咖啡機題組

取托盤裝抹布紙巾、拉花鋼杯（熱）。

◆ 當操作熱拿鐵、熱抹茶拿鐵；拿鐵玻璃杯＋長柄咖啡匙至義式咖啡機。

取托盤裝抹布 1 條、紙巾 1 張、拉花鋼杯（熱）。

◆ 當操作咖啡冰沙類只取上述即可至義式咖啡機。

使用單孔咖啡把手，研磨咖啡粉。

使用雙孔咖啡把手，研磨咖啡粉。

整粉。

到填壓墊將咖啡粉填壓。

填壓器歸回填壓墊上。

單孔 / 雙孔咖啡把手放在紙巾。

（六）調製過程扣分項目

項目	扣分項目	扣分標準（次）
（B）調製過程作業30%	1. 違反安全、衛生相關事項者（依項次扣分）： ❶ 操作前未洗淨、擦乾雙手。 ❷ 操作時，液體材料或冰塊溢出。 ❸ 放置裝飾物時，直接以手抓取裝飾物。 ❹ 裝飾物掉落。 ❺ 未於適當時機溫杯（匙）或溫壺。 ❻ 砧板、三角尖刀使用完未立即清洗。 ❼ 將冰鏟（冰夾）放置於冰桶（槽）中 ❽ 量取液體材料未於工作區杯器皿上方進行 ❾ 將未清潔過的器皿放置於吧檯瀝水墊上。 ❿ 未正確使用砧板造成汙染。 ⓫ 其他。	★4分
	2. 溫杯或沖茶器水量未達 6 分滿以上。	4
	3. 持杯時手碰觸杯口。（蓋碗杯組除外）	10
	4. 未以單手正確操作蓋碗杯組倒出成品、以吧叉匙攪拌茶湯者。	10
	5. 水果拼盤違反下列事項者： ❶ 切割水果拼盤時，未先洗淨、擦乾雙手。 ❷ 切割水果時，傷害或汙染果肉。 ❸ 未依正確方式切割水果，致使果肉過少。	★10分
	6. 操作流程不當，未於正確步驟加入材料或操作過器皿。	★4分
	7. 調製飲料時，冰塊未於適當時機加入。	4
	8. 新鮮果汁類壓（榨）汁後，未先倒入公杯內，直接以壓（榨）汁器量取者。	10
	9. 未能正確量取材料（以 ±20% 為基準）（熱水除外）。	10
	10. 操作沖茶器時，濾網未能置於液體表面或拉壓次數超過 2 次。	★4分
	11. 萃取茶或咖啡時，水量使用不當（超過 ±30ml）；或萃取時間不當（不足或過度）。	★10分
	12. 調製冰奶茶類時，奶精粉未於適當時機加入。	10
	13. 使用搖酒器操作搖盪法，杯口朝外或搖酒器外部未達起霜狀。	10

項目	扣分項目	扣分標準（次）
	14.搖盪法成品倒入杯中後，再補入新冰塊。	4
	15.珍珠直接放入搖酒器搖盪。	10
	16.未正確製作奶蓋（奶蓋紅茶或奶蓋綠茶）。	10
	17.直接注入法應使用吧叉匙而未使用者。	30
	18.調製熱水果茶、熱桔茶類，未於耐熱玻璃壺中攪拌。	10
	19.煮製熱茶飲時，未於瓦斯爐上的雪平鍋攪拌。	10
	20.違反用火安全相關事項者（依項次扣分）： ❶ 操作咖啡煮器時，酒精燈下方鋪設紙巾者。 ❷ 操作瓦斯爐具時，下方鋪設紙巾者。 ❸ 未按正確方式操作瓦斯爐具。	30
（B）調製過程作業30%	21.咖啡調製違反相關事項（依項次扣分）： ❶ 調製咖啡時，加入巧克力醬成份後未攪拌。 ❷ 調製咖啡時，加入鮮奶油後攪拌。	★10分
	22.義式咖啡機操作違反相關事項（依項次扣分）： ❶ 操作前，沖煮頭未放水即扣住把手。 ❷ 使用蒸氣管前，未洩蒸氣者。 ❸ 使用蒸氣管後，未立即將蒸氣管擦拭乾淨或洩蒸氣者。 ❹ 工作檯與咖啡機旁的抹布交錯使用。 ❺ 調製義式咖啡冰飲時，義式濃縮咖啡未事先冰鎮。	★10分
	23.製作冰柳橙鳳梨汁時未將柳橙果肉去籽。	4
	24.操作電動攪拌法時，先放入冰塊或造成機器空轉。	★4分
	25.操作電動攪拌法時，馬達尚未停止即搖動、移動或打開容器。	10分
	26.成品完成置於成品區後取回工作區。	10分
	27.成品完成後，再倒回重複製作。	10分
	28.未依正確方式操作，致使受傷，或受傷未立即包紮。	20分
扣分小計（最多扣 30 分）		

（七）成品評鑑扣分項目

項目	扣分項目	扣分標準（次）
（C）成品評鑑40%	1. 違反衛生相關事項者（依項次扣分）： ❶ 持杯時手碰觸杯口。 ❷ 成品溢出。 ❸ 其他	★10分
	2. 違反成品呈現相關事項者（依項次扣分）： ❶ 未將成品放置於成品區之杯墊上。 ❷ 未將裝飾物品與成品組合。	★4分
	3. 未依成品參考圖呈現裝飾物（醬及粉類裝飾物除外）	10
	4. 前置作業有拿取，成品未放置攪拌棒、咖啡匙、長柄咖啡匙。	10
	5. 冰拿鐵咖啡、冰抹茶拿鐵、冰紅茶拿鐵、奇異之吻、奶蓋類成品等層次不分明。	10
	6. 調製完成之成品 ❶ 未達八分滿或超過九分滿規定份量（奶泡、奶蓋、泡沫鮮奶油除外）。 ❷ 剩餘量達 30ml 以上。（依題示取用前一題水果材料者除外）。	★10分
	7. 成品不均勻或含雜質，例如： ❶ 成品有果露（糖水、糖漿、蜂蜜等）沉澱。 ❷ 含雜質。 ❸ 電動攪拌法之果汁，果肉未打散。（蓋碗杯成品含茶末者除外）	★10分
	8. 以奶精粉或鮮奶、鮮奶油為材料，搖盪調製之成品，未見其頂端一層泡沫。	10
	9. 熱卡布奇諾、熱摩卡、熱摩卡奇諾、熱焦糖瑪奇朵咖啡類成品之奶泡厚度少於 1 公分。	10
	10. 熱拿鐵咖啡、熱抹茶拿鐵、熱紅茶拿鐵成品之奶泡厚度多於 1 公分。	10
	11. 冰卡布奇諾咖啡成品之奶泡厚度少於杯皿容量 1/5 或多於杯皿容量 1/3。	10

項目	扣分項目	扣分標準（次）
（C）成品評鑑40％	**12.** 冰拿鐵咖啡、冰抹茶拿鐵、冰紅茶拿鐵、冰奶泡綠茶成品之奶泡厚度多於杯皿容量 1/5 或少於 1 公分。	10
	13. 冰沙外觀未達冰沙狀，或果汁成品含碎冰。	10
	14. 水果拼盤成品違反下列事項（依項次扣分）： ❶ 切出之水果等份不均勻。 ❷ 切出的柳橙成品帶有 1/3 以上白色果肉。 ❸ 西瓜成品含白色果肉。 ❹ 鳳梨、木瓜成品果皮未切乾淨。	★10 分
	15. 口感偏離題意，未達要求，例如： ❶ 咖啡或茶萃取時間不足或過度。 ❷ 咖啡或茶沖泡水溫不足。 ❸ 材料、水量、冰塊取量過多或過少。 ❹ 其他（依第 6~13 項）。	10
	16. 水果拼盤之成品未依成品參考圖擺設。	30
	扣分小計（最多扣 40 分）	

（八）善後處理扣分項目

項目	扣分項目	扣分標準（次）
（D）善後處理 10 %	1. 違反安全、衛生相關事項（依項次扣分）： ❶ 抹布使用後未清洗。 ❷ 違反服務巾使用原則。 ❸ 將未清潔過的器皿放置於吧檯瀝水墊上。 ❹ 其他。	★ 4 分
	2. 持杯時手觸碰杯口。	★ 4 分
	3. 取用物料量超過規定 1/4 造成浪費者（水、冰塊除外）。	★ 4 分
	4. 未能正確操持托盤運送物件或打翻、掉落、破損者。	★ 4 分
	5. 未能處理垃圾、廚餘及水的分類。	★ 4 分
	6. 未能確實清理機具設備。	★ 4 分
	7. 未將乾燥器皿及成品杯皿內、外擦拭乾淨者。	★ 4 分
	8. 未將機具收拾妥善及歸定位。	★ 4 分
	9. 擦拭咖啡機蒸氣管之抹布 ❶ 未帶回清洗並歸位。 ❷ 擦拭其他機具設備。	★ 4 分
	10. 善後處理時間截止，未完成工作者。	10 分
扣分小計（最多扣 10 分）		

注意事項：❶ 服務巾使用於善後處理 - 擦拭洗淨後器皿。
　　　　　❷ 咖啡渣及咖啡紙分開處理；紅茶包濾紙及茶葉分開處理。
　　　　　❸ 咖啡渣須倒在義式咖啡機旁的粉渣桶。
　　　　　❹ 剩下牛奶需倒牛奶回收桶。
　　　　　❺ 先整理工作檯，最後整理義式咖啡機區。
　　　　　❻ 抹布清洗完畢，折疊好放夾層。
　　　　　❼ 水果類材料有剩餘還可以用，用托盤運送回公共材料區。

（九）善後作業流程參考

1 · 每一小題善後流程

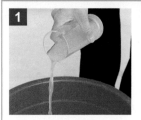

成品液體倒入水桶中

用海綿刷清洗器具

用服務巾擦拭器具類

器具用托盤運回

擦拭工作檯面

擦拭夾層

抹布清洗折疊放夾層

2 · 咖啡機區域善後處理

倒除咖啡渣

沖洗咖啡手把

用紙巾擦拭手把

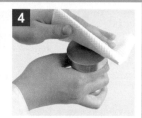

用紙巾擦拭填壓器

用工作檯抹布擦拭咖啡工作區

將抹布放回小圓盤

3 · 裝飾物、水果皮及茶渣丟入廚餘桶

當處理裝飾物附劍叉：
將水果皮、櫻桃等丟入廚餘桶。劍叉丟垃圾桶。

當處理茶包：
茶包撕開，紅茶渣倒入廚餘桶、茶包丟入垃圾桶。

當處理咖啡濾紙：
咖啡渣丟入廚餘桶，濾紙丟垃圾桶。

4 · 紙巾使用原則：

1. 用於古典杯、成品杯的擦拭。
2. 用於手部的擦拭。
3. 用於鋪設工作區（限單張）。
4. 其餘物品擦拭，依環保、節約原則使用。

5 · 服務巾使用原則：

1. 需折疊整齊，與抹布分開放置於操作檯夾層。
2. 服務巾僅限於善後處理時，擦拭洗淨後之器皿。

拾壹、裝飾物製作介紹（吧檯準備工作階段完成）

◆ 柳橙片及檸檬片

	材料	器具
	檸檬（柳橙）1 顆	小圓盤 2 個、水果夾、水果刀、砧板

洗淨去除標籤，第一刀先去「蒂頭」。

由頭至尾方向切薄片，檸檬0.3 公分、柳橙 0.4 公分。

於薄片切一刀，可掛於杯口即可。

切割後，用水果夾挾取放入圓盤備用。

▶ 切完後，立即清洗砧板、水果刀。

〈重點〉
直徑大小未規定，但厚薄不一、形狀不完整，或是沒有從頭切到尾，扣 8 分。（可重複扣分）

◆ 柳橙片或檸檬片串櫻桃

	材料	器具
	柳橙（檸檬）1 顆 櫻桃 1 顆	小圓盤 2 個、水果夾、 水果刀、砧板、劍叉

洗淨去除標籤，第一刀先去「蒂頭」。

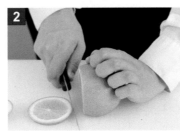

切薄片檸檬 0.3 公分、柳橙 0.4 公分。

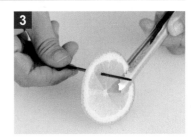

一手以水果夾挾取檸檬片／柳橙片，取劍叉從邊緣插入。

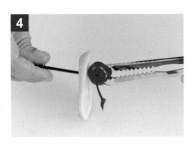

再用水果夾挾取櫻桃，插入劍叉中。

再與另外一邊串起即可，裝飾物因有「劍叉」，可以直接拿起劍叉放入圓盤備用。

▶ 切完後，立即清洗砧板、水果刀。

〈重點〉

直徑大小未規定，但厚薄不一、形狀不完整，或是沒有從頭切到尾，扣 8 分。（可重複扣分）

◆ 檸檬角單耳兔

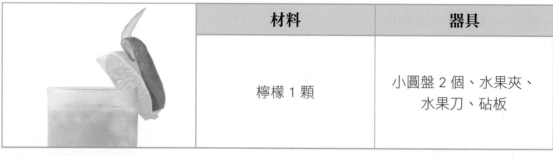

材料	器具
檸檬 1 顆	小圓盤 2 個、水果夾、水果刀、砧板

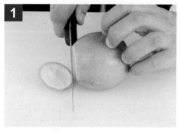

洗淨去除標籤，第一刀先去「蒂頭」。

將檸檬對半切，一開 3 等份。

取 1/3 等份，由檸檬尖端處切入，讓果肉與果皮分開。

自檸檬皮尖端下方約 1 公分處斜切 1 刀（如圖示），左右不拘。

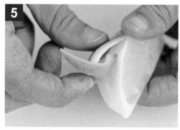

皮由尖端往內折，斜切的 1 刀自然會露出來，成單耳兔造型。

在檸檬角斜切一刀（掛杯口用），取水果夾將檸檬角放入圓盤備用。

〈重點〉

步驟 2 的 1/3 等份檸檬寬度需介於 1.5 ～ 2 公分之間，寬度不足、若傷害到果肉扣 8 分。（可重複扣分）

◆ 鳳梨片串櫻桃

	材料	器具
	鳳梨、櫻桃	小圓盤 2 個、 水果夾、劍叉

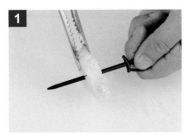

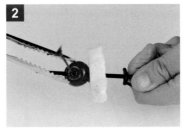

以水果夾挾取鳳梨，取劍叉插入鳳梨片。

再用水果夾挾取櫻桃插入。

直接將鳳梨片串櫻桃放入圓盤備用。

PART 2

調製方法介紹

- ◆ 直接注入法
- ◆ 漂浮法
- ◆ 搖盪法
- ◆ 注入法
- ◆ 攪拌法
- ◆ 電動機攪拌法
- ◆ 義式咖啡機使用方式
- ◆ 半磅磨豆機使用方式

Building

1 | 直接注入法

1. **定義**：將杯子加入適量冰塊，依序加入材料，攪拌均勻即可。

2. **器具**：量酒器、吧叉匙、成品杯。

3. **步驟**：A. 將冰塊加入杯中。冰塊量：果汁類可加至 5 分滿；碳酸類加到八分滿。
   B. 材料依配方順序加入杯中。
   C. 將材料攪拌均勻。

4. **重點**：完成的成品，需達杯子的八分滿（含冰塊）。成品未達 8 或 9 分滿（奶泡、奶蓋、泡沫鮮奶油除外）扣 10 分；未達 6 分滿扣 100 分。

5. **考題**：

題組	名稱
A 題組	A1-2 冰抹茶拿鐵、A2-5 熱摩卡咖啡、A1-3 冰蜜桃比妮、A4-4 灰姑娘、A5-2 冰水蜜桃紅茶、A6-3 奇異之吻
B 題組	B7-4 冰奶蓋綠茶、B7-6 灰姑娘、B8-1 冰拿鐵咖啡、B8-4 冰奶蓋紅茶、B9-5/B12-2 冰紅茶、B11-5 水果賓治、B12-4 冰蜜桃比妮
C 題組	C13-3/C16-2 維也納冰咖啡、C13-6 冰卡布奇諾咖啡、C14-1 冰奶蓋紅茶、C14-3 熱枸杞菊花茶、C15-2 冰奶蓋綠茶、C15-3 熱摩卡奇諾咖啡、C16-6 水果賓治、C17-1 奇異之吻、C17-6 冰紅茶拿鐵

| 示範 | B9-5 冰紅茶

A. 取可林杯裝入 9 分滿冰塊。
B. 直接注入茶湯到成品杯。
C. 用吧叉匙攪拌。
D. 用水果夾將裝飾物放置杯緣。
E. 由側邊放入長柄咖啡匙。
F. 將成品放置杯墊及糖水，即完成。

註：此處可林杯裝 9 分滿的冰塊是因為茶包泡在耐熱玻璃壺裡面之後，直接沖入杯中，此時杯中的冰塊如果不夠，做出來的成品沒辦法達 8-9 分滿。

Float

2 | 漂浮法

1. **定義：**藉由材料糖分比例，產生「分層」效果，含糖越高材料比重越高。
2. **器具：**量酒器、吧叉匙、成品杯。
3. **步驟：**利用飲料中含糖比重的不同，做出不同層次的飲料。
4. **重點：**利用吧叉匙靠近杯緣，沿著杯壁往下流，不可攪拌。
5. **考題：**

題組	名稱	注意事項
A 題組	A1-2 冰抹茶拿鐵	**先**直接注入法（冰塊＋鮮奶＋糖水攪拌） **後**漂浮法（沿著杯壁加抹茶，加入冰奶泡）
	A6-3 奇異之吻	**先**直接注入法（奇異果果露及新鮮檸檬汁攪拌） **後**漂浮法（新鮮柳橙汁）
B 題組	B7-4 冰奶蓋綠茶 B8-4 冰奶蓋紅茶	**先**直接注入法（利用沖茶器將茶湯過濾在成品杯＋糖水攪拌） **後**漂浮法（搖酒器＋鹽＋液態鮮奶油）
	B8-1 冰拿鐵咖啡	**先**直接注入法（冰塊＋鮮奶＋糖水攪拌） **後**漂浮法（沿著杯壁加抹茶，加入冰奶泡）
C 題組	C14-1 冰奶蓋紅茶 C15-2 冰奶蓋綠茶	**先**直接注入法（利用沖茶器將茶湯過濾在成品杯＋糖水攪拌） **後**漂浮法（搖酒器＋鹽＋液態鮮奶油）
	C17-1 奇異之吻	**先**直接注入法（奇異果果露及新鮮檸檬汁攪拌） **後**漂浮法（新鮮柳橙汁）
	C17-6 冰紅茶拿鐵	**先**直接注入法（冰塊＋鮮奶＋糖水攪拌） **後**漂浮法（沿著杯壁加紅茶，加入冰奶泡）

| 示範 | A6-3 奇異之吻（先「直接注入法」再「漂浮法」）

A. 高飛球杯加入冰塊七～八分滿冰塊。

B. 加入奇異果果露。

C. 再加入新鮮檸檬汁。

D. 利用吧叉匙攪拌均勻。

E. 吧叉匙靠著杯壁，緩緩倒入新鮮柳橙汁。

F. 取水果夾挾裝飾物櫻桃叉在劍叉上。

G. 從側邊放入攪拌棒。

H. 成品放於杯墊，等候評分。

Pour

3 | 注入法

1. 定義：直接將材料，如：咖啡粉加入，注入熱水，萃取成品即可。
2. 器具：沖茶器、沖壺（若製作咖啡時，準備咖啡濾杯組；茶類準備蓋碗杯組）。
3. 考題：

題組	名稱	注意事項
A 題組	A1-5 濾杯式咖啡	準備沖壺、咖啡濾紙、咖啡濾杯、咖啡杯組
	A3-5 熱烏龍茶	準備沖壺、蓋碗杯組
	A6-6 濾杯式咖啡	準備沖壺、咖啡濾紙、咖啡濾杯、咖啡杯組
B 題組	B10-1 熱烏龍茶	準備沖壺、蓋碗杯組
	B8-6 熱蜜香紅茶	
C 題組	C15-6 熱蜜香紅茶	

| 示範 | **A3-5 熱烏龍茶**

A. 將茶葉倒至已溫過的杯中。
B. 注入熱水八分滿。
C. 蓋上杯碗。
D. 溫杯成品杯，並倒掉熱水。
E. 單手將茶湯倒入成品杯。
F. 成品杯及杯蓋附於成品區。

Shaking

4 | 搖盪法

1. **定義**：利用搖酒器加入冰塊八分滿，將材料依序加入，將杯蓋蓋上，外部搖盪至起霜，再倒出茶湯及冰塊至成品八分滿即可。

2. **器具**：量酒器、搖酒器、成品杯。

3. **注意**：碳酸類飲品不可使用搖酒器，以免氣爆；若加入「奶精粉」、「糖水」、「蜂蜜」，可多搖盪幾下，以免不均勻。

4. **考題**：

題組	名稱	注意事項
A 題組	A1-6 冰榛果鮮奶茶	茶湯製作：沖茶器 茶湯須用「濾茶器」過濾在搖酒器
	A2-3 冰珍珠奶茶	茶湯製作：沖茶器 茶湯須用「濾茶器」過濾在搖酒器，先加入奶精粉並用吧叉匙攪拌，再加入冰塊及其他材料。
	A2-4 冰桔茶	茶湯製作：使用耐熱玻璃壺 不須過濾，直接倒入搖酒器（紅茶包），依序完成步驟即可。註：茶包無需過濾，茶葉需使用「過濾器」。
	A3-3 冰檸檬紅茶	茶湯製作：使用沖茶器 茶湯須用「濾茶器」過濾在搖酒器，依序完成步驟即可。
	A3-6 冰黑森林果粒茶	茶湯製作：瓦斯爐 + 雪平鍋 + 耐熱玻璃壺 茶湯須用「濾茶器」過濾在搖酒器
	A4-6 冰伯爵奶茶	茶湯製作：使用沖茶器 茶湯須用「濾茶器」過濾在搖酒器，先加入奶精粉並用吧叉匙攪拌，再加入冰塊及其他材料。
	A5-4 冰黑森林果粒茶	茶湯製作：瓦斯爐 + 雪平鍋 + 耐熱玻璃壺 茶湯須用「濾茶器」過濾在搖酒器
	A6-2 冰蜂蜜菊花茶	茶湯製作：使用耐熱玻璃壺 茶湯須用「濾茶器」過濾在搖酒器

題組	名稱	注意事項
B 題組	B7-1 冰珍珠奶茶	茶湯製作：使用沖茶器 茶湯須用「濾茶器」過濾在搖酒器，先加入奶精粉並用吧叉匙攪拌，再加入冰塊及其他材料。
	B7-5 冰洛神花茶	按照搖盪法流程即可
	B8-2 冰檸檬綠茶	茶湯製作：使用沖茶器 茶湯須用「濾茶器」過濾在搖酒器，依序完成步驟即可。
	B9-3 冰泡沫綠茶	
	B10-6 冰葡萄柚綠茶	
	B11-4 冰綠茶多多	
	B11-6 冰金桔檸檬汁	茶湯製作：使用沖茶器 茶湯須用「濾茶器」過濾在搖酒器，依序完成步驟即可。
	B12-1 冰伯爵奶茶	茶湯製作：使用沖茶器 茶湯須用「濾茶器」過濾在搖酒器，先加入奶精粉並用吧叉匙攪拌，再加入冰塊及其他材料。
C 題組	C13-1 冰百香果綠茶	茶湯製作：使用沖茶器 茶湯須用「濾茶器」過濾在搖酒器，依序完成步驟即可。
	C13-2 冰柚子金桔汁	按照搖盪法流程即可
	C13-5 冰蜂蜜金桔汁	
	C14-2 冰葡萄柚綠茶	茶湯製作：使用沖茶器 茶湯須用「濾茶器」過濾在搖酒器，依序完成步驟即可。
	C14-6 冰蜂蜜檸檬汁	按照搖盪法流程即可
	C15-4 冰蜂蜜菊花茶	茶湯製作：使用耐熱玻璃壺 茶湯須用「濾茶器」過濾在搖酒器

題組	名稱	注意事項
C 題組	C16-1 冰榛果鮮奶茶	茶湯製作：使用沖茶器 茶湯須用「濾茶器」過濾在搖酒器
	C16-5 冰柚子金桔汁	按照搖盪法流程即可
	C17-5 冰焦糖奶茶	茶湯製作：使用沖茶器 茶湯須用「濾茶器」過濾在搖酒器，先加入奶精粉並用吧叉匙攪拌，再加入冰塊及其他材料。
	C18-2 冰奶泡綠茶	茶湯製作：使用沖茶器 茶湯須用「濾茶器」過濾在搖酒器
	C18-3 冰檸檬紅茶	茶湯製作：使用沖茶器 茶湯須用「濾茶器」過濾在搖酒器，依序完成步驟即可。

| 示範 | B8-2 冰檸檬綠茶

A. 用濾茶器過濾茶湯於搖酒器。
B. 搖酒器裝八分滿冰塊。
C. 加入新鮮檸檬汁。
D. 再加入糖水。
E. 蓋上杯蓋，搖至起霜即可。
F. 飲料倒至杯中。
G. 剩餘冰塊倒至八分滿。
H. 取水果夾挾檸檬櫻桃片於杯緣。
I. 放置於杯墊，即完成。

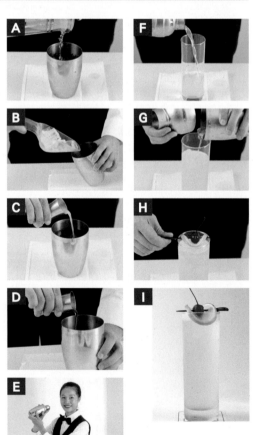

Stirring

5 | 攪拌法

1. 定義：❶ 熱茶類：在雪平鍋內攪拌。
　　　　❷ 熱水果茶類：耐熱玻璃壺內攪拌；如：熱水果茶等。
　　　　❸ 虹吸式咖啡：咖啡煮器上座攪拌。

2. 器具：量酒器、木匙（虹吸式咖啡）、吧叉匙（其他）。

序號	名稱	注意事項
A1-1 **B10-5**	熱水果茶 （附壺）	攪拌動作（未攪拌扣 10 分）： ❶ 茶湯須在雪平鍋煮至微滾冒泡並攪拌 ❷ 取出茶包加入新鮮檸檬汁於耐熱玻璃壺攪拌
A2-6 **C16-3**	熱桂圓紅棗茶 （附壺）	攪拌動作（未攪拌扣 10 分）： 茶湯須在雪平鍋煮至微滾冒泡並攪拌
A4-5 **C17-2**	熱桔茶 （附壺）	攪拌動作（未攪拌扣 10 分）： ❶ 茶湯須在雪平鍋煮至微滾冒泡並攪拌 ❷ 放入茶包沖入新鮮金桔汁於耐熱玻璃壺攪拌
A6-1 **C18-4**	熱黑森林果粒茶 （附壺）	攪拌動作（未攪拌扣 10 分）： 茶湯須在雪平鍋煮至微滾冒泡並攪拌
B8-3 **C15-6**	熱洛神花茶 （附壺）	攪拌動作（未攪拌扣 10 分）： ❶ 茶湯須在雪平鍋煮至微滾冒泡並攪拌 ❷ 倒出茶湯於耐熱玻璃壺攪拌均勻
B9-4 **B11-2**	熱百香柚子茶 （附壺）	攪拌動作（未攪拌扣 10 分）： 茶湯須在雪平鍋煮至微滾冒泡並攪拌
A5-1	維也納熱咖啡	攪拌動作（未攪拌扣 10 分）： ❶ 於咖啡煮器上座攪拌（未攪拌扣 10 分） ❷ 加滿泡沫鮮奶油勿攪拌（攪拌扣 10 分）
B10-4	爪哇式熱咖啡	攪拌動作（未攪拌扣 10 分）： ❶ 於咖啡煮器上座攪拌（未攪拌扣 10 分） ❷ 加入巧克力醬後攪拌（未攪拌扣 10 分） ❸ 加滿泡沫鮮奶油，勿攪拌（攪拌扣 10 分） ❹ 撒裝飾物可可粉

序號	名稱	注意事項
B11-1 B12-3 C14-4 C18-5	虹吸式熱咖啡	攪拌動作（未攪拌扣 10 分）： 於咖啡煮器上座攪拌

| 示範 | 熱桂圓紅棗茶（A2-6、C16-3）

A. 取沖壺裝熱水。
B. 將瓦斯爐移開。
C. 洗手。
D. 擦手。
E. 將龍眼乾、二砂糖放入雪平鍋。
F. 倒入 500ml 熱水。
G. 放置砧板，紅棗劃一刀放入雪平鍋。
H. 溫杯匙。
I. 倒掉耐熱玻璃壺熱水，將成品倒入耐熱玻璃壺。
J. 用吧叉匙攪拌。
K. 將溫杯熱水倒掉。
L. 倒入成品杯至八分滿。
M. 將成品、紅茶杯組（含底盤及湯匙）放於成品區，等候評分。

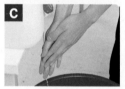

Blending
6 ｜ 電動機攪拌法

1. 定義：利用果汁機將材料混合均勻，可用於果汁類及冰沙類。

2. 器具：果汁機、延長線、量酒器、吧叉匙、成品杯。

3. 注意事項：❶ 製作果汁，冰塊須打碎；製作冰沙，冰塊可打成沙狀。

　　　　　　 ❷ 果汁機完全停止運轉，才能把上座拿起來。

　　　　　　 ❸ 使用果汁機上座加入材料，下面須鋪一張紙巾。

類別	序號	名稱
果汁類	A2-2、B9-2	冰西瓜汁
	A5-6、B8-5	冰木瓜牛奶
	A4-3、A6-5	冰柳橙鳳梨汁
	C15-1	冰奇異多果汁
冰沙	A3-1、B7-3	蜜桃冰沙
	B11-3、C18-1	檸檬冰沙
	B12-6、C17-4	鳳梨冰沙
	C13-4	奇異果冰沙
義式咖啡冰沙	B10-2	摩卡咖啡冰沙
	C14-5	榛果咖啡冰沙
	C16-4	焦糖咖啡冰沙

| 示範 | 冰西瓜汁

A. 洗手。

B. 擦手。

C. 放砧板。

D. 洗手。

E. 擦手。

F. 將西瓜肉切塊。

G. 切西瓜塊，和糖水加入果汁機中。

H. 再加入涼開水。

I. 最後加入冰塊。

J. 將冰塊攪碎。

K. 過濾西瓜汁在雪平鍋中。

L. 西瓜汁倒入杯中八分滿。

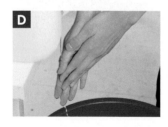

7 | 義式咖啡機操作方式

1. 前置作業——義式咖啡機研磨咖啡粉

器具：義式咖啡機、拉花鋼杯、寬口咖啡杯組、小鋼杯（製作冰沙）、單孔咖啡手把、雙孔咖啡手把

取咖啡把手，研磨咖啡粉。

＊單孔：7 克咖啡粉
　雙孔：14 克咖啡粉

將把手邊緣咖啡粉整粉。

在填壓墊上，填壓咖啡粉。

將填壓好的咖啡把手放置紙巾。

A → 單孔咖啡把手
B → 雙孔咖啡把手

2. 調製過程——萃取咖啡液、打發奶泡

操作前，測水壓，沖煮頭放水。

斜角即扣入把手。

未扣緊把手扣 10 分，可重複扣分。

用咖啡填壓器填壓。

下一頁接續↓

打發奶泡前，先洩氣。

打發奶泡。

使用完畢用咖啡機旁抹布擦拭。

再次洩氣。

3. 咖啡機區域善後處理

倒掉咖啡渣。

沖洗咖啡把手。

用紙巾擦拭。

擦填壓墊。

用「工作檯抹布」擦拭咖啡機。

＊工作檯的抹布與咖啡機旁抹布交錯使用扣 10 分，可重複扣分。

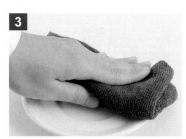

放回蒸氣管抹布。

＊咖啡機旁備有小圓盤。

注意：從工作檯帶過去的抹布是擦拭咖啡機及附近髒汙，蒸氣管須用蒸氣管抹布。

義式咖啡機直接注入		義式咖啡機注入法	
A 2-5 熱摩卡咖啡		A3-4 熱卡布奇諾咖啡	
C15-3 熱摩卡奇諾咖啡		A4-1 熱焦糖瑪奇朵 咖啡	
B8-1 冰拿鐵咖啡		A5-3 熱紅茶拿鐵	
C13-6 冰卡布奇諾咖啡		B7-2 熱抹茶拿鐵	
		B9-6 熱拿鐵咖啡	

8 | 半磅磨豆機使用方式

取托盤放抹布及古典杯到半磅磨豆機區，秤咖啡豆。

將咖啡豆倒入咖啡豆槽。

研磨完畢，倒至古典杯。

以抹布擦拭周圍。

取托盤將抹布及咖啡粉運送回操作區。

Memo

PART 3

技術士技能檢定
飲料調製職類

丙級術科
測試試題配方

壹、組別：A組

品名 組別	水果 拼盤 水果拼盤 Fruits Carving	調製無酒精性飲料 Mocktail					
		義式 咖啡機 Espresso Machine	注入法 Pour	直接 注入法 Building	攪拌法 Stirring	搖盪法 Shaking	電動機 攪拌法 Blending
A1	柳橙 玉兔盤		濾杯式 熱咖啡	冰蜜桃比妮 冰抹茶拿鐵 （含漂浮法）	熱水果茶	冰榛果 鮮奶茶	
A2	柳橙 西瓜船	熱摩卡 咖啡		熱摩卡咖啡	熱桂圓 紅棗茶	冰珍珠 奶茶 冰桔茶	冰西瓜汁
A3	西瓜 鳳梨盤	熱卡布 奇諾咖啡	熱卡布 奇諾咖啡 熱烏龍茶			冰黑森林 果粒茶 冰檸檬 紅茶	蜜桃冰沙
A4	柳橙 鳳梨船	熱焦糖瑪 奇朵咖啡	熱焦糖瑪 奇朵咖啡	灰姑娘	熱桔茶	冰伯爵 奶茶	冰柳橙 鳳梨汁
A5	香蕉 木瓜盤	熱紅茶 拿鐵	熱紅茶 拿鐵	冰水蜜桃 紅茶	維也納 熱咖啡	冰黑森林 果粒茶	冰木瓜 牛奶
A6	柳橙 鳳梨盤		濾杯式 熱咖啡	奇異之吻 （含漂浮法）	熱黑森林 果粒茶	冰蜂蜜 菊花茶	冰柳橙 鳳梨汁

組別 │ A1

題序	飲料名稱	成分	調製法	裝飾物	杯器皿
一	熱水果茶（附壺）	270ml 柳橙汁 180ml 鳳梨汁 30ml 百香果原汁（含肉含籽） 15ml 新鮮檸檬汁 1 包 紅茶包	攪拌法	檸檬片 2 片 柳橙片 2 片（皆置入壺中）	◆ 紅茶杯組 / 耐熱玻璃壺 / 雪平鍋 / 瓦斯爐 / 公杯 / 古典杯 ◆ 量酒器 / 吧叉匙 / 三角尖刀 / 壓汁器 / 小圓盤 / 水果夾 / 砧板 / 沖壺
二	冰抹茶拿鐵	3 公克 無糖抹茶粉 約 30ml 熱水 180ml 鮮奶 20ml 糖水 加滿冰奶泡	直接注入法 漂浮法		◆ 可林杯 / 小鋼杯 / 奶泡壺 / 圓湯匙 / 雪平鍋 / 公杯 / 長柄咖啡匙 / 古典杯 ◆ 量酒器 / 吧叉匙 / 杯墊 / 沖壺
三	冰蜜桃比妮	15ml 水蜜桃果露 15ml 新鮮檸檬汁 八分滿新鮮柳橙汁	直接注入法	檸檬片 攪拌棒	◆ 高飛球杯 / 公杯 ◆ 量酒器 / 吧叉匙 / 三角尖刀 / 壓汁器 / 小圓盤 / 水果夾 / 砧板 / 杯墊
四	柳橙玉兔盤（單耳兔）	2 顆柳橙（各分 8 等份）	水果拼盤（底座柳橙應從尾部切開）	紅櫻桃	◆ 圓盤 ◆ 三角尖刀（或水果刀） / 小圓盤 / 水果夾 / 砧板
五	濾杯式熱咖啡	15 公克 淺焙或中焙咖啡粉	注入法	糖包 奶精球	◆ 咖啡杯組 / 咖啡過濾杯 / 咖啡濾紙 / 耐熱玻璃壺 / 古典杯 ◆ 小圓盤 / 沖壺
六	冰榛果鮮奶茶	6 公克 阿薩姆紅茶葉 25ml 榛果糖漿 90ml 鮮奶	搖盪法	紅櫻桃	◆ 可林杯 / 沖茶器 / 公杯 / 古典杯 ◆ 搖酒器 / 量酒器 / 濾茶器 / 小圓盤 / 杯墊 / 沖壺

◆ 吧檯準備

布置時間	準備機具及工作項目 （第 6 題善後處理，再歸還）	放置區域
6 分鐘	1. 搖酒器 2. 量酒器 3. 吧叉匙 4. 濾茶器 5. 1 支水果夾 6. 三角尖刀 7. 冰鏟 8. 冰夾	吧檯濾水墊
	9. 壓汁器 10. 杯墊 11. 沖壺	濾水墊上方
	12. 2 個小圓盤	裝飾物區
	13. 砧板 14. 圓托盤、海綿刷、抹布、服務巾	工作檯夾層
	取操作 6 小題所需要的「水果裝飾物」 （剩餘可堪用材料歸還至公共材料區）	

◆ 吧檯準備完成圖：

A1-1 ▶ 熱水果茶（附壺）

| 攪拌法 |

成份
270ml 柳橙汁、180ml 鳳梨汁 30ml 百香果原汁（含肉含籽） 15ml 新鮮檸檬汁、1 包紅茶包

裝飾物
檸檬片 2 片、柳橙片 2 片 （皆置入壺中）

杯器皿
◆ 紅茶杯組／耐熱玻璃壺／雪平鍋／ 瓦斯爐／公杯／古典杯 ◆ 量酒器／吧叉匙／三角尖刀／壓汁 器／小圓盤／水果夾／砧板／沖壺

前置作業 **5** 分鐘

| 注意事項 |
◆ 持題卡取物或前置作業時間截止，仍繼續作業者。（扣 20 分）
◆ 檸檬須清洗乾淨並去除蒂頭（未去除蒂頭扣分）
◆ 瓦斯爐、砧板可直接用手拿，拿回後檢視是否可以使用
◆ 砧板、刀具使用後立刻清洗（未清洗扣 8 分，可重複扣分）
◆ 材料、水量取用過多或過少（扣 20 分）
◆ 紅茶包須以柳橙、鳳梨、百香果原汁煮至微滾冒泡後沖泡，以熱水沖泡
　者扣 100 分。

取沖壺裝熱水。

將紙巾移走，放上瓦斯爐及雪平鍋。

洗手。

擦手。

依序量取柳橙汁，並倒入雪平鍋。

再加入鳳梨汁。

最後再將百香果原汁倒入。

煮至微滾冒泡即可關火。

溫杯匙。

溫壺。

用壓汁器取檸檬汁並倒入公杯中。

將耐熱玻璃壺熱水倒掉。

放入紅茶包。

加入**步驟 8** 的柳橙鳳梨、百香果原汁沖泡紅茶。

將紅茶包取出。

並加入檸檬汁。

攪拌均勻。

放入檸檬片及柳橙片各兩片。

溫杯熱水倒掉。

將成品倒至八分滿。

成品需附整壺且紅茶杯組附咖啡匙。

善後作業 5 分鐘

（請參閱 P.48「善後作業流程參考」）

冰抹茶拿鐵

| 漂浮法 + 直接注入法 |

成份
3 公克 無糖抹茶粉、 30ml 熱水、180ml 鮮奶 20ml 糖水、加滿冰奶泡
裝飾物
無
杯器皿
◆ 可林杯 / 小鋼杯 / 奶泡壺 / 圓湯匙 / 公杯 / 長柄咖啡匙 / 古典杯 ◆ 量酒器 / 吧叉匙 / 杯墊 / 沖壺

前置作業 **5** 分鐘

| 注意事項 | ◆ 持題卡取物或前置作業時間截止,仍繼續作業者(扣 20 分)
◆ 奶泡壺裝牛奶置於冰水雪平鍋中
◆ 無糖抹茶粉須用磅秤秤,用古典杯裝

調製過程 **7** 分鐘

取沖壺裝熱水。

洗手。

擦手。

打發奶泡。

置於雪平鍋中冰鎮。

取小鋼杯倒入抹茶粉並注入 30ml 熱水。

用吧叉匙攪拌均勻。

可林杯加入七分滿冰塊。

依序加入鮮奶。

加入糖水。

用吧叉匙攪拌。

用吧叉匙湯匙面讓抹茶漂浮。

拿奶泡壺加滿奶蓋。

從側邊放入長柄咖啡匙。

將成品擺放杯墊，等
候評分。

善後作業 **5** 分鐘

（請參閱 P.48「善後作業流程參考」）

**注意
事項**

❶ 雪平鍋放水並加入冰塊冰鎮較好打發。

❷ 奶泡壺拉桿要與牛奶平行，向上抽的動作，而不是向下壓擠，五至
六次後有向上抽拉有阻力感，若繼續有拉不動的感覺，奶泡呈綿密
狀態。

A1-3 冰蜜桃比妮

直接注入法

成份
15ml 水蜜桃果露 15ml 新鮮檸檬汁 8 分滿新鮮柳橙汁
裝飾物
檸檬片、攪拌棒
杯器皿
◆ 高飛球杯 / 公杯 ◆ 量酒器 / 吧叉匙 / 三角尖刀 / 壓汁器 / 小 　圓盤 / 水果夾 / 砧板 / 杯墊

前置作業 **5** 分鐘

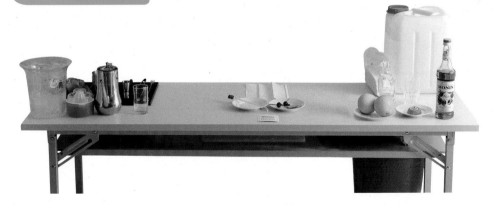

注意事項
◆ 持題卡取物或前置作業時間截止，仍繼續作業者（扣 20 分）
◆ 器具、材料拿錯（扣 100 分）
◆ 柳橙取 2 顆，去蒂頭對切，若前置作業允許，可先壓（榨）汁
◆ 檸檬取 1 顆，去蒂頭對切，若前置作業允許，可先壓（榨）汁
◆ 若前置作業時間充足，可以先壓（榨）汁

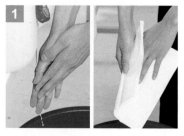

洗手後擦手。

用壓汁器壓 1 顆檸檬及 2 顆柳橙到公杯備用。

成品杯加入冰塊七分滿。

依序加入材料：水蜜桃果露、新鮮檸檬汁及新鮮柳橙汁八分滿。

用吧叉匙攪拌。

用水果夾挾取檸檬片放於杯緣。

從側邊放入攪拌棒。

成品擺放杯墊，等候評分。

善後作業 **5** 分鐘

（請參閱 P.48「善後作業流程參考」）

注意事項

① 題卡上看到「新鮮」兩字皆需要現場壓榨汁。
② 八分滿柳橙汁取兩顆柳橙。
③ 成品量未達六分滿（扣 100 分）。

A1-4 柳橙玉兔盤（單耳兔）

｜水果拼盤｜

成份
2 顆柳橙   （各分 8 等份）
裝飾物
紅櫻桃
杯器皿
◆ 圓盤   ◆ 三角尖刀（或水果刀）/ 小圓盤 / 水果夾 / 砧板

前置作業 5 分鐘

｜注意事項｜ ◆ 持題卡取物或前置作業時間截止，仍繼續作業者（扣 20 分）
◆ 新鮮柳橙未去蒂頭、未清洗、未去除標籤（扣 8 分）
◆ 砧板、刀具使用後立刻清洗（未清洗扣 8 分，可重複扣分）

洗手。

擦手。

將紙巾往左移，鋪上抹布並將砧板放上。

切水果前，先洗手。

接著擦手。

將柳丁去蒂頭。

柳橙切 8 等份不斷。

將另一顆柳橙去蒂頭，由底部開始切八等分。

用水果刀由尖端切入，不保留白色果肉。

刀尖從皮斜切，並將皮尖端捲入。

單耳兔塞入縫中。

將所有單耳兔塞入。

13

用水果夾放上櫻桃。

14

三角尖刀、砧板洗淨。

15

將水果拼盤擺放成品區,等候評分。

善後作業 **5** 分鐘

(請參閱 P.48「善後作業流程參考」)

注意事項

1. 切割後三角尖刀及砧板立刻洗乾淨 (在調製過程,否則扣 4 分)。
2. 口訣:12.3.6.9 點鐘方向先塞,較不易掉出。
3. 切出柳橙成品帶 1/3 以上白色果肉扣 10 分 (可重複扣分)。

濾杯式咖啡

| 注入法 |

成份
15 公克 淺焙或中焙咖啡粉
裝飾物
糖包、奶精球
杯器皿
◆ 咖啡杯組 / 咖啡過濾杯 / 咖啡濾紙 / 耐熱玻璃壺 / 古典杯 ◆ 小圓盤 / 沖壺

前置作業 5 分鐘

| 注意事項 |

◆ 持題卡取物或前置作業時間截止，仍繼續作業者（扣 20 分）

| 半磅磨豆機前置作業 |

① 咖啡豆用電子磅秤量取，取托盤攜帶抹布及咖啡豆至磨豆機。

② 將咖啡豆倒入豆槽。

③ 研磨後，將咖啡粉槽取出，倒入古典杯。

④ 使用抹布擦拭周圍。

⑤ 取托盤將抹布和咖啡粉運回操作檯。

調製過程 **7** 分鐘

取沖壺裝熱水。

洗手。

擦手。

溫杯匙。

溫壺。

倒掉溫壺熱水。

折濾紙。

放入濾杯。

倒入咖啡粉。

順著同心圓四周注入熱水。

滴入達至水量,將過濾杯取
至古典杯放置。

倒掉溫杯匙水。

咖啡倒入成品杯至八分滿。　　放上咖啡匙、附上糖包及奶
　　　　　　　　　　　　　　　精球，等候評分。

善後作業 5 分鐘

（請參閱 P.48「善後作業流程參考」）

咖啡濾紙折紙方式（濾紙兩邊一前一後折，撐開）

將底部順著接合處折　　再將側邊順著接合處　　撐開即可。
起來。　　　　　　　　折起來。

A1-6 冰榛果鮮奶茶

| 搖盪法 |

成份
6 克 阿薩姆紅茶葉 25ml 榛果糖漿 90ml 鮮奶
裝飾物
紅櫻桃
杯器皿
◆ 可林杯 / 沖茶器 / 公杯 / 古典杯 ◆ 搖酒器 / 量酒器 / 濾茶器 / 小圓盤 / 杯墊 / 沖壺

前置作業 **5** 分鐘

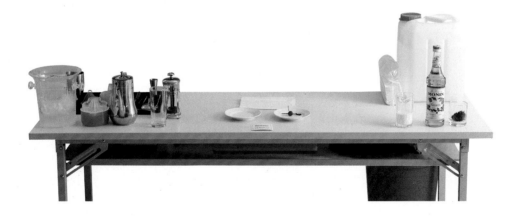

| 注意事項 | ◆ 持題卡取物或前置作業時間截止，仍繼續作業者（扣 20 分）
◆ 茶葉須使用電子秤量取，並用古典杯裝

取沖壺裝熱水。

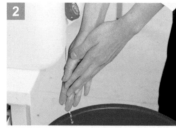

洗手。

擦手。

注入熱水於沖茶器溫壺。

將沖茶器熱水倒掉。

放入茶葉。

再加入熱水。

濾網拉壓 2 次，並置於表面。

用濾茶器過濾紅茶茶湯至搖酒器。

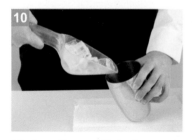

搖酒器裝八分滿冰塊。

依序將牛奶加入。

再加入榛果糖漿。

蓋上蓋子，搖盪至外部起霜。

飲料倒於杯中。

將剩餘冰塊倒至八分滿。

放上裝飾物，等候評分。

善後作業 **5** 分鐘

（請參閱 P.48「善後作業流程參考」）

組別 | A2

題序	飲料名稱	成分	調製法	裝飾物	杯器皿
一	柳橙西瓜船	1 顆 柳橙 （分 7 等份） 500 公克帶皮西瓜 （分 8 等份）	水果拼盤	紅櫻桃 2 顆	◆ 圓盤 ◆ 三角尖刀（或水果刀）/ 小圓盤 / 水果夾 / 砧板
二	冰西瓜汁	取用柳橙西瓜船之西瓜果肉 20ml 糖水 60ml 涼開水	電動攪拌法		◆ 可林杯 / 果汁機組 / 過濾網 / 雪平鍋 / 公杯 ◆ 量酒器 / 吧叉匙 / 三角尖刀 / 小圓盤 / 水果夾 / 砧板 / 杯墊
三	冰珍珠奶茶	6 公克 阿薩姆紅茶葉 20 公克 奶精粉 25ml 糖水 2 咖啡豆量匙 熟粉圓	搖盪法		◆ 可林杯 / 沖茶器 / 環保粗吸管 / 公杯 / 古典杯 ◆ 搖酒器 / 量酒器 / 吧叉匙 / 濾茶器 / 杯墊 / 沖壺
四	冰桔茶	1 包 紅茶包 4 粒 新鮮金桔汁 10ml 新鮮檸檬汁 75ml 柳橙汁 20ml 蜂蜜	搖盪法	檸檬角 （單耳兔）	◆ 可林杯 / 耐熱玻璃壺 / 榨汁器 / 公杯 / 古典杯 ◆ 搖酒器 / 量酒器 / 三角尖刀 / 壓汁器 / 小圓盤 / 水果夾 / 砧板 / 杯墊 / 沖壺
五	熱摩卡咖啡	7 公克 義式咖啡粉 （30ml） 15ml 巧克力醬 200ml 鮮奶（含奶泡）	義式咖啡機直接注入法	巧克力醬 （圖形不拘）	◆ 寬口咖啡杯組 / 拉花鋼杯 / 圓湯匙 ◆ 量酒器 / 吧叉匙
六	熱桂圓紅棗茶（附壺）	30 公克 龍眼乾肉 5 顆 紅棗乾 1 咖啡豆量匙 二砂糖	攪拌法		◆ 紅茶杯組 / 耐熱玻璃壺 / 雪平鍋 / 瓦斯爐 / 古典杯 ◆ 吧叉匙 / 三角尖刀 / 水果夾 / 砧板 / 沖壺

◆ 吧檯準備

布置時間	準備機具及工作項目 （第 6 題善後處理，再歸還）	放置區域
6 分鐘	1. 搖酒器 2. 量酒器 3. 吧叉匙 4. 濾茶器 5. 1 支水果夾 6. 三角尖刀 7. 冰鏟 8. 冰夾	吧檯濾水墊
	9. 壓汁器 10. 杯墊 11. 沖壺	濾水墊上方
	12. 2 個小圓盤	裝飾物區
	13. 砧板 14. 圓托盤、海綿刷、抹布、服務巾	工作檯夾層
	取操作 6 小題所需要的「水果裝飾物」 （剩餘可堪用材料歸還至公共材料區）	

◆ 吧檯準備完成圖：

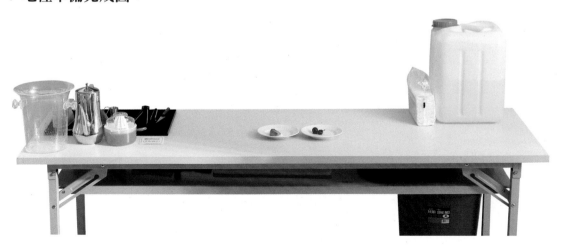

| 水果拼盤 |

成份
1 顆 柳橙（分 7 等份） 500 公克帶皮西瓜（分 8 等份）
裝飾物
紅櫻桃 2 顆
杯器皿

◆ 圓盤
◆ 三角尖刀（或水果刀）/ 小圓盤 / 水果夾 / 砧板

前置作業 **5** 分鐘

西瓜切片影片請見

| 注意事項 |

◆ 持題卡取物或前置作業時間截止，仍繼續作業者（扣 20 分）
◆ 砧板、刀具使用後立刻清洗擦乾。

調製過程 7 分鐘

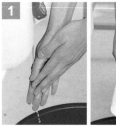 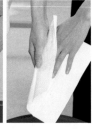

1

洗手後擦手。

2

將紙巾往左移，鋪上抹布並將砧板放上。

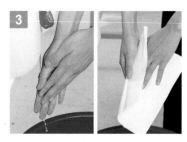

3

切水果前，先洗手，再擦手。

4

西瓜去除保鮮膜。

5

由尖端斜45度角切第一片。

6

最後一片不切斷，共八等分。

7

柳橙對切，一半切3等份中間切雙耳兔。

8

柳橙另一半切4等份，切4隻雙耳兔。

9

排盤並將紅櫻桃放置柳橙中間。

10

洗淨砧板、抹布。

善後作業 5 分鐘

（請參閱 P.48「善後作業流程參考」）

注意事項 將柳橙西瓜盤之西瓜果肉留給 A2-2 冰西瓜汁。

| 電動機攪拌法 |

成份
取用柳橙西瓜船之西瓜果肉 20ml 糖水 60ml 涼開水
裝飾物
無
杯器皿

◆ 可林杯 / 果汁機組 / 過濾網 / 雪平鍋 / 公杯
◆ 量酒器 / 吧叉匙 / 三角尖刀 / 小圓盤 / 水果夾 / 砧板 / 杯墊

前置作業 **5** 分鐘

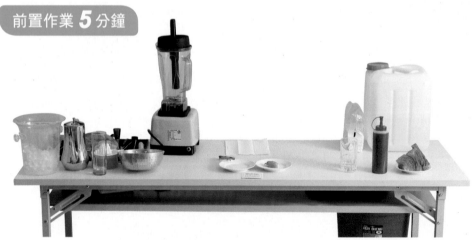

| 注意事項 |　◆ 持題卡取物或前置作業時間截止，仍繼續作業者（扣 20 分）
　　　　　　◆ 果汁機免用托盤，直接用手取回
　　　　　　◆ 前置作業測試果汁機是否可以正常取用

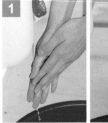

洗手後擦手。

放砧板。

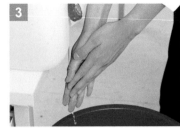

洗手。

擦手。

將西瓜肉切塊。

加入糖水至果汁機中。

再加入涼開水。

最後加入冰塊。

將冰塊攪碎。

過濾西瓜汁在雪平鍋中。

西瓜汁倒入杯中八分滿。

善後作業 **5** 分鐘

（請參閱 P.48「善後作業流程參考」）

| 搖盪法 |

成份
6 公克 阿薩姆紅茶葉 20 公克 奶精粉 25ml 糖水 2 咖啡豆量匙 熟粉圓
裝飾物
無
杯器皿

- ◆ 可林杯 / 沖茶器 / 環保粗吸管 / 公杯 /
  古典杯
- ◆ 搖酒器 / 量酒器 / 吧叉匙 / 濾茶器 /
  杯墊 / 沖壺

前置作業 **5** 分鐘

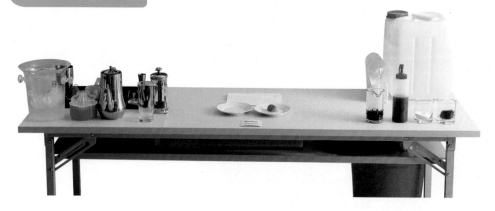

| 注意事項 |　◆ 持題卡取物或前置作業時間截止，仍繼續作業者（扣 20 分）
　　　　　　　◆ 茶葉用電子磅秤量取，並用古典杯裝

調製過程 **7** 分鐘

取沖壺裝熱水。

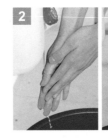

洗手後擦手。

注入熱水在沖茶器溫壺。

倒掉沖茶器熱水。

放入茶葉後，沖入熱水。

濾網拉壓 2 次，並置於茶湯表面，用濾茶器過濾紅茶茶湯至搖酒器。

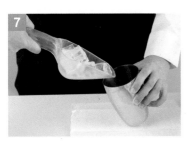

搖酒器裝八分滿冰塊。

蓋上蓋子，搖盪至外部起霜，將熟粉圓倒於杯中。

倒入茶湯，並加入剩餘冰塊至八分滿。

最後放上環保粗吸管。

註：雖扣分項目未註明以「手」放置吸管會扣分，但仍建議以水果夾挾取較衛生。

成品擺放杯墊，等候評分。

善後作業 **5** 分鐘

（請參閱 P.48「善後作業流程參考」）

| 搖盪法 |

成份
1 包 紅茶包、4 粒 新鮮金桔汁 10ml 新鮮檸檬汁 75ml 柳橙汁、20ml 蜂蜜
裝飾物
檸檬角（單耳兔）
杯器皿

- ◆ 可林杯 / 耐熱玻璃壺 / 榨汁器 / 公杯 / 古典杯
- ◆ 搖酒器 / 量酒器 / 三角尖刀 / 壓汁器 / 小圓盤 / 水果夾 / 砧板 / 杯墊 / 沖壺

| 前置作業 **5** 分鐘 |

| 注意事項 |
- ◆ 持題卡取物或前置作業時間截止，仍繼續作業者（扣 20 分）
- ◆ 檸檬洗淨，去蒂頭，壓汁備用，用小圓盤裝，擺材料區
- ◆ 金桔 4 粒洗淨，去蒂頭，放公杯備用，擺材料區
- ◆ 砧板、刀具用完立刻清洗
- ◆ 時間若充足可先榨汁

調製過程 **7** 分鐘

取沖壺裝熱水。

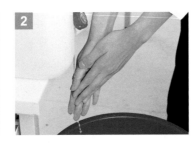

洗手。

擦手。

注入熱水到耐熱玻璃壺溫壺。

倒掉溫壺熱水。

放入紅茶包，加入熱水約100ml。

榨取 4 顆新鮮金桔汁倒入公杯。

榨取新鮮檸檬汁倒入公杯。

紅茶倒入搖酒器。

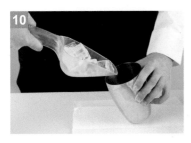

將搖酒器加入冰塊八分滿。

依序加入新鮮金桔汁、新鮮檸檬汁、柳橙汁及蜂蜜。

蓋上頂蓋，搖酒器搖至外部起霜。

13

14

15

倒入飲料。　　　　　剩餘冰塊倒至成品八分滿。　　取水果夾放上裝飾物。

16

將成品放於杯墊，等
候評分。

善後作業 **5** 分鐘

（請參閱 P.48「善後作業流程參考」）

Memo

A2-5 熱摩卡咖啡

| 義式咖啡機 + 直接注入法 |

成份
7 公克 義式咖啡粉（30ml） 15ml 巧克力醬 200ml 鮮奶（含奶泡）
裝飾物
巧克力醬（圖形不拘）
杯器皿

◆ 寬口咖啡杯組 / 拉花鋼杯 / 圓湯匙
◆ 量酒器 / 吧叉匙

前置作業 **5** 分鐘

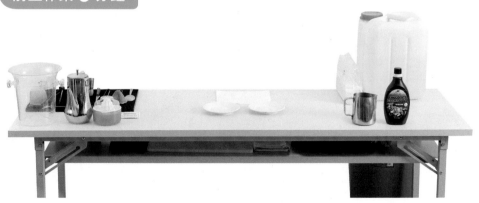

| 注意事項 | ◆ 持題卡取物或前置作業時間截止，仍繼續作業者（扣 20 分）

義式咖啡機前置作業操作

洗手後擦手。

取托盤放上鮮奶、紙巾及操作檯抹布，至義式咖啡機萃取咖啡。

檢視義式咖啡機是否有咖啡粉存量。

取單孔咖啡把手，研磨、撥粉及整粉，確認咖啡把手填壓平整。

填壓咖啡粉後，擦拭咖啡把手邊緣粉末。

將填壓器放回墊上，咖啡把手放在紙巾上。

調製過程 7 分鐘

沖煮頭放水。

扣緊把手。

放置咖啡杯，萃取咖啡液。

排放蒸氣。

打發奶泡。

蒸氣頭置於鮮奶表面位置。

利用咖啡機旁抹布擦拭蒸氣管。

排放蒸氣。

將咖啡液、打發奶泡及咖啡機旁抹布送回工作檯。

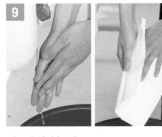

洗手後擦手。

依序加入巧克力醬。

再將打發奶泡倒入。

利用吧叉匙攪拌。

用圓湯匙將奶泡倒入杯中。

淋上巧克力醬即可。

善後作業 5 分鐘 （請參閱 P.48「善後作業流程參考」）

熱桂圓紅棗茶（附壺）

┃攪拌法┃

成份
30 公克 龍眼乾肉 5 顆 紅棗乾 1 咖啡豆量匙 二砂糖
裝飾物
無
杯器皿
◆ 紅茶杯組 / 耐熱玻璃壺 / 雪平鍋 / 瓦斯爐 / 古典杯 ◆ 吧叉匙 / 三角尖刀 / 水果夾 / 砧板 / 沖壺

前置作業 5 分鐘

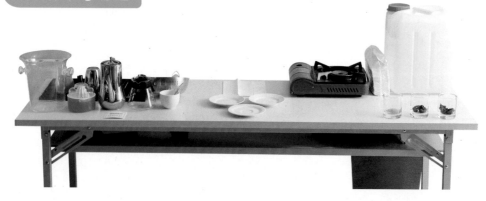

┃注意事項┃ ◆ 持題卡取物或前置作業時間截止，仍繼續作業者（扣 20 分）
　　　　　 ◆ 紅棗洗淨擦乾，放古典杯
　　　　　 ◆ 龍眼乾用電子秤量取，放古典杯
　　　　　 ◆ 瓦斯爐跟砧板免用托盤，直接用手取回即可
　　　　　 ◆ 砧板、刀具用完立刻清洗擦乾

調製過程 **7** 分鐘

取沖壺裝熱水。

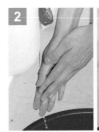

洗手後擦手。

將龍眼乾、二砂糖放入雪平鍋。

倒入 500ml 熱水。

放置砧板，將紅棗劃一刀放入雪平鍋。

溫杯匙，倒掉耐熱玻璃壺熱水。

用吧叉匙攪拌。

將成品倒入耐熱玻璃壺。

將溫杯熱水倒掉。

倒入成品杯至八分滿。

將成品、紅茶杯組（含底盤及湯匙）放於成品區，等候評分。

善後作業 **5** 分鐘

（請參閱 P.48「善後作業流程參考」）

題序	飲料名稱	成分	調製法	裝飾物	杯器皿
一	蜜桃冰沙	1/2 粒 水蜜桃 30ml 水蜜桃果露 30ml 涼開水	電動機攪拌法		◆ 可林杯 / 果汁機組 / 公杯 / 長柄咖啡匙 ◆ 量酒器 / 吧叉匙 / 小圓盤 / 水果夾 / 杯墊
二	西瓜鳳梨盤	500 公克 帶皮西瓜（分八片） 300 公克 帶皮鳳梨（分 10 等份）	水果拼盤	紅櫻桃	◆ 圓盤 ◆ 三角尖刀（或水果刀）/ 小圓盤 / 水果夾 / 砧板
三	冰檸檬紅茶	6 公克 阿薩姆紅茶葉 15ml 新鮮檸檬汁 30ml 糖水	搖盪法	檸檬片	◆ 可林杯 / 沖茶器 / 公杯 / 古典杯 ◆ 搖酒器 / 量酒器 / 濾茶器 / 三角尖刀 / 壓汁器 / 小圓盤 / 水果夾 / 砧板 / 杯墊 / 沖壺
四	熱卡布奇諾咖啡	7 公克 義式咖啡粉（30ml） 200ml 鮮奶（含奶泡）	義式咖啡機注入法	檸檬皮絲（成品時製作）肉桂粉糖包	◆ 寬口咖啡杯組 / 拉花鋼杯 / 圓湯匙 / 檸檬刮絲器 ◆ 三角尖刀 / 小圓盤 / 砧板
五	熱烏龍茶	5 公克 凍頂烏龍茶葉	注入法		◆ 蓋碗杯組 2 組 / 古典杯 ◆ 吧叉匙 / 沖壺
六	冰黑森林果粒茶	10 公克 黑森林果粒茶 30ml 糖水	搖盪法	檸檬角（單耳兔）	◆ 可林杯 / 耐熱玻璃壺 / 雪平鍋 瓦斯爐 / 古典杯 ◆ 搖酒器 / 量酒器 / 吧叉匙 / 濾茶器 / 小圓盤 / 水果夾 / 杯墊 / 沖壺

◆ 吧檯準備

布置時間	準備機具及工作項目 （第 6 題善後處理，再歸還）	放置區域
6 分鐘	1. 搖酒器 2. 量酒器 3. 吧叉匙 4. 濾茶器 5. 1 支水果夾 6. 三角尖刀 7. 冰鏟 8. 冰夾	吧檯濾水墊
	9. 壓汁器 10. 杯墊 11. 沖壺	濾水墊上方
	12. 2 個小圓盤	裝飾物區
	13. 砧板 14. 圓托盤、海綿刷、抹布、服務巾	工作檯夾層
	取操作 6 小題所需要的「水果裝飾物」 （剩餘可堪用材料歸還至公共材料區）	

◆ **吧檯準備完成圖：**

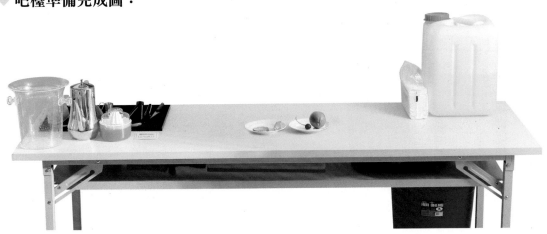

蜜桃冰沙

| 電動機攪拌法 |

成份
1/2 粒 水蜜桃 30ml 水蜜桃果露 30ml 涼開水
裝飾物
無
杯器皿

◆ 可林杯 / 果汁機組 / 公杯 / 長柄咖啡匙
◆ 量酒器 / 吧叉匙 / 小圓盤 / 水果夾 / 杯墊

前置作業 **5** 分鐘

| 注意事項 | ◆ 持題卡取物或前置作業時間截止，仍繼續作業者（扣 20 分）
◆ 果汁機免用托盤，直接用手取。

調製過程 **7** 分鐘

洗手。

擦手。

依序加入水蜜桃半顆。

加水蜜桃果露。

加涼開水。

加入一杯半冰塊。

啟動果汁機攪碎成冰沙。

冰沙倒入成品杯中至八分滿。

放入長柄咖啡匙。

成品放於杯墊，
等候評分。

善後作業 **5** 分鐘

（請參閱 P.48「善後作業流程參考」）

| 水果拼盤 |

成份
500 公克 帶皮西瓜（分八片） 300 公克 帶皮鳳梨（分 10 等份）
裝飾物
紅櫻桃
杯器皿

◆ 圓盤
◆ 三角尖刀（或水果刀）/ 小圓盤 /
　水果夾 / 砧板

前置作業 **5** 分鐘

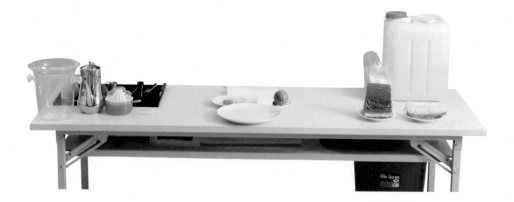

| 注意事項 | ◆ 持題卡取物或前置作業時間截止，仍繼續作業者（扣 20 分）。
　　　　　 ◆ 挾取櫻桃用水果夾（未用扣 4 分）。
　　　　　 ◆ 砧板、刀具用完立刻清洗

調製過程 **7** 分鐘

洗手。

擦手。

紙巾往旁邊移動，抹布墊下方，將砧板放上。

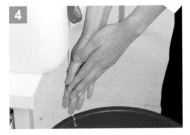

洗手。

擦手。

西瓜拆除保鮮膜丟入垃圾桶。

從西瓜尖端切入去皮，將西瓜平分 8 等份。

將西瓜排入盤中。

拆除鳳梨保鮮膜，將保鮮膜丟入垃圾桶，鳳梨去皮及去芽眼。

先將鳳梨切對半。

在半顆鳳梨兩邊各劃出Ｖ型凹槽。

兩半各分為一開 5 等份，共10 等份。

西瓜擺中間，鳳梨擺兩側與
西瓜反方向。

將櫻桃劃一刀。

並將櫻桃放置西瓜上。

成品。

善後作業 **5** 分鐘

（請參閱 P.48「善後作業流程參考」）

Memo

A3-3 ▶ 冰檸檬紅茶

| 搖盪法 |

成份
6 公克 阿薩姆紅茶葉 15ml 新鮮檸檬汁 30ml 糖水
裝飾物
檸檬片
杯器皿
◆ 可林杯 / 沖茶器 / 公杯 / 古典杯 ◆ 搖酒器 / 量酒器 / 濾茶器 / 三角尖刀 / 壓汁器 / 小圓盤 / 水果夾 / 砧板 / 杯墊 / 沖壺

前置作業 **5** 分鐘

| 注意事項 | ◆ 持題卡取物或前置作業時間截止，仍繼續作業者（扣 20 分）
◆ 檸檬前置作業清洗，去蒂頭，切對半
◆ 茶葉用電子磅秤量取，古典杯裝
◆ 前置作業充足，可壓汁

取沖壺裝熱水。

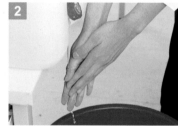

洗手。

擦手。

注入熱水到沖茶器溫壺。

倒掉沖茶器熱水。

放入茶葉。

沖入熱水。

拉濾網 1-2 次，在茶湯表面靜置。

浸泡時讓濾網離開水面。

壓檸檬汁倒入公杯備用。

用濾茶器過濾茶湯於搖酒器。

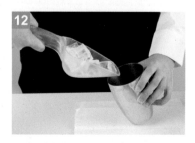

搖酒器裝入八分滿冰塊。

加入新鮮檸檬汁。

加入糖水。

蓋上蓋子,將搖酒器搖盪外表起霜。

將飲料倒入成品杯。

剩餘冰塊一起倒入八分滿。

取水果夾將檸檬片放於邊緣。

成品放於杯墊,
等候評分。

善後作業 **5**分鐘

(請參閱 P.48「善後作業流程參考」)

| 義式咖啡機 + 注入法 |

成份
7 公克義式咖啡粉（30ml） 200ml 鮮奶（含奶泡）

裝飾物
檸檬皮絲（成品時製作） 肉桂粉、糖包

杯器皿
◆ 寬口咖啡杯組 / 拉花鋼杯 / 圓湯匙 / 檸檬刮絲器 ◆ 三角尖刀 / 小圓盤 / 砧板

前置作業 **5** 分鐘

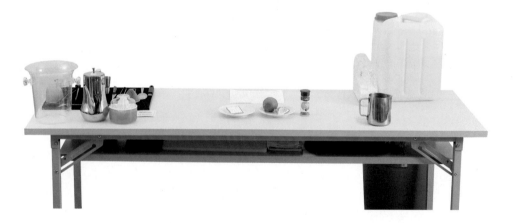

| 注意事項 | ◆ 持題卡取物或前置作業時間截止，仍繼續作業者（扣 20 分）

義式咖啡機前置作業操作

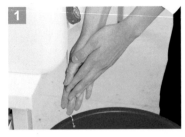

洗手。

擦手。

取托盤放上鮮奶、紙巾及操作檯抹布，至義式咖啡機萃取咖啡。

檢視義式咖啡機是否有咖啡粉存量。

取單孔咖啡把手，研磨及撥粉。

整粉，確認咖啡把手填壓是否過多過少（平整即可）。

填壓咖啡粉。

擦拭咖啡把手邊緣粉末。

將填壓器放回墊上，咖啡把手放在紙巾上。

調製過程 **7** 分鐘

沖煮頭放水。

扣緊把手。

放置咖啡杯，萃取咖啡液。

排放蒸氣。

打發奶泡。

蒸氣頭置於鮮奶表面位置。

利用咖啡機旁抹布擦拭蒸氣管。

排放蒸氣。

將咖啡液、打發奶泡及咖啡機旁抹布送回工作檯。

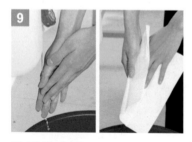

洗手後擦手。

刮檸檬皮絲撒在奶泡並撒上肉桂粉。

擺上咖啡匙及糖包，等候評分。

善後作業 5 分鐘

（請參閱 P.48「善後作業流程參考」）

A3-5 熱烏龍茶

|注入法|

成份
5 公克 凍頂烏龍茶葉
裝飾物
無
杯器皿
◆ 蓋碗杯組 2 組 / 古典杯   ◆ 吧叉匙 / 沖壺

前置作業 **5** 分鐘

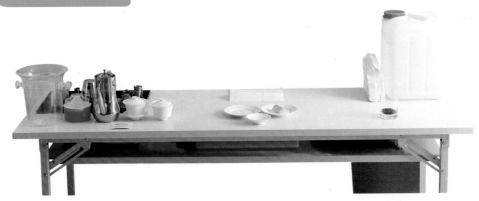

|注意事項| ◆ 持題卡取物或前置作業時間截止，仍繼續作業者（扣 20 分）
　　　　　◆ 茶葉須用電子磅秤量取，再用古典杯裝

取沖壺裝熱水。

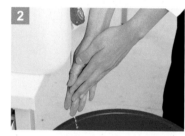

洗手。

擦手。

溫杯，將熱水倒入第一個杯中。

倒掉溫杯熱水。

將茶葉倒至已溫過的杯中。

注入熱水八分滿。

蓋上杯蓋。

溫杯成品杯，並倒掉熱水。

單手將茶湯倒入成品杯。

成品杯及杯蓋附於成品區。

善後作業 **5** 分鐘

（請參閱 P.48「善後作業流程參考」）

A3-6 冰黑森林果粒茶

| 搖盪法 |

成份
10 公克 黑森林果粒茶 30ml 糖水
裝飾物
檸檬角（單耳兔）
杯器皿
◆ 可林杯 / 耐熱玻璃壺 / 雪平鍋 / 瓦斯爐 / 古典杯 ◆ 搖酒器 / 量酒器 / 吧叉匙 / 濾茶器 / 小圓盤 / 水果夾 / 杯墊 / 沖壺

前置作業 5 分鐘

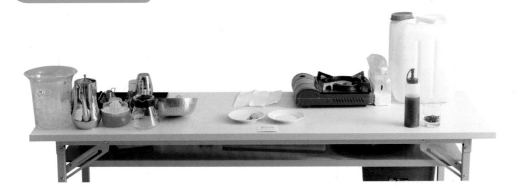

| 注意事項 | ◆ 持題卡取物或前置作業時間截止，仍繼續作業者（扣 20 分）
◆ 黑森林果粒茶用磅秤量取，用古典杯裝
◆ 做裝飾物檸檬角，於小圓盤備用
◆ 冰塊於前置作業裝取亦可

取沖壺裝熱水。

紙巾移到旁邊,準備瓦斯爐。

耐熱玻璃壺取 120ml 熱水。

雪平鍋中加入果粒茶,加入熱水,開火加熱煮滾並用吧叉匙攪拌。

煮滾果粒茶倒入耐熱玻璃壺,用濾茶器過濾茶湯於搖酒器。

搖酒器加入冰塊八分滿後,加入糖水。

蓋上蓋子,搖盪至起霜即可。

搖酒器倒出茶湯。

再將剩餘冰塊倒至成品八分滿即可。

取水果夾將裝飾物放置杯緣。

成品完成,等候評分。

善後作業 **5** 分鐘

(請參閱 P.48「善後作業流程參考」)

組別 | A4

題序	飲料名稱	成分	調製法	裝飾物	杯器皿
一	熱焦糖瑪奇朵咖啡	7 公克 義式咖啡粉 (30ml) 15ml 焦糖糖漿 200ml 鮮奶 (含奶泡)	義式咖啡機注入法	焦糖醬 (圖形不拘)	◆ 寬口咖啡杯組 / 拉花鋼杯 / 圓湯匙 ◆ 量酒器
二	柳橙鳳梨船	1 顆柳橙 (分 6 等份) 300 公克 帶皮鳳梨 (分 10 等份)	水果拼盤	紅櫻桃	◆ 圓盤 ◆ 三角尖刀 (或水果刀) / 小圓盤 / 水果夾 / 砧板
三	冰柳橙鳳梨汁	取用柳橙鳳梨船之柳橙 (去皮去籽) 及鳳梨果肉 30ml 糖水 90ml 涼開水	電動機攪拌法	紅櫻桃	◆ 可林杯 / 果汁機組 / 雪平鍋 / 過濾網 / 公杯 ◆ 量酒器 / 吧叉匙 / 三角尖刀 / 小圓盤 / 水果夾 / 砧板 / 杯墊
四	灰姑娘	30ml 新鮮檸檬汁 30ml 鳳梨汁 30ml 新鮮柳橙汁 1 Dash 紅石榴糖漿 八分滿 無色汽水	直接注入法	柳橙片 紅櫻桃	◆ 可林杯 / 公杯 ◆ 量酒器 / 吧叉匙 / 三角尖刀 / 壓汁器 / 小圓盤 / 水果夾 / 砧板 / 杯墊
五	熱桔茶 (附壺)	480ml 柳橙汁 1 包 紅茶包 6 粒 新鮮金桔汁	攪拌法	檸檬角 15ml 蜂蜜 (上列附成品旁) 金桔 3 顆 (榨汁後置入壺中)	◆ 紅茶杯組 / 耐熱玻璃壺 / 雪平鍋 / 瓦斯爐 / 榨汁器 / 香甜酒杯 / 公杯 / 古典杯 ◆ 量酒器 / 吧叉匙 / 三角尖刀 / 小圓盤 / 水果夾 / 砧板 / 沖壺
六	冰伯爵奶茶	6 公克 伯爵紅茶葉 20 公克 奶精粉 25ml 糖水	搖盪法		◆ 可林杯 / 沖茶器 / 古典杯 ◆ 搖酒器 / 量酒器 / 吧叉匙 / 濾茶器 / 杯墊 / 沖壺

◆ 吧檯準備

布置時間	準備機具及工作項目 （第6題善後處理，再歸還）	放置區域
6 分鐘	1. 搖酒器 2. 量酒器 3. 吧叉匙 4. 濾茶器 5. 1 支水果夾 6. 三角尖刀 7. 冰鏟 8. 冰夾	吧檯濾水墊
	9. 壓汁器 10. 杯墊 11. 沖壺	濾水墊上方
	12. 2 個小圓盤	裝飾物區
	13. 砧板 14. 圓托盤、海綿刷、抹布、服務巾	工作檯夾層
	取操作 6 小題所需要的「水果裝飾物」 （剩餘可堪用材料歸還至公共材料區）	

◆ 吧檯準備完成圖：

A4-1 > 熱焦糖瑪奇朵咖啡

| 義式咖啡機＋注入法 |

成份
7 公克義式咖啡粉（30ml） 15ml 焦糖糖漿 200ml 鮮奶（含奶泡）
裝飾物
焦糖醬（圖形不拘）
杯器皿
◆ 寬口咖啡杯組 / 拉花鋼杯 / 圓湯匙 ◆ 量酒器

前置作業 **5** 分鐘

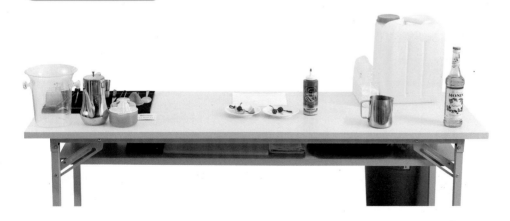

| 注意事項 | ◆ 持題卡取物或前置作業時間截止，仍繼續作業者（扣 20 分）

義式咖啡機前置作業操作

洗手。

擦手。

取托盤放上鮮奶、紙巾及操作檯抹布，至義式咖啡機萃取咖啡。

檢視義式咖啡機是否有咖啡粉存量。

取單孔咖啡把手，研磨及撥粉。

整粉，確認咖啡把手填壓是否過多過少（平整即可）。

填壓咖啡粉。

擦拭咖啡把手邊緣粉末。

將填壓器放回墊上，咖啡把手放在紙巾上。

調製過程 7 分鐘

沖煮頭放水。

扣緊把手。

放置咖啡杯，萃取咖啡液。

排放蒸氣。

打發奶泡。

利用咖啡機旁抹布擦拭蒸氣管。

排放蒸氣。

將咖啡液、打發奶泡及咖啡機旁抹布送回工作檯。

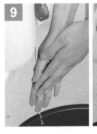

洗手後擦手。

加入焦糖糖漿。

倒入奶泡。

以圓湯匙刮取奶泡倒入杯中。

淋上焦糖醬圖案。

成品需附上咖啡匙，評分。

善後作業 5 分鐘

（請參閱 P.48「善後作業流程參考」）

柳橙鳳梨船

|水果拼盤|

成份
1 顆 柳橙（分 6 等份） 300 公克 帶皮鳳梨（分 10 等份）
裝飾物
紅櫻桃
杯器皿

◆ 圓盤
◆ 三角尖刀（或水果刀）/ 小圓盤 / 水
　果夾 / 砧板

前置作業 **5** 分鐘

|注意事項| ◆ 持題卡取物或前置作業時間截止，仍繼續作業者（扣 20 分）
　　　　　◆ 砧板、刀具使用後立刻清洗擦乾
　　　　　◆ 成品留給 A4-3 冰柳橙鳳梨汁使用

調製過程 **7** 分鐘

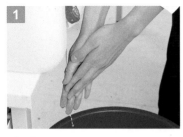

洗手。

擦手。

紙巾移到一旁，砧板墊在抹布上。

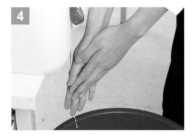

洗手。

擦手。

鳳梨撕除保鮮膜，將保鮮膜丟進垃圾桶。

由鳳梨心下方先橫切一刀。

兩端各直切一刀。

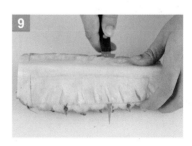

最後底部再橫切一刀即可取出鳳梨。

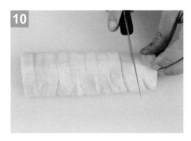

對切一半，各一開 5 等份，共 10 等分。

柳橙對切，各一開 3 等份，共 6 等份。

做 4 隻雙耳兔，另 2 個備用。

排盤，將鳳梨船兩邊推出，兩邊前後擺上雙耳兔夾柳橙角。

最後將紅櫻桃擺在鳳梨前端即可。

成品完成，等候評分。

善後作業 5 分鐘

（請參閱 P.48「善後作業流程參考」）

A4-3 冰柳橙鳳梨汁

| 電動機攪拌法 |

成份
取用柳橙鳳梨船之 柳橙（去皮去籽）及鳳梨果肉 30ml 糖水、90ml 涼開水
裝飾物
紅櫻桃
杯器皿

◆ 可林杯 / 果汁機組 / 雪平鍋 / 過濾網 /
公杯
◆ 量酒器 / 吧叉匙 / 三角尖刀（或水果刀）/
小圓盤 / 水果夾 / 砧板 / 杯墊

前置作業 **5** 分鐘

| **注意事項** | ◆ 持題卡取物或前置作業時間截止，仍繼續作業者（扣 20 分）
◆ 果汁機免用托盤，直接用手取
◆ 砧板、刀具使用後立刻清洗

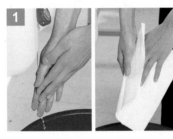

洗手後擦手。

紙巾移到一旁，砧板墊在抹布上。

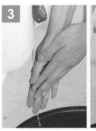

洗手後擦手。

將柳橙去籽、去皮，放入果汁機上座。

鳳梨果肉放入果汁機上座。

洗乾淨砧板、刀具。

依序加入糖水、涼開水。

加入冰塊 6 顆或可林杯裝冰塊四分滿，啟動果汁機攪打均勻至無冰塊狀。

過濾柳橙鳳梨汁。

倒入成品杯至八分滿後，放上裝飾物。

成品放於杯墊，等候評分。

善後作業 **5** 分鐘

（請參閱 P.48「善後作業流程參考」）

灰姑娘

| 直接注入法 |

成份
30ml 新鮮檸檬汁、30ml 鳳梨汁 30ml 新鮮柳橙汁、1 Dash 紅石榴糖漿 八分滿 無色汽水
裝飾物
柳橙片、紅櫻桃
杯器皿
◆ 可林杯 / 公杯 ◆ 量酒器 / 吧叉匙 / 三角尖刀 / 壓汁器 / 小 圓盤 / 水果夾 / 砧板 / 杯墊

前置作業 **5** 分鐘

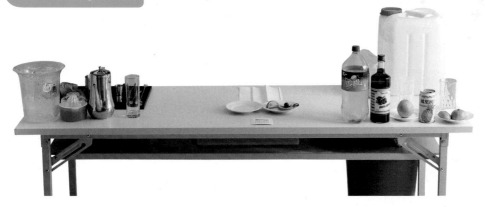

| 注意事項 | ◆ 持題卡取物或前置作業時間截止，仍繼續作業者（扣 20 分）
◆ 取 1 顆柳橙，去蒂頭對切，若前置作業時間允許，可先壓（榨）汁
◆ 取 1 顆檸檬，去蒂頭對切，若前置作業時間允許，可先壓（榨）汁
◆ 砧板、刀具使用後立刻洗淨

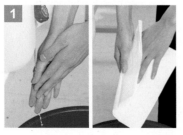

洗手後擦手。

壓新鮮檸檬汁倒入公杯備用。

壓新鮮柳橙汁倒入公杯備用。

取可林杯加入冰塊八分滿。

加入材料新鮮檸檬汁。

再倒入鳳梨汁、新鮮柳橙汁。

再加入一滴紅石榴糖漿。

最後加入無色汽水八分滿。

用吧叉匙攪拌。

放上裝飾物於杯緣。

成品放於杯墊，
等候評分。

善後作業 **5** 分鐘

（請參閱 P.48「善後作業流程參考」）

A4-5 熱桔茶（附壺）

|攪拌法|

成份
480ml 柳橙汁 1 包 紅茶包 6 粒 新鮮金桔汁

裝飾物
檸檬角、15ml 蜂蜜（附成品旁） 3 顆 金桔（榨汁後，置入壺中）

杯器皿
◆ 紅茶杯組 / 耐熱玻璃壺 / 雪平鍋 / 瓦斯爐 / 榨汁器 / 香甜酒杯 / 公杯 / 古典杯 ◆ 量酒器 / 吧叉匙 / 三角尖刀 / 小圓 盤 / 水果夾 / 砧板 / 沖壺

前置作業 5 分鐘

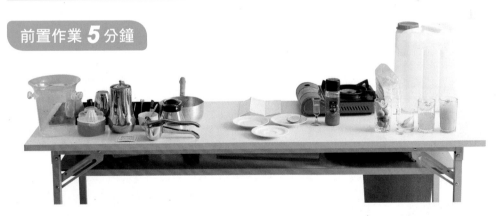

|注意事項| ◆ 持題卡取物或前置作業時間截止，仍繼續作業者（扣 20 分）

◆ 瓦斯爐免用托盤，直接取回，並測試

◆ 金桔洗淨去蒂，若時間充足可於此階段榨汁

◆ 紅茶包須以柳橙汁煮至微滾冒泡，加入金桔汁後沖泡，以熱水沖泡者
扣 100 分

取沖壺裝熱水。

紙巾往左移，瓦斯爐放置操作區。

洗手。

擦手。

量取 480ml 柳橙汁倒入雪平鍋。

加熱，利用吧叉匙攪拌。

溫杯匙、溫壺。

將金桔對半切。

榨新鮮金桔汁倒入公杯備用。

倒掉溫壺熱水。

放入紅茶，沖入熱柳橙汁。

取出紅茶包。

用吧叉匙攪拌。

放3個榨汁後金桔置入壺中。

倒掉溫杯匙的水。

倒入成品杯至八分滿。

成品，需附上咖啡匙及檸檬角、用香甜酒杯裝的蜂蜜即可。

善後作業 5 分鐘

（請參閱 P.48「善後作業流程參考」）

注意事項　蜂蜜用香甜酒杯裝取，和成品一同附上。

冰伯爵奶茶

| 搖盪法 |

成份
6 公克 伯爵紅茶葉 20 公克 奶精粉 25ml 糖水
裝飾物
無
杯器皿
◆ 可林杯 / 沖茶器 / 古典杯 ◆ 搖酒器 / 量酒器 / 吧叉匙 / 濾茶器 / 杯墊 / 沖壺

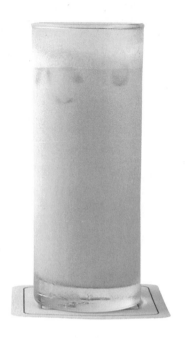

前置作業 **5** 分鐘

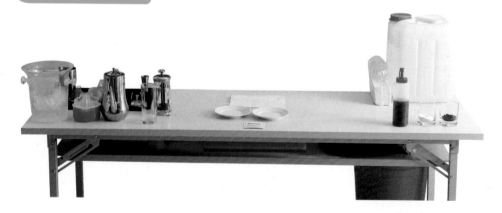

| 注意事項 |　◆ 持題卡取物或前置作業時間截止，仍繼續作業者（扣 20 分）
　　　　　　　◆ 茶葉用電子磅秤量取，用古典杯裝

調製過程 **7** 分鐘

取沖壺裝熱水。

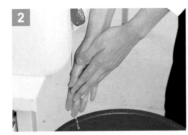

洗手。

擦手。

注入熱水於沖茶器溫壺,將沖茶器熱水倒掉。

放入茶葉,加入 160ml 熱水。

拉壓 1-2 次並置於茶湯表面。

紅茶用濾茶器過濾倒入搖酒器。

加入奶精粉。

用吧叉匙攪拌。

加入冰塊至八分滿及糖水。

蓋上蓋子,搖至外部起霜即可。

將飲料倒入杯中。

剩餘冰塊加至八分滿。

成品放於杯墊，等候
評分。

善後作業 **5** 分鐘

（請參閱 P.48「善後作
業流程參考」）

Memo

組別 | A5

題序	飲料名稱	成分	調製法	裝飾物	杯器皿
一	維也納熱咖啡	15 公克 淺焙或中焙咖啡粉 加滿泡沫鮮奶油	攪拌法	糖包	◆ 咖啡杯組 / 咖啡煮具 (Syphon) / 壓克力防風架 / 古典杯 / 打火機 ◆ 小圓盤 / 沖壺
二	冰水蜜桃紅茶	1 包 紅茶包 30ml 水蜜桃果露	直接注入法	檸檬片	◆ 可林杯 / 耐熱玻璃壺 / 古典杯 ◆ 量酒器 / 吧叉匙 / 三角尖刀 / 小圓盤 / 水果夾 / 砧板 / 杯墊 / 沖壺
三	熱紅茶拿鐵	1 包 紅茶包 約 60ml 熱開水 200ml 鮮奶（含奶泡）	義式咖啡機注入法	糖包	◆ 寬口咖啡杯組 / 拉花鋼杯 / 圓湯匙 / 古典杯 ◆ 小圓盤
四	冰黑森林果粒茶	10 公克 黑森林果粒茶 30ml 糖水	搖盪法	檸檬角（單耳兔）	◆ 可林杯 / 耐熱玻璃壺 / 雪平鍋 / 瓦斯爐 / 古典杯 ◆ 搖酒器 / 量酒器 / 吧叉匙 / 濾茶器 / 小圓盤 / 水果夾 / 杯墊 / 沖壺
五	香蕉木瓜盤	帶皮木瓜 200 公克（切 10 等份） 香蕉 1 根（切 2 等份）	水果拼盤	2 顆紅櫻桃	◆ 圓盤 ◆ 三角尖刀（或水果刀）/ 小圓盤 / 水果夾 / 砧板
六	冰木瓜牛奶	取用香蕉木瓜盤之木瓜果肉 20ml 糖水 150ml 鮮奶	電動機攪拌法		◆ 可林杯 / 果汁機組 / 公杯 ◆ 量酒器 / 吧叉匙 / 小圓盤 / 水果夾 / 杯墊

◆ 吧檯準備

布置時間	準備機具及工作項目 （第6題善後處理，再歸還）	放置區域
6分鐘	1. 搖酒器 2. 量酒器 3. 吧叉匙 4. 濾茶器 5. 1 支水果夾 6. 三角尖刀 7. 冰鏟 8. 冰夾	吧檯濾水墊
	9. 壓汁器 10. 杯墊 11. 沖壺	濾水墊上方
	12. 2 個小圓盤	裝飾物區
	13. 砧板 14. 圓托盤、海綿刷、抹布、服務巾	工作檯夾層
	取操作 6 小題所需要的「水果裝飾物」 （剩餘可堪用材料歸還至公共材料區）	

◆ 吧檯準備完成圖：

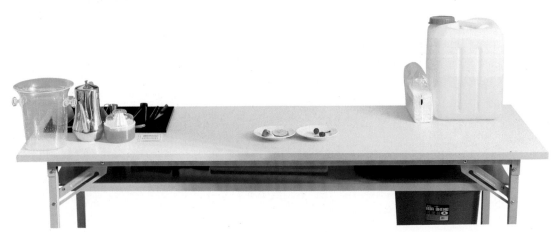

A5-1 維也納熱咖啡

| 攪拌法 |

成份
15 公克 淺焙或中焙咖啡粉 加滿泡沫鮮奶油
裝飾物
糖包
杯器皿
◆ 咖啡杯組 / 咖啡煮具 (Syphon) / 壓克力防風架 / 古典杯 / 打火機 ◆ 小圓盤 / 沖壺

前置作業 **5** 分鐘

| 注意事項 | ◆ 持題卡取物或前置作業時間截止,仍繼續作業者(扣 20 分)

取沖壺裝熱水。

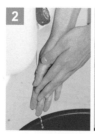

洗手後擦手。

溫杯匙。

熱水倒入咖啡煮器下座置 TCA2 線。點酒精燈，置於下座。

放壓克力防風板。

將濾網卡住上座，將咖啡粉倒入咖啡煮器上。

水滾後，將上座插入下座。水上升，攪拌 2 ～ 3 次，咖啡液萃取完。

移開火源，將酒精燈蓋子蓋上滅火。

用抹布把底座水分擦乾，並將上座與下座分離。

倒掉溫杯匙熱水，倒入成品杯至八分滿。

擠上鮮奶油，放上咖啡匙與糖包，等候評分。

善後作業 5 分鐘

（請參閱 P.48「善後作業流程參考」）

注意事項

擠鮮奶油時，可以先搖盪擠下，可靠近杯緣擠。

A5-2 冰水蜜桃紅茶

|直接注入法|

成份
1包 紅茶包 30ml 水蜜桃果露

裝飾物
檸檬片

杯器皿
◆ 可林杯 / 耐熱玻璃壺 / 古典杯 ◆ 量酒器 / 吧叉匙 / 三角尖刀 / 小圓盤 / 水果夾 / 砧板 / 杯墊 / 沖壺

前置作業 5 分鐘

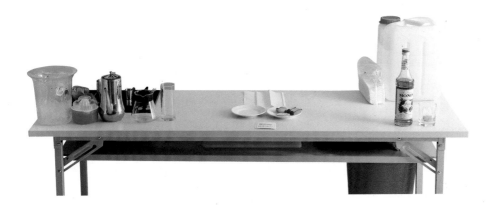

|注意事項| ◆ 持題卡取物或前置作業時間截止，仍繼續作業者（扣 20 分）
　　　　　 ◆ 砧板、刀具使用後立刻清洗

取沖壺裝熱水。

洗手後擦手。

注入熱水倒至溫耐熱玻璃壺溫壺。

倒掉溫壺水。

加入熱水 150ml，放入紅茶包。

可林杯加入冰塊八分滿。

將茶湯倒入可林杯。

加入水蜜桃果露。

用吧叉匙攪拌。

取水果夾放入檸檬片在杯緣。

成品放於杯墊，
等候評分。

善後作業 **5** 分鐘

（請參閱 P.48「善後作業流程參考」）

A5-3 熱紅茶拿鐵

|義式咖啡機＋注入法|

成份
1包 紅茶包 約 60ml 熱開水 200ml 鮮奶（含奶泡）
裝飾物
糖包
杯器皿
◆ 寬口咖啡杯組 / 拉花鋼杯 / 圓湯匙 / 古典杯 ◆ 小圓盤

前置作業 **5** 分鐘

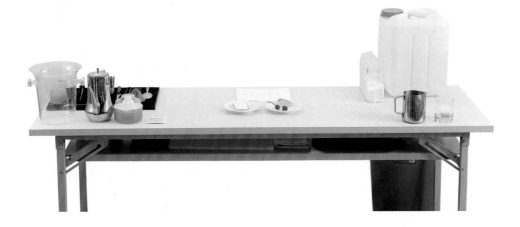

|注意事項| ◆ 持題卡取物或前置作業時間截止，仍繼續作業者（扣 20 分）

取托盤拿牛奶、古典杯裝紅茶包、餐巾紙及抹布到義式咖啡機區。

寬口咖啡杯用義式咖啡機操作，溫杯匙後，倒掉溫杯匙熱水。

放入紅茶包，取熱水 60ml 後，排放蒸氣。

打發牛奶。

擦蒸氣管後，再次排放蒸氣。

將托盤放置紅茶、咖啡匙及底盤、打發奶泡及抹布，送回工作檯。

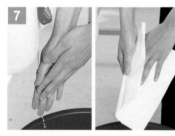

洗手後擦手。

取出紅茶包。

倒入熱牛奶。

用圓湯匙刮取奶泡到杯中。

附上糖包、咖啡匙，成品。

善後作業 5 分鐘

（請參閱 P.48「善後作業流程參考」）

A5-4 ▶ 冰黑森林果粒茶

| 搖盪法 |

成份
10 公克 黑森林果粒茶 30ml 糖水
裝飾物
檸檬角（單耳兔）
杯器皿
◆ 可林杯 / 耐熱玻璃壺 / 雪平鍋 / 瓦斯爐 / 古典杯 ◆ 搖酒器 / 量酒器 / 吧叉匙 / 濾茶器 / 小圓盤 / 水果夾 / 杯墊 / 沖壺

前置作業 **5** 分鐘

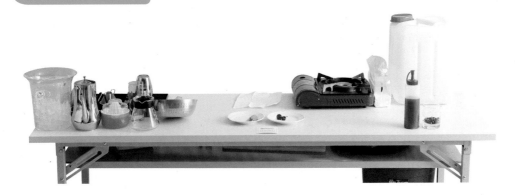

| 注意事項 | ◆ 持題卡取物或前置作業時間截止，仍繼續作業者（扣 20 分）
◆ 黑森林果粒茶用磅秤量取，用古典杯裝
◆ 做裝飾物檸檬角，於小圓盤備用
◆ 冰塊於前置作業裝取亦可

取沖壺裝熱水。

紙巾移到旁邊，準備瓦斯爐。

耐熱玻璃壺取 120ml 熱水。

加入果粒茶，加入熱水，開火加熱煮滾並用吧叉匙攪拌。

煮滾果粒茶倒入耐熱玻璃壺，用濾茶器過濾茶湯於搖酒器。

搖酒器加入冰塊八分滿後，加入糖水。

蓋上蓋子，搖盪至起霜即可。

搖酒器倒出茶湯。

再將剩餘冰塊倒至成品八分滿即可。

取水果夾將裝飾物放置杯緣。

成品放於杯墊，等候評分。

善後作業 **5** 分鐘

（請參閱 P.48「善後作業流程參考」）

A5-5 ▶ 香蕉木瓜盤

| 水果拼盤 |

成份
帶皮木瓜 200 公克 （切 10 等份） 香蕉 1 根（切 2 等份）

裝飾物
2 顆紅櫻桃

杯器皿
◆ 圓盤 ◆ 三角尖刀（或水果刀）/ 小圓盤 / 　水果夾 / 砧板

前置作業 **5** 分鐘

| 注意事項 | ◆ 持題卡取物或前置作業時間截止，仍繼續作業者（扣 20 分）
◆ 砧板、刀具使用完畢立刻清洗

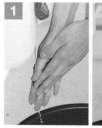

洗手後擦手。

將紙巾換成抹布，鋪於砧板
下方。

洗手後擦手。

香蕉去頭尾。

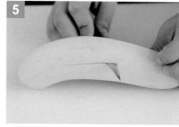

在香蕉兩面，各劃一刀直
刀，上下都不到底，共2次。

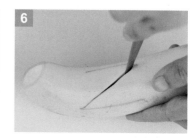

再以上下斜點，點倒點斜劃
一刀，共4次。

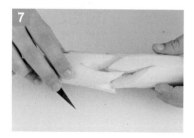

分離香蕉。

切除香蕉底部，讓香蕉站立。

木瓜去除保鮮膜。

木瓜去籽。

切成2等份。

去除果皮。

將木瓜斜刀 5 等份菱形塊，
共 10 塊。

取水果夾將木瓜以扇形排入
香蕉兩側。

放上櫻桃。

成品完成，等候評分。

香蕉切法影片請見

善後作業 **5** 分鐘

（請參閱 P.48「善後作業流程參考」）

Memo

| 電動機攪拌法 |

成份
取用香蕉木瓜盤之木瓜果肉 20ml 糖水 150ml 鮮奶
裝飾物
無
杯器皿

◆ 可林杯 / 果汁機組 / 公杯
◆ 量酒器 / 吧叉匙 / 小圓盤 / 水果夾 / 杯墊

前置作業 **5** 分鐘

| 注意事項 | ◆ 持題卡取物或前置作業時間截止，仍繼續作業者（扣 20 分）
◆ 果汁機免用托盤，直接用手取得
◆ 將 A5-5 香蕉木瓜盤之木瓜留在盤內備用

調製過程 **7** 分鐘

洗手。

擦手。

將果汁機上座放在紙巾上，加入木瓜倒入。

依序加入糖水及鮮奶。

加入 8 ～ 12 顆冰塊。

啟用果汁機攪拌均勻。

倒入可林杯中。

成品放於杯墊，
等候評分。

善後作業 **5** 分鐘

（請參閱 P.48「善後作業流程參考」）

題序	飲料名稱	成分	調製法	裝飾物	杯器皿
一	熱黑森林果粒茶（附壺）	10 公克 黑森林果粒茶	攪拌法	糖包	◆ 紅茶杯組 / 耐熱玻璃壺 / 雪平鍋 / 瓦斯爐 / 古典杯 ◆ 吧叉匙 / 小圓盤 / 沖壺
二	冰蜂蜜菊花茶	2 公克 乾燥菊花 25ml 蜂蜜	搖盪法	檸檬片	◆ 可林杯 / 耐熱玻璃壺 / 古典杯 ◆ 搖酒器 / 量酒器 / 吧叉匙 / 濾茶器 / 小圓盤 / 水果夾 / 砧板 / 杯墊 / 沖壺
三	奇異之吻	15ml 奇異果果露 15ml 新鮮檸檬汁 八分滿 新鮮柳橙汁	直接注入法 漂浮法	紅櫻桃 攪拌棒	◆ 高飛球杯 / 公杯 ◆ 量酒器 / 吧叉匙 / 三角尖刀 / 壓汁器 / 小圓盤 / 水果夾 / 砧板 / 杯墊
四	柳橙鳳梨盤	1 顆 柳橙（分 6 等份） 300 公克 帶皮鳳梨（分 12 等份）	水果拼盤	紅櫻桃	◆ 圓盤 ◆ 三角尖刀（或水果刀）/ 小圓盤 / 水果夾 / 砧板
五	冰柳橙鳳梨汁	取用柳橙鳳梨盤之柳橙（去皮去籽）及鳳梨果肉 30ml 糖水 90ml 涼開水	電動機攪拌法	紅櫻桃	◆ 可林杯 / 果汁機組 / 雪平鍋 / 過濾網 / 公杯 ◆ 量酒器 / 吧叉匙 / 三角尖刀 / 小圓盤 / 水果夾 / 砧板 / 杯墊
六	濾杯式熱咖啡	15 公克 淺焙或中焙咖啡粉	注入法	糖包 奶精球	◆ 咖啡杯組 / 咖啡過濾杯 / 咖啡濾紙 / 耐熱玻璃壺 / 古典杯 ◆ 小圓盤 / 沖壺

◆ **吧檯準備**

布置時間	準備機具及工作項目 （第 6 題善後處理，再歸還）	放置區域
6 分鐘	1. 搖酒器 2. 量酒器 3. 吧叉匙 4. 濾茶器 5. 1 支水果夾 6. 三角尖刀 7. 冰鏟 8. 冰夾	吧檯濾水墊
	9. 壓汁器 10. 杯墊 11. 沖壺	濾水墊上方
	12. 2 個小圓盤	裝飾物區
	13. 砧板 14. 圓托盤、海綿刷、抹布、服務巾	工作檯夾層
	取操作 6 小題所需要的「水果裝飾物」 （剩餘可堪用材料歸還至公共材料區）	

◆ **吧檯準備完成圖：**

| 攪拌法 |

成份
10 公克 黑森林果粒茶
裝飾物
糖包
杯器皿

◆ 紅茶杯組 / 耐熱玻璃壺 / 雪平鍋 / 瓦斯爐 / 古典杯
◆ 吧叉匙 / 小圓盤 / 沖壺

前置作業 **5** 分鐘

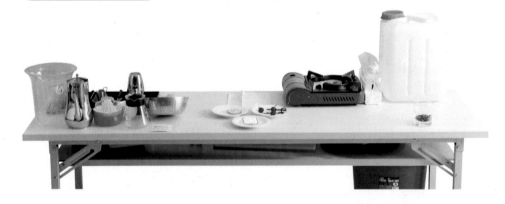

| 注意事項 | ◆ 持題卡取物或前置作業時間截止，仍繼續作業者（扣 20 分）
　　　　　 ◆ 黑森林果粒茶用電子磅秤量取，用古典杯裝

調製過程 **7** 分鐘

取沖壺裝熱水。

雪平鍋倒入黑森林果粒茶。

取熱水 480ml 倒入耐熱玻璃壺。

再將熱水倒入雪平鍋。

煮滾，用吧叉匙攪拌。

溫杯溫匙。

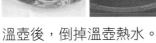

溫壺後，倒掉溫壺熱水。

將茶湯倒入耐熱玻璃壺。

倒掉溫杯匙水。

茶湯倒入杯中。

附壺及成品，等候評分。

善後作業 **5** 分鐘

（請參閱 P.48「善後作業流程參考」）

冰蜂蜜菊花茶

| 搖盪法 |

成份
2 公克 乾燥菊花 25ml 蜂蜜
裝飾物
檸檬片
杯器皿

◆ 可林杯 / 耐熱玻璃壺 / 古典杯
◆ 搖酒器 / 量酒器 / 吧叉匙 / 濾茶器 / 小圓盤 / 水果夾 / 砧板 / 杯墊 / 沖壺

前置作業 5 分鐘

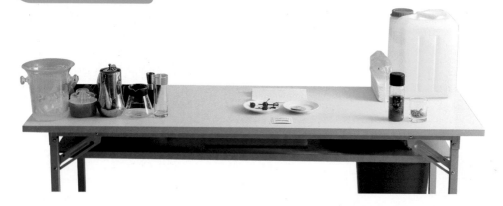

| 注意事項 | ◆ 持題卡取物或前置作業時間截止，仍繼續作業者（扣 20 分）
◆ 乾燥菊花用電子磅秤量取，用古典杯裝

調製過程 **7** 分鐘

1 取沖壺裝熱水。

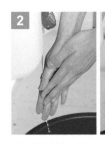

2 洗手後擦手。

3 溫壺後，倒掉溫壺熱水。

4 將乾燥菊花倒入耐熱玻璃壺。

5 量取 150ml 熱水倒入耐熱玻璃壺，利用吧叉匙攪拌。

6 利用濾茶器將菊花過濾，茶湯過濾在搖酒器。

7 可林杯裝冰塊八分滿，加入蜂蜜。

8 蓋上蓋子，搖至外部起霜即可。

9 倒入茶湯，將剩餘冰塊倒至八分滿。

10 取水果夾，將裝飾物檸檬片置於杯口。

11 成品擺放於杯墊，等候評分。

善後作業 **5** 分鐘

（請參閱 P.48「善後作業流程參考」）

| 直接注入法 + 漂浮法 |

成份
15ml 奇異果果露 15ml 新鮮檸檬汁 八分滿 新鮮柳橙汁
裝飾物
紅櫻桃、攪拌棒
杯器皿

◆ 高飛球杯 / 公杯
◆ 量酒器 / 吧叉匙 / 三角尖刀 / 壓汁器 / 小
  圓盤 / 水果夾 / 砧板 / 杯墊

前置作業 **5** 分鐘

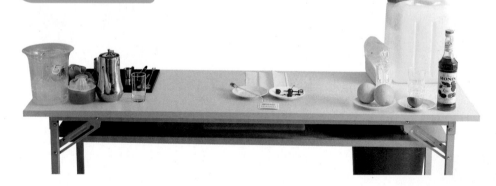

| 注意事項 | ◆ 持題卡取物或前置作業時間截止，仍繼續作業者（扣 20 分）
◆ 取 2 顆柳橙，去蒂頭對切，若前置作業時間允許，可先壓（榨）汁
◆ 取 1 顆檸檬，去蒂頭對切，若前置作業時間允許，可先壓（榨）汁
◆ 砧板、刀具使用後立刻洗淨

調製過程 **7** 分鐘

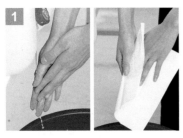

洗手後擦手。

取檸檬榨汁倒入公杯備用。

取柳橙榨汁倒入公杯備用。

高飛球杯加入冰塊7～八分
滿冰塊。

依序加入奇異果果露。

再加入新鮮檸檬汁。

利用吧叉匙攪拌均勻。

利用吧叉匙靠著杯壁，加入
新鮮柳橙汁（緩緩倒入）。

放上裝飾物。

從側邊放入攪拌棒。

成品放於杯墊，等候評分。

善後作業 **5** 分鐘

（請參閱 P.48「善後作業流程參考」）

| 水果拼盤 |

成份
1 顆 柳橙（分 6 等份） 300 公克 帶皮鳳梨（分 12 等份）
裝飾物
紅櫻桃
杯器皿

◆ 圓盤
◆ 三角尖刀（或水果刀）/ 小圓盤 / 水果
　夾 / 砧板

前置作業 **5** 分鐘

| 注意事項 |　◆ 持題卡取物或前置作業時間截止，仍繼續作業者（扣 20 分）
　　　　　　◆ A6-4 柳橙鳳梨盤的柳橙及鳳梨果肉留給 A6-5 用

調製過程 **7** 分鐘

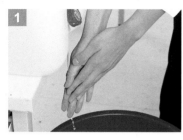

洗手。

擦手。

將紙巾移至旁邊，放置砧板。

洗手。

擦手。

柳橙對切。

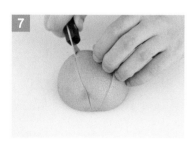

取一半切 3 等份，共兩半，6 份。

取 3 等份柳丁交叉堆疊放在盤中間。

其餘 3 等份可參照圖片擺設。

鳳梨去皮，再去除芽眼。

將鳳梨切 3 等份。

在鳳梨兩側（鳳梨心中間），劃 V 型刀法。

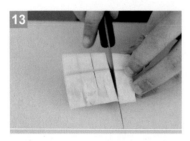

13 各切 4 片，共 12 等分。

14 利用水果夾順著將鳳梨擺入盤內。

15 將櫻桃夾在柳橙。

16 洗擦三角尖刀及砧板。

17 成品完成，等候評分。

善後作業 **5** 分鐘

（請參閱 P.48「善後作業流程參考」）

Me
mo

A6-5　冰柳橙鳳梨汁

｜電動機攪拌法｜

成份
取用柳橙鳳梨盤之 柳橙（去皮去籽）及鳳梨果肉 30ml 糖水 90ml 涼開水

裝飾物
紅櫻桃

杯器皿
◆ 可林杯 / 果汁機組 / 雪平鍋 / 過濾網 / 　公杯 ◆ 量酒器 / 吧叉匙 / 三角尖刀 / 小圓盤 / 　水果夾 / 砧板 / 杯墊

前置作業 5 分鐘

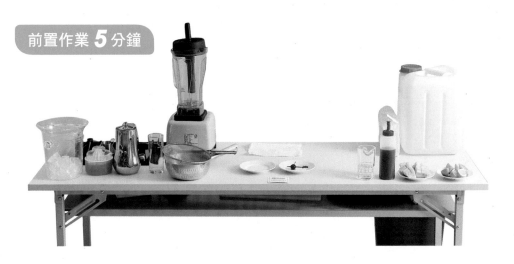

｜注意事項｜ ◆ 持題卡取物或前置作業時間截止，仍繼續作業者（扣 20 分）

◆ 果汁機免用托盤，直接用手取回，並檢查是否可以使用

◆ 清洗果汁機，裝水，啟動機器，待機器停止將水倒掉

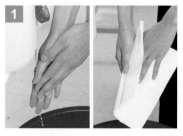

洗手後擦手。

紙巾移到一旁，砧板墊在抹布上。

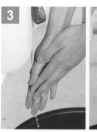

洗手後擦手。

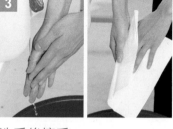

將柳橙去籽、去皮，放入果汁機上座。

鳳梨果肉放入果汁機上座。

洗乾淨砧板、刀具。

依序加入糖水、涼開水。

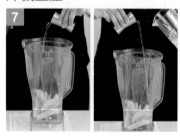

加入冰塊 6 顆或可林杯四分滿，啟動果汁機攪打均勻至無冰塊狀。

過濾柳橙鳳梨汁。

倒入成品杯至八分滿後，放上放裝飾物。

成品放於杯墊，等候評分。

善後作業 **5** 分鐘

（請參閱 P.48「善後作業流程參考」）

A6-6 濾杯式熱咖啡

| 注入法 |

成份
15 公克 淺焙或中焙咖啡粉
裝飾物
糖包、奶精球
杯器皿
◆ 咖啡杯組 / 咖啡過濾杯 / 咖啡濾紙 / 耐熱玻璃壺 / 古典杯 ◆ 小圓盤 / 沖壺

前置作業 **5** 分鐘

| 注意事項 |

◆ 持題卡取物或前置作業時間截止，仍繼續作業者（扣 20 分）

| 半磅磨豆機前置作業 |

1. 咖啡豆用電子磅秤量取，取托盤攜帶抹布及咖啡豆至磨豆機。
2. 將咖啡豆倒入豆槽。
3. 研磨後，將咖啡粉槽取出，倒入古典杯。
4. 使用抹布擦拭周圍。
5. 取托盤將抹布和咖啡粉運回操作檯。

取沖壺裝熱水。

洗手。

擦手。

溫杯匙。

溫壺。

倒掉溫壺熱水。

折濾紙。

放入濾杯。

倒入咖啡粉。

順著同心圓四周注入熱水。

滴入達至水量,將過濾杯取
至古典杯放置。

倒掉溫杯匙水。

13

咖啡倒入成品杯至八分滿。

14

放上咖啡匙、附上糖包及奶
精球，等候評分。

善後作業 **5** 分鐘

（請參閱 P.48「善後作業流程參考」）

注意
事項

咖啡濾紙折紙方式（濾紙兩邊一前一後折，撐開）

1

將底部順著接合處折
起來。

2

再將側邊順著接合處
折起來。

3

撐開即可。

貳、組別：B 組

品名 組別	水果 拼盤 水果拼盤 Fruits Carving	調製無酒精性飲料 Mocktail					
		義式 咖啡機 Espresso Machine	注入法 Pour	直接 注入法 Building	攪拌法 Stirring	搖盪法 Shaking	電動機 攪拌法 Blending
B7		熱抹茶 拿鐵	熱抹茶 拿鐵	冰奶蓋綠茶 （含漂浮法） 灰姑娘		冰珍珠 奶茶 冰洛神 花茶	蜜桃冰沙
B8		冰拿鐵 咖啡	熱蜜香 紅茶	冰拿鐵咖啡 （含漂浮法） 冰奶蓋紅茶 （含漂浮法）	熱洛神 花茶	冰檸檬 綠茶	冰木瓜 牛奶
B9	香蕉 西瓜盤	熱拿鐵 咖啡	熱拿鐵 咖啡	冰紅茶	熱百香 柚子茶	冰泡沫 綠茶	冰西瓜汁
B10	柳橙 西瓜船	摩卡咖啡 冰沙	熱烏龍茶		爪哇式 熱咖啡 熱水果茶	冰葡萄柚 綠茶	摩卡咖啡 冰沙
B11				水果賓治	虹吸式 熱咖啡 熱百香 柚子茶	冰綠茶 多多 冰金桔 檸檬汁	檸檬冰沙
B12	柳橙 鳳梨盤			冰紅茶 冰蜜桃比妮	虹吸式 熱咖啡	冰伯爵 奶茶	鳳梨冰沙

組別 | B7

題序	飲料名稱	成分	調製法	裝飾物	杯器皿
一	冰珍珠奶茶	6 公克 阿薩姆紅茶葉 20 公克 奶精粉 25ml 糖水 2 咖啡豆量匙 熟粉圓	搖盪法		◆ 可林杯 / 沖茶器 / 環保粗吸管 / 公杯 / 古典杯 ◆ 搖酒器 / 量酒器 / 吧叉匙 / 濾茶器 / 杯墊 / 沖壺
二	熱抹茶拿鐵	3 公克 無糖抹茶粉 約 30ml 熱開水 200ml 鮮奶（含奶泡）	義式咖啡機注入法	糖包	◆ 拿鐵玻璃杯 / 拉花鋼杯 / 圓湯匙 / 長柄咖啡匙 / 古典杯 ◆ 吧叉匙 / 小圓盤
三	蜜桃冰沙	1/2 粒 水蜜桃 30ml 水蜜桃果露 30ml 涼開水	電動機攪拌法		◆ 可林杯 / 果汁機組 / 公杯 / 長柄咖啡匙 ◆ 量酒器 / 吧叉匙 / 小圓盤 / 水果夾 / 杯墊
四	冰奶蓋綠茶	6 公克 綠茶茶葉 30ml 糖水 鹽巴少許 45ml 無糖液態鮮奶油（需搖盪）	直接注入法漂浮法		◆ 可林杯 / 沖茶器 / 公杯 / 古典杯 ◆ 搖酒器 / 量酒器 / 吧叉匙 / 濾茶器 / 杯墊 / 沖壺
五	冰洛神花茶	10 朵 乾燥洛神花 30ml 糖水	搖盪法	檸檬角（單耳兔）	◆ 可林杯 / 耐熱玻璃壺 / 雪平鍋 / 瓦斯爐 / 古典杯 ◆ 搖酒器 / 量酒器 / 吧叉匙 / 濾茶器 / 小圓盤 / 水果夾 / 杯墊 / 沖壺
六	灰姑娘	30ml 新鮮檸檬汁 30ml 鳳梨汁 30ml 新鮮柳橙汁 1 Dash 紅石榴糖漿 八分滿 無色汽水	直接注入法	柳橙片 紅櫻桃	◆ 可林杯 / 公杯 ◆ 量酒器 / 吧叉匙 / 三角尖刀 / 壓汁器 / 小圓盤 / 水果夾 / 砧板 / 杯墊

布置時間	準備機具及工作項目 （第6題善後處理，再歸還）	放置區域
6分鐘	1. 搖酒器 2. 量酒器 3. 吧叉匙 4. 濾茶器 5. 1支水果夾 6. 三角尖刀 7. 冰鏟 8. 冰夾	吧檯濾水墊
	9. 壓汁器 10. 杯墊 11. 沖壺	濾水墊上方
	12. 2個小圓盤	裝飾物區
	13. 砧板 14. 圓托盤、海綿刷、抹布、服務巾	工作檯夾層
	取操作6小題所需要的「水果裝飾物」 （剩餘可堪用材料歸還至公共材料區） 將6小題所有水果裝飾物均先處理完成，否則會扣分	

◆ 吧檯準備完成圖：

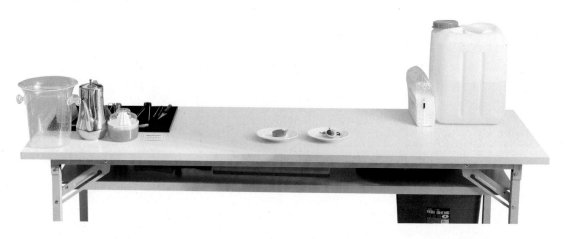

B7-1 ▶ 冰珍珠奶茶

| 搖盪法 |

成份
6 公克　阿薩姆紅茶葉 20 公克　奶精粉 25ml　糖水 2 咖啡豆量匙　熟粉圓
裝飾物
無
杯器皿
◆ 可林杯 / 沖茶器 / 環保粗吸管 / 公杯 / 　古典杯 ◆ 搖酒器 / 量酒器 / 吧叉匙 / 濾茶器 / 　杯墊 / 沖壺

前置作業 **5** 分鐘

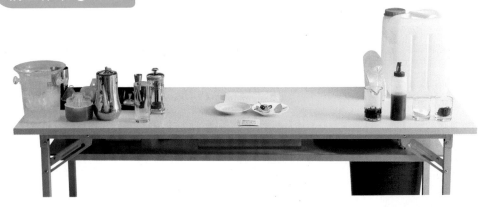

| 注意事項 |　◆ 持題卡取物或前置作業時間截止，仍繼續作業者（扣 20 分）
　　　　　　　　◆ 茶葉用電子磅秤量取，並用古典杯裝

取沖壺裝熱水。

洗手後擦手。

注入熱水在沖茶器溫壺。

倒掉沖茶器熱水。

放入茶葉後，沖入熱水。

濾網拉壓 2 次，並置於茶湯表面，用濾茶器過濾紅茶茶湯至搖酒器。

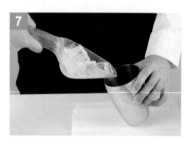

搖酒器裝八分滿冰塊。

蓋上蓋子，搖盪至外部起霜，將熟粉圓倒於杯中。

剩餘冰塊倒至八分滿。

最後放上環保粗吸管。

註：雖扣分項目未註明以「手」放置吸管會扣分，但仍建議以水果夾挾取較衛生。

成品放於杯墊，等候評分。

（請參閱 P.48「善後作業流程參考」）

B7-2 熱抹茶拿鐵

| 義式咖啡機 + 注入法 |

成份
3 公克 無糖抹茶粉 約 30ml 熱開水 200ml 鮮奶（含奶泡）
裝飾物
糖包
杯器皿
◆ 拿鐵玻璃杯 / 拉花鋼杯 / 圓湯匙 / 長柄咖啡匙 / 古典杯 ◆ 吧叉匙 / 小圓盤

前置作業 5 分鐘

| 注意事項 |　◆ 持題卡取物或前置作業時間截止，仍繼續作業者（扣 20 分）
　　　　　　◆ 抹茶粉用電子磅秤量取，用古典杯裝

取托盤拿取拿鐵玻璃杯、長柄咖啡匙、拉花鋼杯裝鮮奶、餐巾紙、抹布。

寬口咖啡杯用義式咖啡機操作，溫杯匙。

倒掉溫杯匙熱水。

倒入抹茶粉，操作義式咖啡機 30ml 熱水，用吧叉匙攪拌。

排放蒸氣。

打發牛奶。

擦蒸氣管。

再次排放蒸氣。

將托盤放置打發鮮奶、拿鐵玻璃杯、長柄咖啡匙、打發奶泡及抹布送回工作檯。

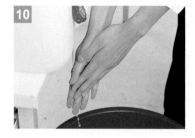

洗手。

擦手。

倒入熱牛奶。

用圓湯匙刮取奶泡到杯中。

由側邊放入長柄咖啡匙。

成品放於小圓盤附糖包，等候評分。

善後作業 5 分鐘

（請參閱 P.48「善後作業流程參考」）

Memo

| 電動機攪拌法 |

成份
1/2 粒 水蜜桃 30ml 水蜜桃果露 30ml 涼開水
裝飾物
無
杯器皿

◆ 可林杯 / 果汁機組 / 公杯 / 長柄咖啡匙
◆ 量酒器 / 吧叉匙 / 小圓盤 / 水果夾 / 杯墊

前置作業 **5** 分鐘

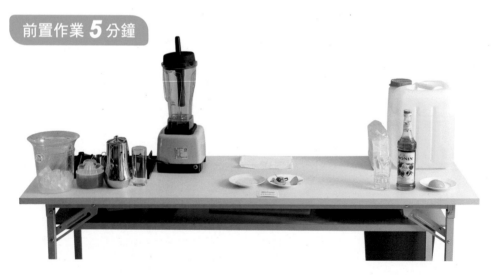

| 注意事項 | ◆ 持題卡取物或前置作業時間截止，仍繼續作業者（扣 20 分）
◆ 果汁機免用托盤，直接用手取

調製過程 **7** 分鐘

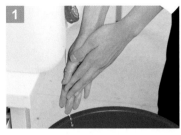

洗手。

擦手。

依序加入水蜜桃半顆。

加水蜜桃果露。

加涼開水。

加入一杯半冰塊。

啟動果汁機攪碎成冰沙。

冰沙倒入成品杯中至八分滿。

放入長柄咖啡匙。

成品放於杯墊，
等候評分。

善後作業 **5** 分鐘

（請參閱 P.48「善後作業流程參考」）

冰奶蓋綠茶

| 直接注入法 + 漂浮法 |

成份
6 公克 綠茶茶葉 30ml 糖水 鹽巴 少許 45ml 無糖液態鮮奶油 (需搖盪)
裝飾物
無
杯器皿

◆ 可林杯 / 沖茶器 / 公杯 / 古典杯
◆ 搖酒器 / 量酒器 / 吧叉匙 / 濾茶器 / 杯墊 / 沖壺

前置作業 **5** 分鐘

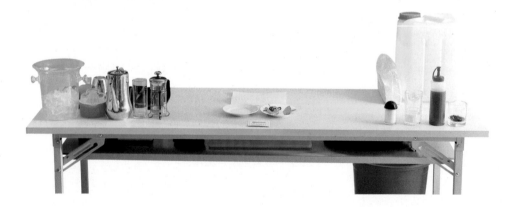

| 注意事項 | ◆ 持題卡取物或前置作業時間截止，仍繼續作業者 (扣 20 分)
◆ 綠茶茶葉用電子磅秤量取，用古典杯裝備用
◆ 無糖液態鮮奶油用公杯裝

調製過程 **7** 分鐘

取沖壺裝熱水。

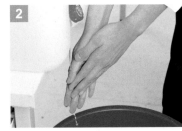

洗手。

擦手。

注入熱水溫沖茶器。

將沖茶器熱水倒掉。

加入茶葉，加入熱水 150ml。

茶葉在熱水中逐漸釋出茶色及香氣。

上下抽壓不超過 2 次，並停置於液體表面。

可林杯裝冰塊 1 杯量。

用濾茶器將茶湯過濾於成品杯中。

加入糖水，以吧叉匙攪拌均勻。

搖酒器取冰塊適量

搖酒器加入無糖液態鮮奶油及鹽。

蓋上瓶蓋，搖至起霜即可。

打開搖酒器杯蓋，將鮮奶油倒入八分滿即可。

成品放於杯墊，等候評分。

善後作業 **5** 分鐘

（請參閱 P.48「善後作業流程參考」）

B7-5 › 冰洛神花茶

| 搖盪法 |

成份
10 朵 乾燥洛神花 30ml 糖水
裝飾物
檸檬角（單耳兔）
杯器皿
◆ 可林杯 / 耐熱玻璃壺 / 雪平鍋 / 瓦斯爐 / 古典杯
◆ 搖酒器 / 量酒器 / 吧叉匙 / 濾茶器 / 小圓盤 / 水果夾 / 杯墊 / 沖壺

前置作業 **5** 分鐘

| 注意事項 | ◆ 持題卡取物或前置作業時間截止，仍繼續作業者（扣 20 分）
◆ 瓦斯爐免用托盤，直接用手取回
◆ 洛神花用古典杯裝

取沖壺裝熱水。

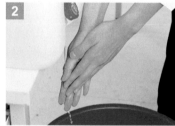

洗手。

擦手。

紙巾往旁邊移動,瓦斯爐放置操作區。

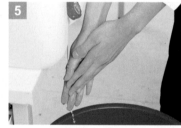

洗手。

擦手。

加入洛神花,量取熱水 140ml 倒入雪平鍋。

煮滾並攪拌至洛神花較軟。

溫壺。

倒掉耐熱玻璃壺熱水。

用濾茶器將茶湯過濾至搖酒器。

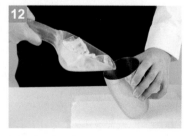

搖酒器裝冰塊八分滿。

加入糖水。

蓋上瓶蓋，搖至起霜即可。

在可林杯中倒入茶湯及冰塊至八分滿。

用水果夾挾裝飾物放於杯緣。

成品放於杯墊，等候評分。

善後作業 5 分鐘

（請參閱 P.48「善後作業流程參考」）

灰姑娘

| 直接注入法 |

成份
30ml 新鮮檸檬汁 30ml 鳳梨汁、30ml 新鮮柳橙汁 1 Dash 紅石榴糖漿 八分滿 無色汽水
裝飾物
柳橙片、紅櫻桃
杯器皿

◆ 可林杯 / 公杯
◆ 量酒器 / 吧叉匙 / 三角尖刀 / 壓汁器 / 小
圓盤 / 水果夾 / 砧板 / 杯墊

前置作業 **5** 分鐘

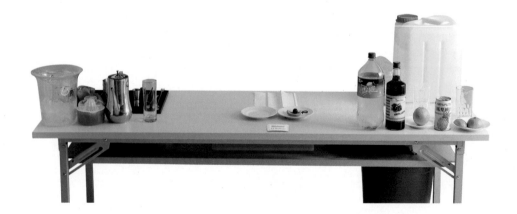

| 注意事項 | ◆ 持題卡取物或前置作業時間截止，仍繼續作業者（扣 20 分）
◆ 取 1 顆柳橙洗淨、去蒂頭對切，若前置作業時間允許，可先壓（榨）汁
◆ 取 1 顆檸檬洗淨、去蒂頭對切，若前置作業時間允許，可先壓（榨）汁

調製過程 7 分鐘

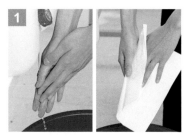

洗手後擦手。

壓新鮮檸檬汁倒入公杯備用。

壓新鮮柳橙汁倒入公杯備用。

取可林杯加入冰塊至八分滿。

依序加入新鮮檸檬汁。

再加入鳳梨汁及新鮮柳橙汁。

再加入一滴紅石榴糖漿。

最後加入無色汽水至八分滿。

用吧叉匙攪拌。

裝飾物置於杯緣。

成品放於杯墊，等候評分。

善後作業 5 分鐘

（請參閱 P.48「善後作業流程參考」）

題序	飲料名稱	成分	調製法	裝飾物	杯器皿
一	冰拿鐵咖啡	14 公克 義式咖啡粉（60ml） 150ml 鮮奶 20ml 糖水 加滿冰奶泡	義式咖啡機 直接注入法 漂浮法		◆ 可林杯 / 小鋼杯 / 奶泡壺 / 圓湯匙 / 雪平鍋 / 公杯 / 長柄咖啡匙 ◆ 量酒器 / 吧叉匙 / 杯墊
二	冰檸檬綠茶	6 公克 綠茶茶葉 15ml 新鮮檸檬汁 30ml 糖水	搖盪法	檸檬片 紅櫻桃	◆ 可林杯 / 沖茶器 / 公杯 / 古典杯 ◆ 搖酒器 / 量酒器 / 吧叉匙 / 濾茶器 / 壓汁器 / 三角尖刀 / 小圓盤 / 水果夾 / 砧板 / 杯墊 / 沖壺
三	熱洛神花茶（附壺）	10 朵 乾燥洛神花 1 咖啡豆量匙 二砂糖	攪拌法	糖包	◆ 紅茶杯組 / 耐熱玻璃壺 / 雪平鍋 / 瓦斯爐 / 古典杯 ◆ 吧叉匙 / 小圓盤 / 沖壺
四	冰奶蓋紅茶	6 公克 阿薩姆紅茶葉 30ml 糖水 鹽巴 少許 45ml 無糖液態鮮奶油（需搖盪）	直接注入法 漂浮法		◆ 可林杯 / 沖茶器 / 公杯 / 古典杯 ◆ 搖酒器 / 量酒器 / 吧叉匙 / 濾茶器 / 杯墊 / 沖壺
五	冰木瓜牛奶	200 公克 木瓜 20ml 糖水 150ml 鮮奶	電動機 攪拌法		◆ 可林杯 / 果汁機組 / 公杯 ◆ 量酒器 / 吧叉匙 / 三角尖刀 / 小圓盤 / 水果夾 / 砧板 / 杯墊
六	熱蜜香紅茶	5 公克 蜜香紅茶葉	注入法		◆ 蓋碗杯組 2 組 / 古典杯 ◆ 吧叉匙 / 沖壺

◆ **吧檯準備**

布置時間	準備機具及工作項目 （第6題善後處理，再歸還）		放置區域
6分鐘	1. 搖酒器 2. 量酒器 3. 吧叉匙 4. 濾茶器 5. 1支水果夾 6. 三角尖刀 7. 冰鏟 8. 冰夾		吧檯濾水墊
	9. 壓汁器 10. 杯墊 11. 沖壺		濾水墊上方
	12. 2個小圓盤		裝飾物區
	13. 砧板 14. 圓托盤、海綿刷、抹布、服務巾		工作檯夾層
	取操作6小題所需要的「水果裝飾物」 （剩餘可堪用材料歸還至公共材料區）		

◆ **吧檯準備完成圖：**

| 義式咖啡機 + 直接注入法 + 漂浮法 |

成份
14 公克 義式咖啡粉 (60ml) 150ml 鮮奶、20ml 糖水 加滿冰奶泡
裝飾物
無
杯器皿
◆ 可林杯 / 小鋼杯 / 奶泡壺 / 圓湯匙 / 雪平鍋 / 公杯 / 長柄咖啡匙 ◆ 量酒器 / 吧叉匙 / 杯墊

前置作業 **5** 分鐘

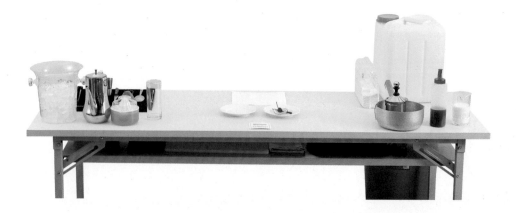

| **注意事項** | ◆ 持題卡取物或前置作業時間截止，仍繼續作業者（扣 20 分）

義式咖啡機前置作業操作

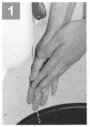

洗手後擦手。

取托盤放紙巾、抹布至義式咖啡機。

取雙孔咖啡把手。

取適量咖啡粉。

輕敲咖啡把手，整粉。

在填壓墊上填壓咖啡粉。

將填壓器放回咖啡墊。

咖啡把手置於紙巾上。

完成的擺設。

調製過程 7 分鐘

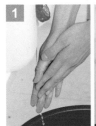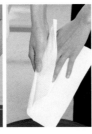

洗手後擦手。

測試水壓。

扣緊咖啡把手。

放上小鋼杯萃取咖啡液。

打發奶泡在雪平鍋中。

取出奶泡壺，咖啡液在雪平鍋中冷卻。

可林杯裝八分滿冰塊。

加入牛奶、加入糖水。

用吧叉匙攪拌。

用吧叉匙沿著杯壁將咖啡液倒入。

用圓湯匙刮奶泡在成品杯。

側邊放入長柄咖啡匙。

成品放於杯墊，等候評分。

善後作業 **5** 分鐘

（請參閱 P.48「善後作業流程參考」）

注意事項　小鋼杯放置在義式咖啡機上

B8-2 冰檸檬綠茶

| 搖盪法 |

成份
6 公克 綠茶茶葉 15ml 新鮮檸檬汁 30ml 糖水
裝飾物
檸檬片、紅櫻桃
杯器皿
◆ 可林杯 / 沖茶器 / 公杯 / 古典杯
◆ 搖酒器 / 量酒器 / 吧叉匙 / 濾茶器 / 壓汁器 / 三角尖刀 / 小圓盤 / 水果夾 / 砧板 / 杯墊 / 沖壺

前置作業 **5** 分鐘

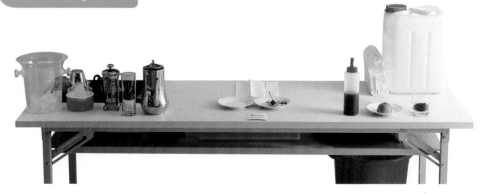

| 注意事項 | ◆ 持題卡取物或前置作業時間截止，仍繼續作業者（扣 20 分）
◆ 取半顆檸檬，去蒂頭，若前置作業時間允許，可先壓（榨）汁
◆ 綠茶茶葉用電子磅秤量取，放在古典杯備用

取沖壺裝熱水。

洗手。

擦手。

注入熱水到沖茶器溫壺。

倒掉沖茶器熱水。

放入茶葉。

倒入 130ml 熱水。

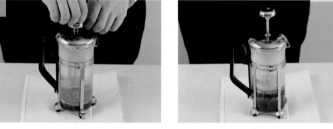

拉網拉壓 1 ～ 2 次，置於茶湯液體表面。

取檸檬榨汁至公杯備用。

用濾茶器過濾茶湯於搖酒器。

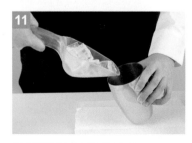

搖酒器裝八分滿冰塊。

依序加入新鮮檸檬汁、糖水。

蓋上杯蓋，搖至起霜即可。

飲料倒至杯中，剩餘冰塊倒至八分滿。

將檸檬櫻桃片置於杯緣。

成品放於杯墊，等候評分。

善後作業 **5** 分鐘

（請參閱 P.48「善後作業流程參考」）

熱洛神花茶（附壺）

| 攪拌法 |

成份
10 朵 乾燥洛神花 1 咖啡豆量匙 二砂糖
裝飾物
糖包
杯器皿
◆ 紅茶杯組 / 耐熱玻璃壺 / 雪平鍋 / 瓦斯爐 / 古典杯 ◆ 吧叉匙 / 小圓盤 / 沖壺

前置作業 5 分鐘

| 注意事項 | ◆ 持題卡取物或前置作業時間截止，仍繼續作業者（扣 20 分）
◆ 洛神花洗淨，用古典杯裝
◆ 瓦斯爐、砧板用手取回即可

調製過程 **7** 分鐘

1. 取沖壺裝熱水。

2. 紙巾移到一旁，瓦斯爐移到操作區。

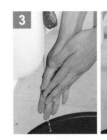

3. 洗手後擦手。

4. 乾燥洛神花及二砂糖放在雪平鍋。

5. 取耐熱玻璃壺量 480ml 水倒入雪平鍋。

6. 煮滾用吧叉匙攪拌。

7. 溫杯、溫匙後溫壺。

8. 將溫壺熱水倒掉。

9. 將煮滾洛神花茶倒入壺中。

10. 倒掉溫杯的水，再將洛神花倒入杯中八分滿。

11. 放置咖啡盤及咖啡匙，附壺，等候評分。

善後作業 **5** 分鐘

（請參閱 P.48「善後作業流程參考」）

冰奶蓋紅茶

| 直接注入法 + 漂浮法 |

成份
6 公克 阿薩姆紅茶葉 30ml 糖水、鹽巴 少許 45ml 無糖液態鮮奶油（需搖盪）
裝飾物
無
杯器皿
◆ 可林杯 / 沖茶器 / 公杯 / 古典杯 ◆ 搖酒器 / 量酒器 / 吧叉匙 / 濾茶器 / 　杯墊 / 沖壺

前置作業 **5** 分鐘

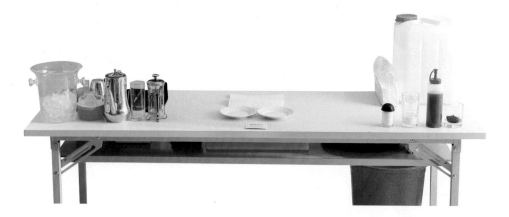

| 注意事項 | ◆ 持題卡取物或前置作業時間截止，仍繼續作業者（扣 20 分）
　　　　　　◆ 茶葉用電子磅秤量取
　　　　　　◆ 無糖液態鮮奶油用公杯裝

取沖壺裝熱水。

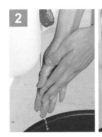

洗手後擦手。

注入熱水到沖茶器溫壺後，倒掉沖茶器熱水。

將阿薩姆紅茶葉倒入，注入 150ml 熱水。

拉壓濾網 1～2 次，並將拉壓濾網置於茶湯表面。

取可林杯裝冰塊至九分滿，再用濾茶器過濾茶湯至可林杯。

加入糖水後，用吧叉匙攪拌。

加入鹽巴至搖酒器，加入無糖液態鮮奶油至搖酒器。

蓋上蓋子，搖至搖酒器外部起霜即可。

再將奶蓋用吧叉匙倒入成品杯至八分滿。

成品放於杯墊，等候評分。

善後作業 **5** 分鐘

（請參閱 P.48「善後作業流程參考」）

| 電動機攪拌法 |

成份
200 公克 木瓜 20ml 糖水 150ml 鮮奶
裝飾物
無
杯器皿

◆ 可林杯 / 果汁機組 / 公杯
◆ 量酒器 / 吧叉匙 / 三角尖刀 / 小圓盤 /
　水果夾 / 砧板 / 杯墊

前置作業 **5** 分鐘

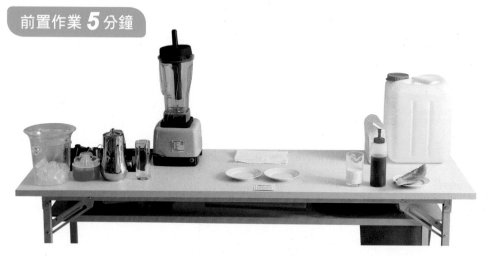

| 注意事項 |　◆ 持題卡取物或前置作業時間截止，仍繼續作業者（扣 20 分）
　　　　　　　◆ 果汁機免用托盤，直接用手取得
　　　　　　　◆ 成品含碎冰扣 10 分

調製過程 **7** 分鐘

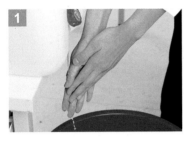

洗手。

擦手。

將果汁機上座放在紙巾上，
將木瓜放入。

依序加入糖水及鮮奶。

加入 8～12 顆冰塊。

啟用果汁機攪拌均勻。

倒入可林杯中。

成品放於杯墊，
等候評分。

善後作業 **5** 分鐘

（請參閱 P.48「善後作業流程參考」）

| 注入法 |

成份
5 公克 蜜香紅茶葉
裝飾物
無
杯器皿
◆ 蓋碗杯組 2 組 / 古典杯 ◆ 吧叉匙 / 沖壺

前置作業 **5** 分鐘

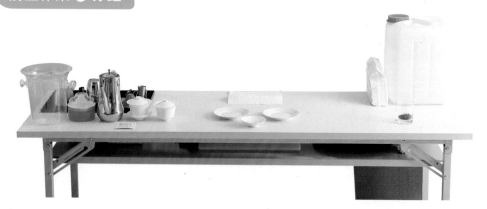

| 注意事項 | ◆ 持題卡取物或前置作業時間截止，仍繼續作業者（扣 20 分）
◆ 茶葉用電子磅秤量取，放在古典杯備用

調製過程 **7** 分鐘

取沖壺裝熱水。

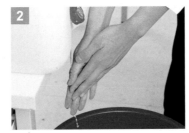

洗手。

擦手。

溫杯，將熱水倒入第一個杯中。

倒掉溫杯熱水。

將茶葉倒至已溫過的杯中。

注入熱水八分滿。

蓋上杯蓋。

溫杯成品杯，並倒掉熱水。

單手將茶湯倒入成品杯附杯蓋，等候評分。

善後作業 **5** 分鐘

（請參閱 P.48「善後作業流程參考」）

組別 | B9

題序	飲料名稱	成分	調製法	裝飾物	杯器皿
一	香蕉西瓜盤	1 根 香蕉（分二等分） 500 公克 帶皮西瓜 （分九等分）	水果拼盤	紅櫻桃	◆ 圓盤 ◆ 三角尖刀（或水果刀）/ 小圓盤 / 水果夾 / 砧板
二	冰西瓜汁	取用香蕉西瓜盤 之西瓜果肉 20ml 糖水 60ml 涼開水	電動機 攪拌法		◆ 可林杯 / 果汁機組 / 過濾 網 / 雪平鍋 / 公杯 ◆ 量酒器 / 吧叉匙 / 三角尖 刀 / 小圓盤 / 水果夾 / 砧 板 / 杯墊
三	冰泡沫綠茶	6 公克 綠茶茶葉 25ml 糖水	搖盪法	紅櫻桃	◆ 可林杯 / 沖茶器 / 古典杯 ◆ 搖酒器 / 量酒器 / 濾茶器 / 小圓盤 / 杯墊 / 沖壺
四	熱百香 柚子茶 （附壺）	2 咖啡豆量匙 柚子醬 30ml 百香果原汁 （含肉含籽） 210ml 柳橙汁 約 240ml 熱開水	攪拌法		◆ 紅茶杯組 / 耐熱玻璃壺 / 雪平鍋 / 瓦斯爐 / 公杯 ◆ 量酒器 / 吧叉匙 / 沖壺
五	冰紅茶	2 包 紅茶包	直接注入法	檸檬片 25ml 糖水	◆ 可林杯 / 耐熱玻璃壺 / 香 甜酒杯 / 長柄咖啡匙 / 古 典杯 ◆ 吧叉匙 / 小圓盤 / 水果夾 / 杯墊 / 沖壺
六	熱拿鐵 咖啡	7 公克 義式咖啡粉 （30ml） 200ml 鮮奶（含奶泡）	義式咖啡機 注入法	糖包	◆ 拿鐵玻璃杯 / 圓湯匙 / 拉 花鋼杯 / 長柄咖啡匙 / 小 鋼杯 ◆ 小圓盤

◆ 吧檯準備

布置時間	準備機具及工作項目 （第 6 題善後處理，再歸還）	放置區域
6 分鐘	1. 搖酒器 2. 量酒器 3. 吧叉匙 4. 濾茶器 5. 1 支水果夾 6. 三角尖刀 7. 冰鏟 8. 冰夾	吧檯濾水墊
	9. 壓汁器 10. 杯墊 11. 沖壺	濾水墊上方
	12. 2 個小圓盤	裝飾物區
	13. 砧板 14. 圓托盤、海綿刷、抹布、服務巾	工作檯夾層
	取操作 6 小題所需要的「水果裝飾物」 （剩餘可堪用材料歸還至公共材料區）	

◆ **吧檯準備完成圖：**

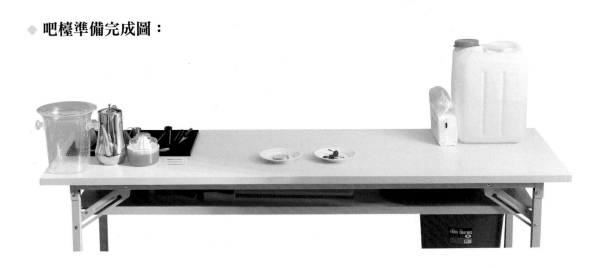

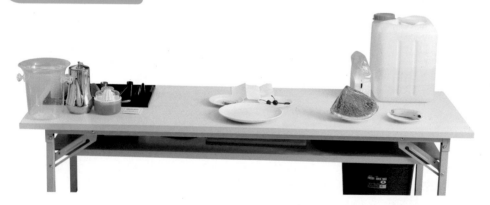

| 水果拼盤 |

成份
1 根香蕉（分二等分） 500 公克 帶皮西瓜（分九等分）
裝飾物
紅櫻桃
杯器皿
◆ 圓盤 ◆ 三角尖刀（或水果刀）/ 小圓盤 / 水果夾 / 砧板

前置作業 5 分鐘

| 注意事項 | ◆ 持題卡取物或前置作業時間截止，仍繼續作業者（扣 20 分）
◆ 櫻桃在前置作業先劃一刀，放在小圓盤備用
◆ 砧板、刀具使用後立刻清洗

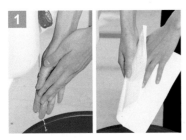

洗手後擦手。

將紙巾換成抹布，鋪在砧板下方。

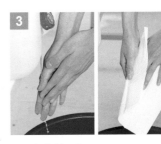

洗手後擦手。

取香蕉從中間先平切一刀不斷。

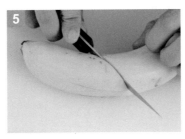

兩邊對角線斜切。

將香蕉分開兩段。

西瓜去除保鮮膜，將保鮮膜丟垃圾桶，橫切取果肉，分九等分。

小片西瓜擺在香蕉中間，再取水果夾將櫻桃擺在小片西瓜上方。

洗乾淨刀子、砧板，即可。

完成成品，等候評分。

善後作業 5 分鐘

（請參閱 P.48「善後作業流程參考」）

香蕉切法影片請見

| 電動機攪拌法 |

成份
取用香蕉西瓜盤之西瓜果肉 20ml 糖水 60ml 涼開水
裝飾物
無
杯器皿

◆ 可林杯 / 果汁機組 / 過濾網 / 雪平鍋 / 公杯
◆ 量酒器 / 吧叉匙 / 三角尖刀 / 小圓盤 / 水果夾 / 砧板 / 杯墊

前置作業 **5** 分鐘

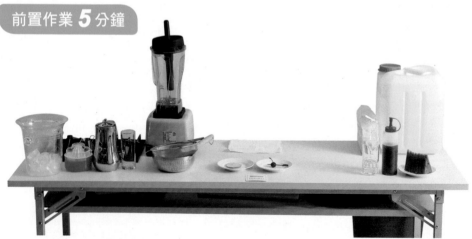

| 注意事項 | ◆ 持題卡取物或前置作業時間截止，仍繼續作業者（扣 20 分）
◆ 果汁機免用托盤，直接用手取回
◆ 前置作業測試果汁機是否可以正常取用

調製過程 **7** 分鐘

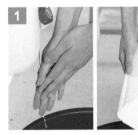

洗手後擦手。

放砧板。

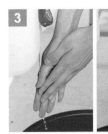

洗手後擦手。

將西瓜肉切塊。

將西瓜放入果汁機上座，並加入糖水。

再加入涼開水。

最後加入冰塊。

將冰塊攪碎。

過濾西瓜汁在雪平鍋中。

西瓜汁倒入杯中至八分滿。

成品放於杯墊，等候評分。

善後作業 **5** 分鐘

（請參閱 P.48「善後作業流程參考」）

| 搖盪法 |

成份
6 公克 綠茶茶葉 25ml 糖水
裝飾物
紅櫻桃
杯器皿
◆ 可林杯 / 沖茶器 / 古典杯 ◆ 搖酒器 / 量酒器 / 濾茶器 / 小圓盤 / 　杯墊 / 沖壺

前置作業 **5** 分鐘

| 注意事項 | ◆ 持題卡取物或前置作業時間截止，仍繼續作業者（扣 20 分）
　　　　　　◆ 茶葉用電子磅秤量取，放在古典杯備用

取沖壺裝熱水。

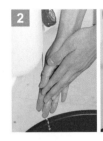
洗手後擦手。

注入熱水溫沖茶器,上下擠壓,將沖茶器熱水倒掉。

注入 150ml 熱水沖泡茶葉。

沖茶器拉壓 1～2 次,放置茶湯表面。

用濾茶器過濾茶湯到搖酒器。

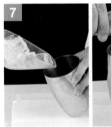
搖酒器裝八分滿冰塊後,加入糖水。

搖盪到外部起霜即可。

飲料倒至可林杯,剩餘冰塊倒至八分滿。

放上裝飾物櫻桃。

成品放於杯墊,等候評分。

(請參閱 P.48「善後作業流程參考」)

| 攪拌法 |

成份
2 咖啡豆量匙 柚子醬 30ml 百香果原汁（含肉含籽） 210ml 柳橙汁 約 240ml 熱開水
裝飾物
無
杯器皿

◆ 紅茶杯組 / 耐熱玻璃壺 / 雪平鍋 /
瓦斯爐 / 公杯
◆ 量酒器 / 吧叉匙 / 沖壺

前置作業 **5** 分鐘

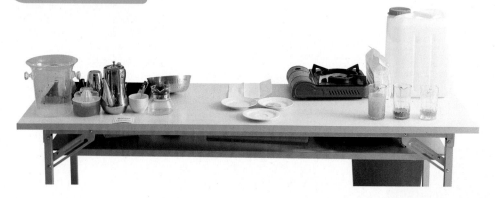

| 注意事項 | ◆ 持題卡取物或前置作業時間截止，仍繼續作業者（扣 20 分）
◆ 瓦斯爐免托盤，直接用手取回，並檢查是否可以使用
◆ 取 1 個公杯裝取稀釋柳橙汁（題目未寫新鮮，不用取新鮮柳橙）

取沖壺裝熱水。

紙巾往左移動,將瓦斯爐放在操作區。

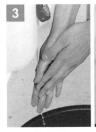

洗手後擦手。

加入柚子醬至雪平鍋,加入百香果原汁(含肉含籽)。

加入柳橙汁,量取熱水 240ml 倒入。

溫壺後倒掉溫壺熱水。

溫杯。

倒掉耐熱玻璃壺熱水,將百香果柚子茶湯倒入。

倒掉溫杯溫匙熱水,將茶湯倒入杯中八分滿。

附上咖啡匙、附上整壺,等候評分。

善後作業 **5** 分鐘

(請參閱 P.48「善後作業流程參考」)

|直接注入法|

成份
2 包 紅茶包
裝飾物
檸檬片、25ml 糖水
杯器皿

◆ 可林杯 / 耐熱玻璃壺 / 香甜酒杯 / 長柄咖啡匙 / 古典杯
◆ 吧叉匙 / 小圓盤 / 水果夾 / 杯墊 / 沖壺

前置作業 **5** 分鐘

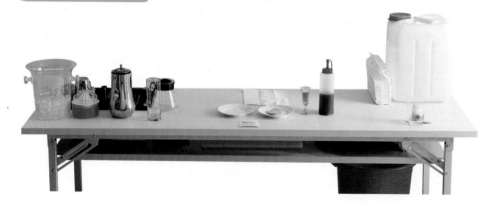

|注意事項| ◆ 持題卡取物或前置作業時間截止，仍繼續作業者（扣 20 分）
　　　　　 ◆ 前置作業須把糖水加入香甜酒杯
　　　　　 ◆ 紅茶包用古典杯裝

調製過程 **7** 分鐘

取沖壺裝熱水。

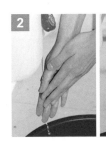

洗手後擦手。

注入熱水到耐熱玻璃壺溫壺。

倒掉溫壺熱水，再放入 2 包茶包。

注入 190ml 熱水。

取可林杯裝入九分滿冰塊。

直接注入茶湯到成品杯。

用吧叉匙攪拌。

用水果夾將裝飾物放置杯緣。

由側邊放入長柄咖啡匙。

成品放於杯墊，，並附上糖水，等候評分。

善後作業 **5** 分鐘

（請參閱 P.48「善後作業流程參考」）

熱拿鐵咖啡

| 義式咖啡機 + 注入法 |

成份
7 公克 義式咖啡粉 (30ml) 200ml 鮮奶 (含奶泡)
裝飾物
糖包
杯器皿
◆ 拿鐵玻璃杯 / 圓湯匙 / 拉花鋼杯 / 長柄咖啡匙 / 小鋼杯 ◆ 小圓盤

前置作業 **5** 分鐘

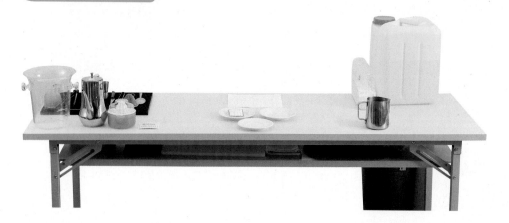

| 注意事項 |　◆ 持題卡取物或前置作業時間截止，仍繼續作業者（扣 20 分）

義式咖啡機前置作業操作

洗手、擦手。托盤擺放抹布、紙巾、拉花鋼杯，到義式咖啡機，將托盤置於工作區。

取托盤放紙巾、抹布至義式咖啡機。

整粉，確認粉量。

在填壓墊上填壓。

擦拭把手邊緣粉末。

填壓器放回填壓墊。

咖啡把手放在紙巾上。

完成的擺設。

調製過程 **7** 分鐘

義式咖啡機測試水壓，沖煮頭放水。

扣緊把手，放置小鋼杯萃取咖啡液。

溫杯匙。

倒掉溫杯熱水。

排放蒸氣。

打發奶泡。

再洩氣，用旁邊抹布擦拭蒸氣管。

排放蒸氣。

用托盤將咖啡、打發牛奶、溫杯匙及抹布送回操作區。

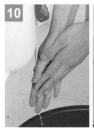
洗手後擦手。

倒入咖啡液及打發牛奶。

用圓湯匙刮奶泡到杯中。

由側邊放入長柄咖啡匙。

附上底盤及糖包，等候評分。

善後作業 **5** 分鐘

（請參閱 P.48「善後作業流程參考」）

組別 | B10

題序	飲料名稱	成分	調製法	裝飾物	杯器皿
一	熱烏龍茶	5 公克 凍頂烏龍茶葉	注入法		◆ 蓋碗杯組 2 組 / 古典杯 ◆ 吧叉匙 / 沖壺
二	摩卡咖啡 冰沙	14 公克義式咖啡粉 (60ml) 15 公克 摩卡粉 25ml 巧克力醬 加滿泡沫鮮奶油	義式咖啡機 電動機 攪拌法	可可粉	◆ 可林杯 / 果汁機組 / 小鋼杯 / 雪平鍋 / 長柄咖啡匙 / 古典杯 ◆ 量酒器 / 吧叉匙 / 杯墊
三	柳橙 西瓜船	1 顆 柳橙(分七等分) 500 公克 帶皮西瓜 (分八等分)	水果拼盤	紅櫻桃 2 顆	◆ 圓盤 ◆ 三角尖刀(或水果刀)/ 小圓盤 / 水果夾 / 砧板
四	爪哇式 熱咖啡	15ml 巧克力醬 15 公克 淺焙或中焙咖啡粉 加滿泡沫鮮奶油	攪拌法	糖包 可可粉	◆ 咖啡杯組 / 咖啡煮具(Syphon)/ 壓克力防風架 / 古典杯 / 打火機 ◆ 量酒器 / 吧叉匙 / 小圓盤 / 沖壺
五	熱水果茶 (附壺)	270ml 柳橙汁 180ml 鳳梨汁 30ml 百香果原汁 (含肉含籽) 15ml 新鮮檸檬汁 1 包 紅茶包	攪拌法	檸檬片 2 片 柳橙片 2 片 (皆置入壺中)	◆ 紅茶杯組 / 耐熱玻璃壺 / 雪平鍋 / 瓦斯爐 / 公杯 / 古典杯 ◆ 量酒器 / 吧叉匙 / 三角尖刀 / 壓汁器 / 小圓盤 / 水果夾 / 砧板 / 沖壺
六	冰葡萄柚 綠茶	6 公克 綠茶茶葉 25ml 糖水 60ml 新鮮葡萄柚汁	搖盪法	紅櫻桃	◆ 可林杯 / 沖茶器 / 公杯 / 古典杯 ◆ 搖酒器 / 量酒器 / 濾茶器 / 三角尖刀 / 壓汁器 / 小圓盤 / 砧板 / 杯墊 / 沖壺

◆ **吧檯準備**

布置時間	準備機具及工作項目 （第 6 題善後處理，再歸還）	放置區域
6 分鐘	1. 搖酒器 2. 量酒器 3. 吧叉匙 4. 濾茶器 5. 1 支水果夾 6. 三角尖刀 7. 冰鏟 8. 冰夾	吧檯濾水墊
	9. 壓汁器 10. 杯墊 11. 沖壺	濾水墊上方
	12. 2 個小圓盤	裝飾物區
	13. 砧板 14. 圓托盤、海綿刷、抹布、服務巾	工作檯夾層
	取操作 6 小題所需要的「水果裝飾物」 （剩餘可堪用材料歸還至公共材料區）	

◆ **吧檯準備完成圖：**

B10-1 熱烏龍茶

| 注入法 |

成份
5 公克 凍頂烏龍茶葉

裝飾物
無

杯器皿

◆ 蓋碗杯組 2 組 / 古典杯
◆ 吧叉匙 / 沖壺

前置作業 **5** 分鐘

| 注意事項 | ◆ 持題卡取物或前置作業時間截止，仍繼續作業者（扣 20 分）
◆ 茶葉須用電子棒秤量取，再用古典杯裝

取沖壺裝熱水。

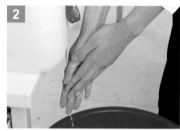

洗手。

擦手。

溫杯，將熱水倒入第一個杯中。

倒掉溫杯熱水。

將茶葉倒至已溫過的杯中。

注入熱水八分滿。

蓋上杯蓋。

溫杯成品杯，並倒掉熱水。

單手將茶湯倒入成品杯。

成品杯及杯蓋附於成品區。

善後作業 **5** 分鐘

（請參閱 P.48「善後作業流程參考」）

228

B10-2 摩卡咖啡冰沙

| 義式咖啡機＋電動機攪拌法 |

成份
14 公克 義式咖啡粉 (60ml) 15 公克 摩卡粉、25ml 巧克力醬 加滿泡沫鮮奶油
裝飾物
可可粉
杯器皿
◆ 可林杯 / 果汁機組 / 小鋼杯 / 雪平鍋 / 長柄咖啡匙 / 古典杯 ◆ 量酒器 / 吧叉匙 / 杯墊

前置作業 5 分鐘

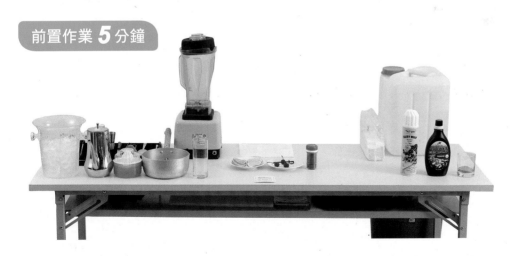

| 注意事項 | ◆ 果汁機免用托盤，用手直接取回。

義式咖啡機前置作業操作

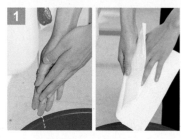

洗手後擦手。

取托盤放紙巾、抹布至義式咖啡機。

取雙孔咖啡把手。

注入研磨咖啡粉。

輕敲把手確認粉量。

用填壓器填壓咖啡粉。

將填壓器放回填壓墊。

將雙孔咖啡把手放在紙巾上。

完成的擺設。

調製過程 **7** 分鐘

測試沖煮頭。

扣緊咖啡把手。

放上小鋼杯，萃取咖啡液。

將咖啡液及抹布送回操作區。

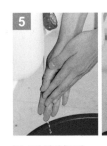

洗手後擦手。

雪平鍋放入冰塊。

再加入水。

讓咖啡液在雪平鍋中冷卻。

用紙巾擦拭底部。

倒掉雪平鍋的水及冰塊。

將咖啡液倒入果汁機上座。

加入摩卡粉。

加入巧克力醬。

加入 1 1/3 可林杯冰塊量。

啟動果汁機攪碎冰沙。

冰沙倒入杯中八分滿。

再加入泡沫鮮奶油。

撒上可可粉。

放上長柄咖啡匙，放置杯墊，等候評分。

成品放於杯墊，等候評分。

善後作業 5 分鐘

（請參閱 P.48「善後作業流程參考」）

Memo

B10-3 ▶ 柳橙西瓜船

| 水果拼盤 |

成份
1 顆 柳橙（分七等份） 500 公克帶皮西瓜（分八等份）
裝飾物
紅櫻桃 2 顆
杯器皿
◆ 圓盤 ◆ 三角尖刀（或水果刀）/ 小圓盤 / 水 　果夾 / 砧板

前置作業 **5** 分鐘

西瓜切片影片請見

| 注意事項 |

◆ 持題卡取物或前置作業時間截止，仍繼續作業者（扣 20 分）
◆ 砧板、刀具使用後立即清洗擦乾

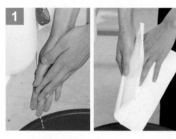

洗手後擦手。

將紙巾往左移，鋪上抹布並將砧板放上。

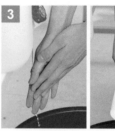

切水果前，先洗手，再擦手。

西瓜去除保鮮膜。

由尖端斜 45 度角切第一片。

最後一片不切斷，共 8 等份。

柳橙對切，一半切 3 等份，中間切雙耳兔。

柳橙另一半切 4 等份，切 4 隻雙耳兔。

排盤並將紅櫻桃放置柳橙中間。

洗淨砧板、抹布。

成品放於成品區。

善後作業 **5** 分鐘

（請參閱 P.48「善後作業流程參考」）

234

B10-4 爪哇式熱咖啡

| 攪拌法 |

成份
15ml 巧克力醬 15 公克 淺焙或中焙咖啡粉 加滿泡沫鮮奶油
裝飾物
糖包、可可粉
杯器皿
◆ 咖啡杯組 / 咖啡煮具 (Syphon) / 壓克 力防風架 / 古典杯 / 打火機 ◆ 量酒器 / 吧叉匙 / 小圓盤 / 沖壺

前置作業 **5** 分鐘

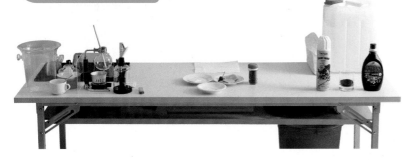

| 注意事項 |

◆ 持題卡取物或前置作業
時間截止，仍繼續作業
者（扣 20 分）

| 半磅磨豆機前置作業 |

❶ 咖啡豆用電子磅秤量取，
取托盤攜帶抹布及咖啡豆
至磨豆機。

❷ 將咖啡豆倒入豆槽。

❸ 研磨後，將咖啡粉槽取出，倒入古典杯。

❹ 使用抹布擦拭周圍。

❺ 取托盤將抹布和咖啡粉運回操作檯。

取沖壺裝熱水。

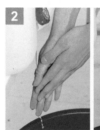

洗手後擦手。

溫杯匙。

熱水倒入咖啡煮器下座，切齊 TCA2 線上。

點酒精燈，將酒精燈置於下座。

放壓克力防風板。

將濾網卡住上座。

咖啡粉倒入咖啡煮器上座。

水滾後，將上座插入下座。

水上升，攪拌 2～3 次，咖啡液萃取完。

移開火源，將酒精燈蓋子蓋上滅火。

用抹布把底座水分擦乾。

13 並將上座與下座分離。

14 倒掉溫杯匙熱水。

15 倒入成品杯至八分滿。

16 加入巧克力醬。

17 用吧叉匙攪拌。

18 擠上鮮奶油。

19 撒上可可粉

20 放上咖啡匙與糖包，等候評分。

善後作業 **5** 分鐘

（請參閱 P.48「善後作業流程參考」）

注意事項

此三道利用咖啡煮器，過程近乎一樣，下列整理相異之處：

虹吸式咖啡	維也納熱咖啡	爪哇式熱咖啡
完成咖啡液即可	完成咖啡液 + 泡沫鮮奶油	巧克力醬 + 咖啡液→攪拌 →鮮奶油→可可粉

| 攪拌法 |

成份
270ml 柳橙汁、180ml 鳳梨汁 30ml 百香果原汁（含肉含籽） 15ml 新鮮檸檬汁、1 包紅茶包
裝飾物
檸檬片 2 片、柳橙片 2 片 （皆置入壺中）
杯器皿
◆ 紅茶杯組 / 耐熱玻璃壺 / 雪平鍋 / 瓦斯爐 / 公杯 / 古典杯 ◆ 量酒器 / 吧叉匙 / 三角尖刀 / 壓汁 器 / 小圓盤 / 水果夾 / 砧板 / 沖壺

> 前置作業 **5** 分鐘

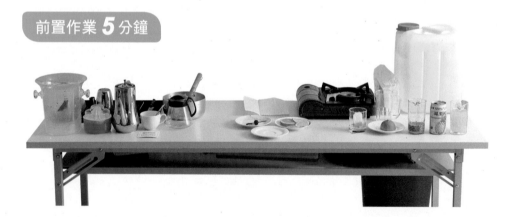

| 注意事項 | ◆ 持題卡取物或前置作業時間截止，仍繼續作業者。（扣 20 分）
◆ 檸檬取半顆去除蒂頭（未去除蒂頭扣分），若前置作業時間允許，可先壓（榨）汁
◆ 瓦斯爐、砧板可直接用手拿，拿回後檢視是否可以使用
◆ 砧板、刀具使用後立即清洗（未清洗扣 8 分，可重複扣分）
◆ 材料、水量取用過多或過少（扣 20 分）
◆ 紅茶包須以柳橙、鳳梨、百香果原汁煮至微滾冒泡後沖泡，以熱水沖泡者扣 100 分。

調製過程 **7** 分鐘

取沖壺裝熱水。

將紙巾移走，放上雪平鍋及瓦斯爐加熱。

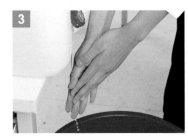

洗手。

擦手。

依序量取柳橙汁，並倒入雪平鍋。

再加入鳳梨汁。

最後再加入百香果原汁。

煮至微滾冒泡即可關火。

溫杯匙。

溫壺。

用壓汁器取檸檬汁並倒入公杯中。

將耐熱玻璃壺熱水倒掉。

放入紅茶包。

加入柳橙鳳梨、百香果原汁沖泡紅茶。

將紅茶包取出。

並加入檸檬汁。

攪拌均勻。

放入檸檬片及柳橙片各兩片。

溫杯熱水倒掉。

將成品倒至八分滿。

成品需附整壺和紅茶杯組，並附咖啡匙。

善後作業 5 分鐘

（請參閱 P.48「善後作業流程參考」）

B10-6 冰葡萄柚綠茶

| 搖盪法 |

成份
6 公克 綠茶茶葉 25ml 糖水 60ml 新鮮葡萄柚汁
裝飾物
紅櫻桃
杯器皿
◆ 可林杯 / 沖茶器 / 公杯 / 古典杯 ◆ 搖酒器 / 量酒器 / 濾茶器 / 三角尖刀 / 壓汁器 / 小圓盤 / 砧板 / 杯墊 / 沖壺

前置作業 **5** 分鐘

| 注意事項 | ◆ 取葡萄柚半顆，時間充足可將葡萄柚壓汁
◆ 茶葉用電子磅秤量取，放在古典杯備用

取沖壺裝熱水。

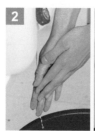

洗手後擦手。

注入熱水到沖茶器溫壺,倒掉沖茶器熱水。

放入茶葉,再加入 120ml 熱水。

拉濾網 1～2 次,置於茶湯表面。

取半顆新鮮葡萄柚,壓汁倒入公杯備用。

用濾茶器過濾到至搖酒器。

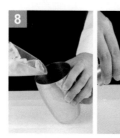

搖酒器加冰塊八分滿,依序加入糖水、新鮮葡萄柚汁。

蓋子蓋上,將外部搖到起霜即可。

將飲料倒入可林杯,再將剩餘冰塊倒至八分滿。

成品放於杯墊,等候評分。

善後作業 **5** 分鐘

(請參閱 P.48「善後作業流程參考」)

組別 | B11

題序	飲料名稱	成分	調製法	裝飾物	杯器皿
一	虹吸式熱咖啡	15 公克 淺焙或中焙咖啡粉	攪拌法	糖包 奶精球	◆ 咖啡杯組 / 咖啡煮具 (Syphon)/ 壓克力防風架 / 古典杯 / 打火機 ◆ 小圓盤 / 沖壺
二	熱百香柚子茶（附壺）	2 咖啡豆量匙 柚子醬 30ml 百香果原汁（含肉含籽） 210ml 柳橙汁 約 240ml 熱開水	攪拌法		◆ 紅茶杯組 / 耐熱玻璃壺 / 雪平鍋 / 瓦斯爐 / 公杯 ◆ 量酒器 / 吧叉匙 / 沖壺
三	檸檬冰沙	60ml 新鮮檸檬汁 45ml 糖水 30ml 涼開水	電動機攪拌法	檸檬皮絲（成品時製作）	◆ 可林杯 / 果汁機組 / 檸檬刮絲器 / 公杯 / 長柄咖啡匙 ◆ 量酒器 / 吧叉匙 / 三角尖刀 / 壓汁器 / 小圓盤 / 水果夾 / 砧板 / 杯墊
四	冰綠茶多多	6 公克 綠茶茶葉 15ml 糖水 100ml 乳酸菌飲料	搖盪法	紅櫻桃	◆ 可林杯 / 沖茶器 / 古典杯 ◆ 搖酒器 / 量酒器 / 濾茶器 / 小圓盤 / 杯墊 / 沖壺
五	水果賓治	30ml 鳳梨汁 30ml 新鮮柳橙汁 10ml 紅石榴糖漿 八分滿 無色汽水	直接注入法	柳橙片 紅櫻桃	◆ 可林杯 / 公杯 ◆ 量酒器 / 吧叉匙 / 三角尖刀 / 壓汁器 / 小圓盤 / 砧板 / 杯墊
六	冰金桔檸檬汁	30ml 新鮮金桔汁 30ml 新鮮檸檬汁 30ml 糖水 90ml 涼開水	搖盪法	金桔 2 顆（榨汁後置入杯中）	◆ 可林杯 / 榨汁器 / 公杯 ◆ 搖酒器 / 量酒器 / 三角尖刀 / 壓汁器 / 小圓盤 / 水果夾 / 砧板 / 杯墊

◆ 吧檯準備

布置時間	準備機具及工作項目 （第 6 題善後處理，再歸還）	放置區域
6 分鐘	1. 搖酒器 2. 量酒器 3. 吧叉匙 4. 濾茶器 5. 1 支水果夾 6. 三角尖刀 7. 冰鏟 8. 冰夾	吧檯濾水墊
	9. 壓汁器 10. 杯墊 11. 沖壺	濾水墊上方
	12. 2 個小圓盤	裝飾物區
	13. 砧板 14. 圓托盤、海綿刷、抹布、服務巾	工作檯夾層
	取操作 6 小題所需要的「水果裝飾物」 （剩餘可堪用材料歸還至公共材料區）	

◆ 吧檯準備完成圖：

B11-1 虹吸式熱咖啡

| 攪拌法 |

成份
15 公克 淺焙或中焙咖啡粉
裝飾物
糖包 奶精球
杯器皿

◆ 咖啡杯組 / 咖啡煮具 (Syphon) / 壓克力防風架 / 古典杯 / 打火機
◆ 小圓盤 / 沖壺

前置作業 **5** 分鐘

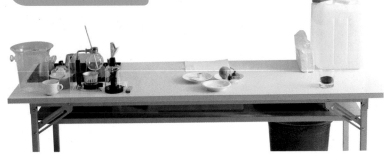

| 半磅磨豆機前置作業 |

❶ 咖啡豆用電子磅秤量取,取托盤攜帶抹布及咖啡豆至磨豆機。
❷ 將咖啡豆倒入豆槽。
❸ 研磨後,將咖啡粉槽取出,倒入古典杯。
❹ 使用抹布擦拭周圍。
❺ 取托盤將抹布和咖啡粉運回操作檯。

取沖壺裝熱水。

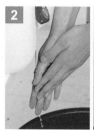

洗手後擦手。

溫杯匙。

熱水倒入咖啡煮器下座，切齊 TCA2 線上。

點酒精燈，將酒精燈置於下座。

放壓克力防風板。

將濾網卡住上座。

咖啡粉倒入咖啡煮器上座。

水滾後，將上座插入下座。

水上升，攪拌 2 ～ 3 次，咖啡液萃取完。

移開火源，將酒精燈蓋子蓋上滅火。

用抹布把底座水分擦乾。

並將上座與下座分離。

倒掉溫杯匙熱水。

倒入成品杯至八分滿。

附上奶精球及糖包、咖啡匙，等候評分。

善後作業 **5** 分鐘

（請參閱 P.48「善後作業流程參考」）

注意事項　加入咖啡煮器下座熱水，建議加水位置。

熱百香柚子茶（附壺）

| 攪拌法 |

成份
2 咖啡豆量匙 柚子醬 30ml 百香果原汁（含肉含籽） 210ml 柳橙汁 約 240ml 熱開水
裝飾物
無
杯器皿
◆ 紅茶杯組 / 耐熱玻璃壺 / 雪平鍋 / 瓦斯爐 / 公杯 ◆ 量酒器 / 吧叉匙 / 沖壺

前置作業 **5** 分鐘

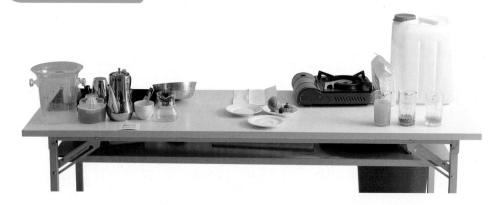

| 注意事項 |　◆ 瓦斯爐免托盤，直接用手取回，並檢查是否可以使用
　　　　　　◆ 取 1 個公杯裝取稀釋柳橙汁（題目未寫新鮮，不用取新鮮柳橙）

調製過程 **7** 分鐘

取沖壺裝熱水。

紙巾往左移動，將瓦斯爐放在操作區。

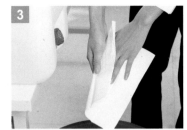

洗手。

擦手。

加入柚子醬至雪平鍋。

加入百香果原汁（含肉含籽）至雪平鍋。

加入柳橙汁至雪平鍋。

量取熱水 240ml 倒入雪平鍋。

溫杯匙。

溫壺。

加熱，用吧叉匙攪拌。

倒掉耐熱玻璃壺熱水。

將百香果柚子茶湯倒入耐熱玻璃壺。

倒掉溫杯溫匙熱水。

將茶湯倒入杯中八分滿。

附上咖啡匙及整壺,等候評分。

善後作業 **5** 分鐘

（請參閱 P.48「善後作業流程參考」）

B11-3 檸檬冰沙

|電動機攪拌法|

成份
60ml 新鮮檸檬汁 45ml 糖水、30ml 涼開水
裝飾物
檸檬皮絲（成品時製作）
杯器皿
◆ 可林杯 / 果汁機組 / 檸檬刮絲器 / 公杯 / 長柄咖啡匙 ◆ 量酒器 / 吧叉匙 / 三角尖刀 / 壓汁器 / 小 圓盤 / 水果夾 / 砧板 / 杯墊

前置作業 **5** 分鐘

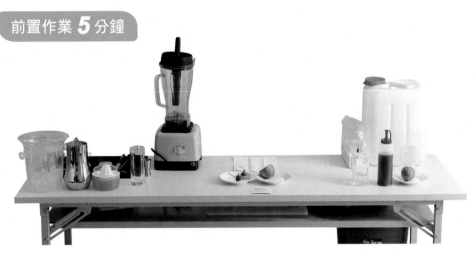

|注意事項| ◆ 持題卡取物或前置作業時間截止，仍繼續作業者（扣 20 分）
◆ 檸檬取 1 顆洗淨、去蒂頭對切，若前置作業時間允許，可先壓（榨）汁
備用
◆ 果汁機免托盤，可用手取回
◆ 時間充足可先壓汁，放在公杯備用

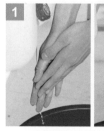

洗手後擦手。

取壓汁器榨新鮮檸檬汁，倒入公杯備用。

取量酒器量取新鮮檸檬汁，倒入果汁機上座。

糖水、涼開水加入果汁機上座。

加入 1 杯半冰塊。

啟動果汁機攪碎成冰沙。

將冰沙倒入可林杯八分滿。

取檸檬用刮絲器到冰沙上。

放入長柄咖啡匙。

成品放於杯墊，等候評分。

善後作業 **5** 分鐘

（請參閱 P.48「善後作業流程參考」）

B11-4 冰綠茶多多

| 搖盪法 |

成份
6 公克 綠茶茶葉
15ml　糖水
100ml 乳酸菌飲料

裝飾物
紅櫻桃

杯器皿
◆ 可林杯 / 沖茶器 / 古典杯 / ◆ 搖酒器 / 量酒器 / 濾茶器 / 小圓盤 / 　杯墊 / 沖壺

前置作業 **5** 分鐘

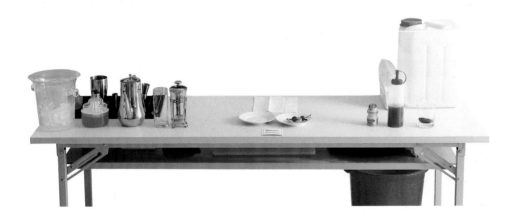

| 注意事項 |　◆ 茶葉以電子磅秤量取，放在古典杯備用

取沖壺裝熱水。

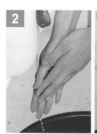
洗手後擦手。

注入熱水到沖茶器溫壺,再倒掉沖茶器熱水。

放入茶葉,倒入 100ml 熱水。

拉濾網 1 ～ 2 次,置於茶湯表面。

用濾茶器過濾茶湯到搖酒器。

依序加入糖水及乳酸菌飲料。

搖盪搖酒器至外部起霜即可。

將飲料倒入可林杯,將剩餘冰塊倒至八分滿。

將裝飾物於杯口即可。

將成品放於杯墊,等候評分。

善後作業 **5** 分鐘

(請參閱 P.48「善後作業流程參考」)

B11-5 水果賓治

| 直接注入法 |

成份
30ml 鳳梨汁
30ml 新鮮柳橙汁
10ml 紅石榴糖漿
八分滿 無色汽水

裝飾物
柳橙片、紅櫻桃

杯器皿
◆ 可林杯 / 公杯
◆ 量酒器 / 吧叉匙 / 三角尖刀 / 壓汁器 / 小圓盤 / 砧板 / 杯墊

前置作業 **5** 分鐘

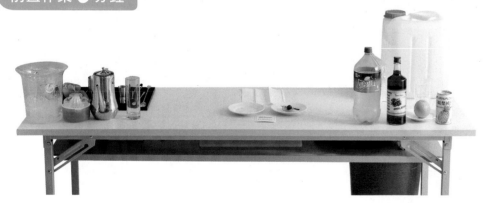

| 注意事項 | ◆ 持題卡取物或前置作業時間截止，仍繼續作業者（扣 20 分）
◆ 柳橙取一顆洗淨、去蒂頭備用切半
◆ 砧板、刀具使用後立刻洗淨
◆ 時間允許壓汁榨汁可於前置作業完成

洗手。

擦手。

用壓汁器壓新鮮柳橙汁到公杯備用。

可林杯加入八分滿冰塊。

依序加入鳳梨汁。

加入新鮮柳橙汁。

及紅石榴糖漿。

加入無色汽水至八分滿。

用吧叉匙攪拌。

將裝飾物置於杯緣。

成品放於杯墊,等候評分。

善後作業 **5** 分鐘

(請參閱 P.48「善後作業流程參考」)

B11-6 冰金桔檸檬汁

| 搖盪法 |

成份
30ml 新鮮金桔汁 30ml 新鮮檸檬汁 30ml 糖水、90ml 涼開水
裝飾物
金桔 2 顆（榨汁後置入杯中）
杯器皿
◆ 可林杯 / 榨汁器 / 公杯 ◆ 搖酒器 / 量酒器 / 三角尖刀 / 壓汁器 / 　小圓盤 / 水果夾 / 砧板 / 杯墊

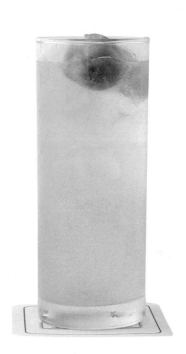

前置作業 **5** 分鐘

| 注意事項 | ◆ 持題卡取物或前置作業時間截止，仍繼續作業者（扣 20 分）
◆ 洗淨 10 顆金桔，去蒂頭備用
◆ 檸檬洗淨、去蒂頭切半，若前置作業允許，可壓（榨）汁備用

洗手。

擦手。

用壓汁器壓新鮮檸檬汁到公杯備用。

用榨汁器取 6 顆新鮮金桔倒入公杯備用。

搖酒器裝冰塊至七分滿。

依序加入新鮮金桔汁、新鮮檸檬汁、糖水及涼開水。

蓋子蓋上，外部搖至起霜即可。

倒出飲料至成品杯。

剩餘冰塊加至八分滿。

用水果夾放入 2 顆金桔在杯中。

成品放於杯墊，等候評分。

善後作業 **5** 分鐘

（請參閱 P.48「善後作業流程參考」）

組別 | B12

題序	飲料名稱	成份	調製法	裝飾物	杯器皿
一	冰伯爵奶茶	6 公克 伯爵紅茶葉 20 公克 奶精粉 25ml 糖水	搖盪法		◆ 可林杯 / 沖茶器 / 古典杯 ◆ 搖酒器 / 量酒器 / 吧叉匙 / 濾茶器 / 杯墊 / 沖壺
二	冰紅茶	2 包 紅茶包	直接注入法	檸檬片 25ml 糖水	◆ 可林杯 / 耐熱玻璃壺 / 香甜酒杯 / 長柄咖啡匙 / 古典杯 ◆ 吧叉匙 / 小圓盤 / 水果夾 / 杯墊 / 沖壺
三	虹吸式 熱咖啡	15 公克 淺焙或中焙咖啡粉	攪拌法	糖包 奶精球	◆ 咖啡杯組 / 咖啡煮具 (Syphon) / 壓克力防風架 / 古典杯 / 打火機 ◆ 小圓盤 / 沖壺
四	冰蜜桃比妮	15ml 水蜜桃果露 15ml 新鮮檸檬汁 八分滿 新鮮柳橙汁	直接注入法	檸檬片 攪拌棒	◆ 高飛球杯 / 公杯 ◆ 量酒器 / 吧叉匙 / 三角尖刀 / 壓汁器 / 小圓盤 / 水果夾 / 砧板 / 杯墊
五	柳橙鳳梨盤	1 顆 柳橙（分六等分） 300 公克 帶皮鳳梨 （分十二等分）	水果拼盤	紅櫻桃	◆ 圓盤 ◆ 三角尖刀（或水果刀）/ 小圓盤 / 水果夾 / 砧板
六	鳳梨冰沙	取用柳橙鳳梨盤之鳳梨果肉 30ml 涼開水 30ml 蜂蜜	電動機攪拌法	紅櫻桃 新鮮鳳梨片 （取用柳橙鳳梨盤之鳳梨）	◆ 可林杯 / 果汁機組 / 公杯 / 長柄咖啡匙 ◆ 量酒器 / 吧叉匙 / 小圓盤 / 水果夾 / 杯墊

◆ 吧檯準備

布置時間	準備機具及工作項目 （第 6 題善後處理，再歸還）	放置區域
6 分鐘	1. 搖酒器 2. 量酒器 3. 吧叉匙 4. 濾茶器 5. 1 支水果夾 6. 三角尖刀 7. 冰鏟 8. 冰夾	吧檯濾水墊
	9. 壓汁器 10. 杯墊 11. 沖壺	濾水墊上方
	12. 2 個小圓盤	裝飾物區
	13. 砧板 14. 圓托盤、海綿刷、抹布、服務巾	工作檯夾層
	取操作 6 小題所需要的「水果裝飾物」 （剩餘可堪用材料歸還至公共材料區）	

◆ 吧檯準備完成圖：

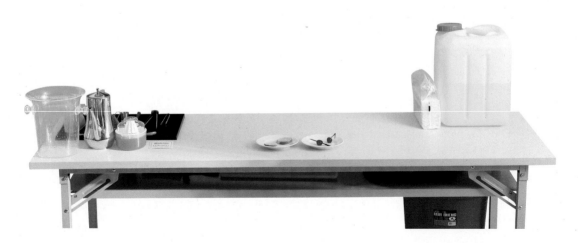

B12-1 ▶ 冰伯爵奶茶

| 搖盪法 |

成份
6 公克 伯爵紅茶葉 20 公克 奶精粉 25ml 糖水

裝飾物
無

杯器皿
◆ 可林杯 / 沖茶器 / 古典杯 ◆ 搖酒器 / 量酒器 / 吧叉匙 / 濾茶器 / 杯墊 / 沖壺

前置作業 **5** 分鐘

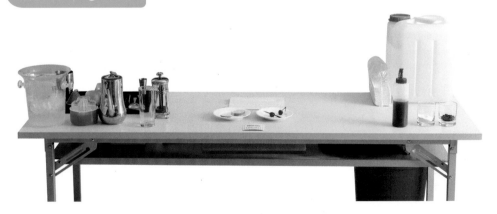

| 注意事項 | ◆ 持題卡取物或前置作業時間截止，仍繼續作業者（扣 20 分）
◆ 茶葉用電子磅秤量取，用古典杯裝

取沖壺裝熱水。

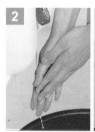
洗手後擦手。

注入熱水到沖茶器溫壺,將沖茶器熱水倒掉。

放入茶葉,加入 160ml 熱水。

拉壓 1～2 次並置於茶湯表面。

紅茶用濾茶器過濾倒入搖酒器。

加入奶精粉後,用吧叉匙攪拌。

可林杯裝冰塊八分滿,再加入糖水。

蓋上蓋子,搖至外部起霜即可。

將飲料倒入杯中,再加入剩餘冰塊至八分滿。

成品放於杯墊,等候評分。

善後作業 **5** 分鐘

(請參閱 P.48「善後作業流程參考」)

B12-2 ▶ 冰紅茶

|直接注入法|

成份
2 包 紅茶包
裝飾物
檸檬片、25ml 糖水
杯器皿

◆ 可林杯 / 耐熱玻璃壺 / 香甜酒杯 / 長柄
　咖啡匙 / 古典杯
◆ 吧叉匙 / 小圓盤 / 水果夾 / 杯墊 / 沖壺

　前置作業 **5** 分鐘

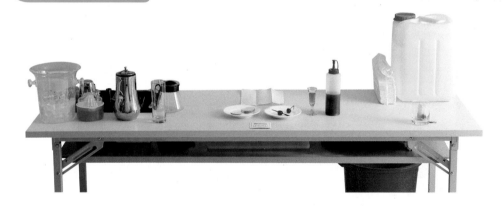

|注意事項| ◆ 持題卡取物或前置作業時間截止，仍繼續作業者（扣 20 分）
　　　　　　◆ 前置作業須把糖水加入香甜酒杯
　　　　　　◆ 紅茶包用古典杯裝

取沖壺裝熱水。

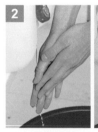

洗手後擦手。

注入熱水到耐熱玻璃壺溫壺。

倒掉溫壺熱水,再放入 2 包茶包。

注入 190ml 熱水。

取可林杯裝入九分滿冰塊。

直接注入茶湯到成品杯。

用吧叉匙攪拌。

用水果夾將裝飾物放置杯緣。

由側邊放入長柄咖啡匙。

將成品放於杯墊,並附上糖水,等候評分。

善後作業 5 分鐘

(請參閱 P.48「善後作業流程參考」)

B12-3 ▶ 虹吸式熱咖啡

| 攪拌法 |

成份
15 公克 淺焙或中焙咖啡粉
裝飾物
糖包 奶精球
杯器皿
◆ 咖啡杯組 / 咖啡煮具 (Syphon) / 壓克力防風架 / 古典杯 / 打火機 ◆ 小圓盤 / 沖壺

前置作業 **5** 分鐘

| **半磅磨豆機前置作業** |

1. 咖啡豆用電子磅秤量取，取托盤攜帶抹布及咖啡豆至磨豆機。
2. 將咖啡豆倒入豆槽。
3. 研磨後，將咖啡粉槽取出，倒入古典杯。
4. 使用抹布擦拭周圍。
5. 取托盤將抹布和咖啡粉運回操作檯。

1

取沖壺裝熱水。

2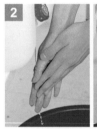

洗手後擦手。

3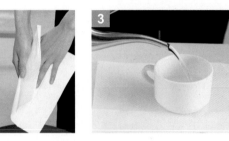

溫杯匙。

4

熱水倒入咖啡煮器下座，切齊 TCA2 線上。

5

點酒精燈，將酒精燈置於下座。

6

放壓克力防風板。

7

將濾網卡住上座。

8

咖啡粉倒入咖啡煮器上座。

9

水滾後，將上座插入下座。

10

水上升，攪拌 2～3 次，咖啡液萃取完。

11

移開火源，將酒精燈蓋子蓋上滅火。

12

用抹布把底座水分擦乾。

13

並將上座與下座分離。

14

倒掉溫杯匙熱水。

15

倒入成品杯至八分滿。

16

附上奶精球及糖包、咖啡匙，等候評分。

善後作業 **5** 分鐘

（請參閱 P.48「善後作業流程參考」）

注意事項

加入咖啡煮器下座熱水，建議加水位置。

| 直接注入法 |

成份
15ml 水蜜桃果露 15ml 新鮮檸檬汁 八分滿 新鮮柳橙汁
裝飾物
檸檬片、攪拌棒
杯器皿

◆ 高飛球杯 / 公杯
◆ 量酒器 / 吧叉匙 / 三角尖刀 / 壓汁器 / 小
　 圓盤 / 水果夾 / 砧板 / 杯墊

| 前置作業 **5** 分鐘 |

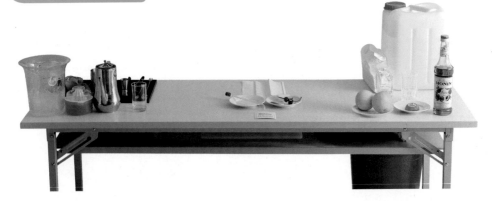

| 注意事項 | ◆ 持題卡取物或前置作業時間截止，仍繼續作業者（扣 20 分）
　　　　　　◆ 器具、材料拿錯（扣 100 分）
　　　　　　◆ 柳橙取 2 顆，去蒂頭對切，若前置作業時間允許，可壓（榨）汁備用
　　　　　　◆ 檸檬取半顆

調製過程 7 分鐘

洗手。

擦手。

取檸檬用壓汁器壓汁備用。

再利用壓汁器壓 2 顆柳橙，
倒入公杯中。

成品杯加入冰塊七分滿。

依序加入水蜜桃果露、新鮮檸檬汁及新鮮柳橙汁至八分滿。

用吧叉匙攪拌。

用水果夾取檸檬片放於杯緣。

從側邊放入攪拌棒。

10 成品放於杯墊，
等候評分。

善後作業 **5** 分鐘

（請參閱 P.48「善後作業流程參考」）

**注意
事項**

1 題卡上看到「新鮮」兩字皆需要現場壓榨汁。
2 八分滿柳橙汁取兩顆柳橙。
3 成品量未達六分滿（扣 100 分）

Memo

B12-5 柳橙鳳梨盤

| 水果拼盤 |

成份
1 顆 柳橙（分六等份） 300 公克 帶皮鳳梨（分十二等份）
裝飾物
紅櫻桃
杯器皿
◆ 圓盤 ◆ 三角尖刀（或水果刀）/ 小圓盤 / 水果 　夾 / 砧板

前置作業 5 分鐘

| 注意事項 | ◆ B12-5 柳橙鳳梨盤的鳳梨果肉留給 B12-6 用

洗手。

擦手。

將紙巾移至旁邊,放置砧板。

洗手。

擦手。

柳丁對切。

取一半切 3 等分,共兩半,6 份。

取 3 等份柳丁交叉堆疊放在盤中間。

其餘 3 等份可參照圖片擺設。

鳳梨去皮,再去除芽眼。

將鳳梨切三等份。

在鳳梨兩側(鳳梨心中間),劃 V 型刀法。

各切 4 片，共 12 等份。

利用水果夾順著將鳳梨擺入盤內。

將櫻桃挾在柳橙上。

洗擦三角尖刀及砧板。

成品完成，等候評分。

善後作業 5 分鐘

（請參閱 P.48「善後作業流程參考」）

B12-6 鳳梨冰沙

| 電動機攪拌法 |

成份
取用柳橙鳳梨盤之鳳梨果肉 30ml 涼開水
30ml 蜂蜜

裝飾物
紅櫻桃 新鮮鳳梨片 （取用柳橙鳳梨盤之鳳梨）

杯器皿
◆ 可林杯 / 果汁機組 / 公杯 / 長柄咖啡匙 ◆ 量酒器 / 吧叉匙 / 小圓盤 / 水果夾 / 杯墊

前置作業 **5** 分鐘

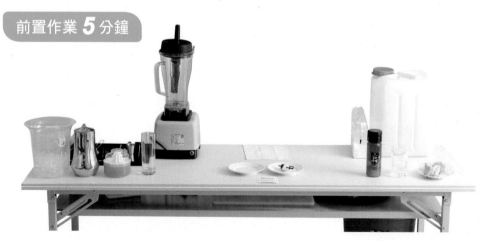

| 注意事項 | ◆ 持題卡取物或前置作業時間截止，仍繼續作業者（扣 20 分）
◆ 果汁機免用托盤，直接用手取回

調製過程 7 分鐘

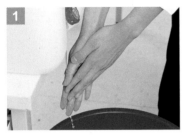

洗手。

擦手。

取鳳梨果肉放到果汁機上座。

加入涼開水。

加入蜂蜜。

倒入 1 杯半冰塊。

啟動果汁機，攪碎冰塊。

將冰沙倒入可林杯至八分滿。

放入長柄咖啡匙。

取水果夾將裝飾物放上。

成品放於杯墊，等候評分。

善後作業 5 分鐘

（請參閱 P.48「善後作業流程參考」）

貳、組別：C組

品名 組別	水果 拼盤 水果 拼盤 Fruits Carving	調製無酒精性飲料 Mocktail					
		義式 咖啡機 Espresso Machine	注入法 Pour	直接 注入法 Building	攪拌法 Stirring	搖盪法 Shaking	電動機 攪拌法 Blending
C13		冰卡布 奇諾 咖啡		維也納 冰咖啡 冰卡布奇諾 咖啡		冰百香果綠茶 冰柚子金桔汁 冰蜂蜜金桔汁	奇異果 冰沙
C14		榛果 咖啡 冰沙		冰奶蓋紅茶 （含漂浮法） 熱枸杞 菊花茶	虹吸式 熱咖啡	冰葡萄柚 綠茶 冰蜂蜜檸檬汁	榛果咖啡 冰沙
C15		熱摩卡 奇諾咖啡	熱蜜香 紅茶	冰奶蓋綠茶 （含漂浮法） 熱摩卡奇諾 咖啡	熱洛神 花茶	冰蜂蜜菊花茶	冰奇異多 果汁
C16		焦糖 咖啡 冰沙		維也納 冰咖啡 水果賓治	熱桂圓 紅棗茶	冰榛果鮮奶茶 冰柚子金桔汁	焦糖咖啡 冰沙
C17	西瓜 鳳梨盤			奇異之吻 （含漂浮法） 冰紅茶拿鐵 （含漂浮法）	熱桔茶	冰焦糖奶茶	鳳梨冰沙
C18	柳橙 玉兔盤				熱黑森林 果粒茶 虹吸式 熱咖啡	冰奶泡綠茶 冰檸檬紅茶	檸檬冰沙

組別 | C13

題序	飲料名稱	成份	調製法	裝飾物	杯器皿
一	冰百香果綠茶	6 公克 綠茶茶葉 30ml 百香果原汁（含肉含籽） 25ml 糖水	搖盪法		◆ 可林杯 / 沖茶器 / 古典杯 / 公杯 ◆ 搖酒器 / 量酒器 / 吧叉匙 / 濾茶器 / 小圓盤 / 杯墊 / 沖壺
二	冰柚子金桔汁	2 咖啡豆量匙 柚子醬 4 粒新鮮金桔汁 120ml 涼開水 15ml 蜂蜜	搖盪法	檸檬片 紅櫻桃	◆ 可林杯 / 榨汁器 / 公杯 / 長柄咖啡匙 ◆ 搖酒器 / 量酒器 / 吧叉匙 / 三角尖刀 / 小圓盤 / 砧板 / 杯墊
三	維也納冰咖啡	20 公克 深焙咖啡粉 加滿泡沫鮮奶油	直接注入法	25ml 糖水	◆ 可林杯 / 咖啡過濾杯 / 咖啡濾紙 / 長柄咖啡匙 / 香甜酒杯 ◆ 吧叉匙 / 杯墊 / 沖壺
四	奇異果冰沙	1 顆 奇異果 20ml 奇異果果露 20ml 糖水 30ml 涼開水	電動機攪拌法		◆ 可林杯 / 果汁機組 / 公杯 / 長柄咖啡匙 ◆ 量酒器 / 吧叉匙 / 三角尖刀 / 小圓盤 / 水果夾 / 砧板 / 杯墊
五	冰蜂蜜金桔汁	60ml 新鮮金桔汁 60ml 涼開水 40ml 蜂蜜	搖盪法	金桔 2 顆（榨汁後置入杯中）	◆ 可林杯 / 榨汁器 / 公杯 ◆ 搖酒器 / 量酒器 / 三角尖刀 / 小圓盤 / 水果夾 / 砧板 / 杯墊
六	冰卡布奇諾咖啡	14 公克 義式咖啡粉（60ml） 200ml 鮮奶（含奶泡）	義式咖啡機直接注入法	檸檬皮絲（成品時製作） 肉桂粉 25ml 糖水	◆ 可林杯 / 小鋼杯 / 奶泡壺 / 圓湯匙 / 雪平鍋 / 檸檬刮絲器 / 香甜酒杯 / 長柄咖啡匙 ◆ 吧叉匙 / 三角尖刀 / 小圓盤 / 水果夾 / 砧板 / 杯墊

◆ 吧檯準備

布置時間	準備機具及工作項目 （第6題善後處理，再歸還）	放置區域
6 分鐘	1. 搖酒器 2. 量酒器 3. 吧叉匙 4. 濾茶器 5. 1 支水果夾 6. 三角尖刀 7. 冰鏟 8. 冰夾	吧檯濾水墊
	9. 壓汁器 10. 杯墊 11. 沖壺	濾水墊上方
	12. 2 個小圓盤	裝飾物區
	13. 砧板 14. 圓托盤、海綿刷、抹布、服務巾	工作檯夾層
	取操作 6 小題所需要的「水果裝飾物」 （剩餘可堪用材料歸還至公共材料區）	

◆ 吧檯準備完成圖：

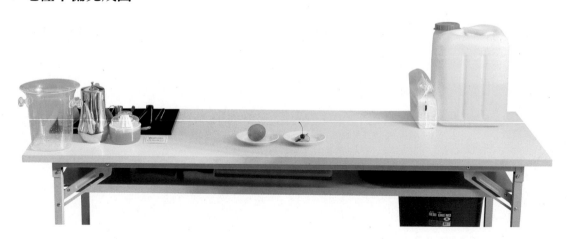

C13-1 ▶ 冰百香果綠茶

| 搖盪法 |

成份
6 公克 綠茶茶葉 30ml 百香果原汁（含肉含籽） 25ml 糖水
裝飾物
無
杯器皿
◆ 可林杯 / 沖茶器 / 古典杯 / 公杯 ◆ 搖酒器 / 量酒器 / 吧叉匙 / 濾茶器 / 　 小圓盤 / 杯墊 / 沖壺

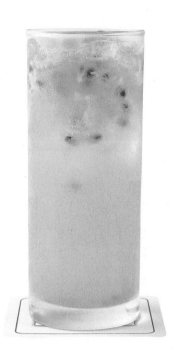

前置作業 **5** 分鐘

| 注意事項 | ◆ 持題卡取物或前置作業時間截止，仍繼續作業者（扣 20 分）
　　　　　　◆ 茶葉須用電子磅秤量取，放在古典杯備用

取沖壺裝熱水。

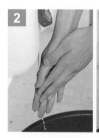

洗手後擦手。

注入熱水到沖茶器溫壺,再倒掉沖茶器熱水。

加入茶葉,注入熱水 150ml。

抽拉濾網 1 ～ 2 次,靜置於表面。再用濾茶器過濾茶湯到搖酒器。

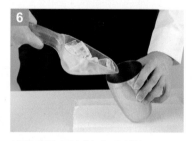

搖酒器冰塊裝八分滿。

加入百香果原汁(含肉含籽),再加入糖水。

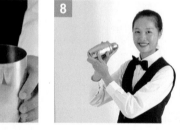

蓋子蓋好,搖至外部起霜即可。

將成品倒至可林杯,剩餘冰塊倒至八分滿。

成品放於杯墊,等候評分。

善後作業 **5** 分鐘

(請參閱 P.48「善後作業流程參考」)

C13-2 冰柚子金桔汁

| 搖盪法 |

成份
2 咖啡豆量匙 柚子醬 4 粒 新鮮金桔汁 120ml 涼開水、15ml 蜂蜜
裝飾物
檸檬片、紅櫻桃
杯器皿
◆ 可林杯 / 榨汁器 / 公杯 / 長柄咖啡匙 ◆ 搖酒器 / 量酒器 / 吧叉匙 / 三角尖刀 / 　小圓盤 / 砧板 / 杯墊

前置作業 **5** 分鐘

| 注意事項 | ◆ 持題卡取物或前置作業時間截止，仍繼續作業者（扣 20 分）
◆ 前置作業時金桔洗淨、去蒂頭切半備用

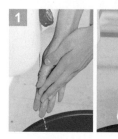

洗手後擦手。

取榨汁器榨新鮮金桔汁倒入公杯備用。

搖酒器加入冰塊八分滿,再加入材料柚子醬。

加入金桔汁。

加入涼開水及蜂蜜。

蓋子蓋上,搖至外部起霜即可。

將飲料倒至成品杯。

剩餘冰塊倒至成品杯八分滿。將柚子醬倒出擺在果汁上方。

將裝飾物放在杯口即可。

側邊放入長柄咖啡匙。

將成品放於杯墊,等候評分。

善後作業 **5** 分鐘

(請參閱 P.48「善後作業流程參考」)

C13-3 ▷ 維也納冰咖啡

|直接注入法|

成份
20 公克 深焙咖啡粉 加滿泡沫鮮奶油
裝飾物
25ml 糖水
杯器皿

◆ 可林杯／咖啡過濾杯／咖啡濾紙／長柄咖啡匙／香甜酒杯
◆ 吧叉匙／杯墊／沖壺

前置作業 **5** 分鐘

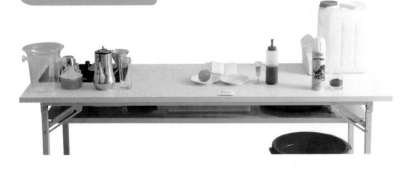

|注意事項|

◆ 持題卡取物或前置作業時間截止，仍繼續作業者（扣 20 分）

|半磅磨豆機前置作業|

① 咖啡豆用電子磅秤量取，取托盤攜帶抹布及咖啡豆至磨豆機。
② 將咖啡豆倒入豆槽。
③ 研磨後，將咖啡粉槽取出，倒入古典杯。
④ 使用抹布擦拭周圍。
⑤ 取托盤將抹布和咖啡粉運回操作檯。

＊前置作業時，請將糖水倒入香甜酒杯。

取沖壺裝熱水。

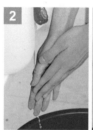

洗手後擦手。

可林杯裝一杯冰塊。

折濾紙，放入濾杯。

倒入咖啡粉。

順著同心圓四周注入熱水。

咖啡滴漏至八分滿，將過濾
杯取古典杯放置。

用吧叉匙攪拌。

加入泡沫鮮奶油。

放入長柄咖啡匙。

附上糖水，等候評分。

善後作業 **5** 分鐘

（請參閱 P.48「善後作業流程參考」）

注意事項

咖啡濾紙折紙方式（濾紙兩邊一前一後折，撐開）

將底部順著接合處折起來。

再將側邊順著接合處折起來。

撐開即可。

奇異果冰沙

| 電動機攪拌法 |

成份
1 顆 奇異果 20ml 奇異果果露 20ml 糖水、30ml 涼開水
裝飾物
無
杯器皿

◆ 可林杯 / 果汁機組 / 公杯 / 長柄咖啡匙
◆ 量酒器 / 吧叉匙 / 三角尖刀 / 小圓盤 /
　水果夾 / 砧板 / 杯墊

前置作業 **5** 分鐘

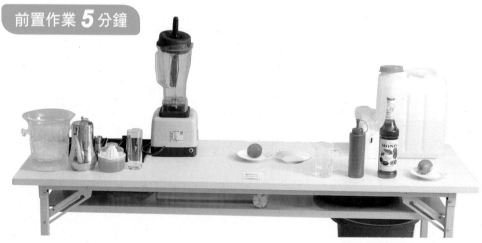

| 注意事項 | ◆ 持題卡取物或前置作業時間截止，仍繼續作業者（扣 20 分）
　　　　　　◆ 奇異果洗淨，撕除標籤
　　　　　　◆ 果汁機、砧板免托盤，直接用手取回

調製過程 **7** 分鐘

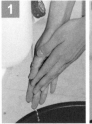

洗手後擦手。

將紙巾移走，砧板墊抹布移至操作區。

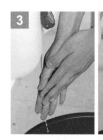

洗手後擦手。

奇異果切果皮。

放入果汁機上座，依序加入奇異果果露。

再加糖水及涼開水。

再加入 1 1/3 杯冰塊。

啟動果汁機攪碎成冰沙。

將冰沙倒入可林杯八分滿。

放入長柄咖啡匙。

放至杯墊，等候評分。

善後作業 **5** 分鐘

（請參閱 P.48「善後作業流程參考」）

冰蜂蜜金桔汁

| 搖盪法 |

成份
60ml 新鮮金桔汁 60ml 涼開水 40ml 蜂蜜
裝飾物
金桔 2 顆（榨汁後置入杯中）
杯器皿
◆ 可林杯 / 榨汁器 / 公杯 ◆ 搖酒器 / 量酒器 / 三角尖刀 / 小圓盤 / 水果夾 / 砧板 / 杯墊

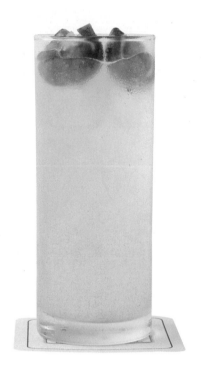

前置作業 **5** 分鐘

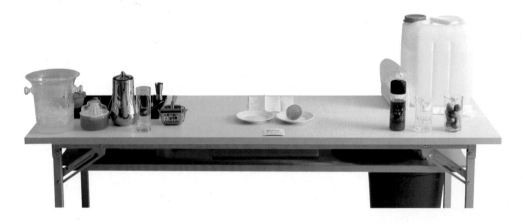

| 注意事項 | ◆ 持題卡取物或前置作業時間截止，仍繼續作業者（扣 20 分）
◆ 金桔取 12 顆洗淨，去蒂頭，壓汁至公杯備用

調製過程 7 分鐘

洗手。

擦手。

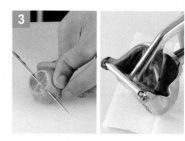

取榨汁器榨 12 顆新鮮金桔汁，倒入公杯備用。

搖酒器裝冰塊八分滿。

依序加入新鮮金桔汁、涼開水、蜂蜜。

蓋上蓋子，搖至外部起霜即可。

飲料倒至成品杯。

剩餘冰塊倒至可林杯八分滿。

再放入 2 顆榨完的金桔即可。

將成品放在杯墊，等候評分。

善後作業 5 分鐘

（請參閱 P.48「善後作業流程參考」）

冰卡布奇諾咖啡

｜義式咖啡機＋直接注入法｜

成份
14 公克 義式咖啡粉(60ml) 200ml 鮮奶（含奶泡）
裝飾物
檸檬皮絲（成品時製作） 肉桂粉、25ml 糖水
杯器皿

◆ 可林杯 / 小鋼杯 / 奶泡壺 / 圓湯匙 / 雪平鍋 / 檸檬刮絲器 / 香甜酒杯 / 長柄咖啡匙
◆ 吧叉匙 / 三角尖刀 / 小圓盤 / 水果夾 / 砧板 / 杯墊

前置作業 **5** 分鐘

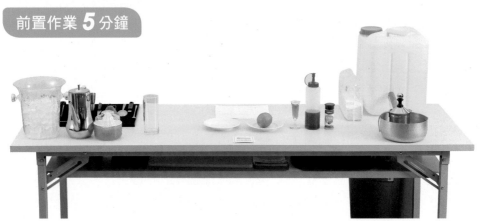

｜**注意事項**｜ ◆ 持題卡取物或前置作業時間截止，仍繼續作業者（扣 20 分）
◆ **前置作業**：請先將冰塊與水放入雪平鍋中，用來冰鎮牛奶，讓牛奶夠冰較好打發

義式咖啡機前置作業操作

洗手後擦手。

取托盤放紙巾、抹布至義式咖啡機。

取雙孔咖啡把手。

取適量咖啡粉。

輕敲咖啡把手，整粉。

在填壓墊上填壓咖啡粉。

將填壓器放回填壓墊。

將雙孔咖啡把手放在紙巾。

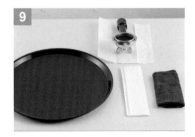
完成的擺設。

調製過程 7 分鐘

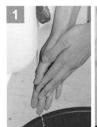
洗手後擦手。

在雪平鍋中打發奶泡。

取出奶泡壺，咖啡液在雪平鍋中冷卻。

可林杯裝八分滿冰塊。

倒入咖啡及奶泡。

用吧叉匙攪拌。

用圓湯匙刮奶泡在成品杯。

刮檸檬皮絲在奶泡上。

撒肉桂粉。

側邊放入長柄咖啡匙。

附上糖水，放置杯墊，等候評分。

善後作業 **5** 分鐘

（請參閱 P.48「善後作業流程參考」）

組別｜C14

題序	飲料名稱	成分	調製法	裝飾物	杯器皿
一	冰奶蓋紅茶	6 公克 阿薩姆紅茶葉 30ml 糖水 鹽巴少許 45ml 無糖液態鮮奶油 (需搖盪)	直接注入法 漂浮法		◆ 可林杯 / 沖茶器 / 公杯 / 古典杯 ◆ 搖酒器 / 量酒器 / 吧叉匙 / 濾茶器 / 杯墊 / 沖壺
二	冰葡萄柚綠茶	6 公克 綠茶茶葉 25ml 糖水 60ml 新鮮葡萄柚汁	搖盪法	紅櫻桃	◆ 可林杯 / 沖茶器 / 公杯 / 古典杯 ◆ 搖酒器 / 量酒器 / 濾茶器 / 三角尖刀 / 壓汁器 / 小圓盤 / 砧板 / 杯墊 / 沖壺
三	熱枸杞菊花茶 (附壺)	2 公克 乾燥菊花 1/2 咖啡豆量匙 枸杞	直接注入法	25ml 蜂蜜	◆ 紅茶杯組 / 耐熱玻璃壺 / 香甜酒杯 / 古典杯 ◆ 吧叉匙 / 沖壺
四	虹吸式熱咖啡	15 公克 淺焙或中焙咖啡粉	攪拌法	糖包奶精球	◆ 咖啡杯組 / 咖啡煮具（Syphon）/ 壓克力防風架 / 古典杯 / 打火機 ◆ 小圓盤 / 沖壺
五	榛果咖啡冰沙	14 公克 義式咖啡粉 (60ml) 15 公克 摩卡粉 25ml 榛果糖漿 加滿泡沫鮮奶油	義式咖啡機 電動機攪拌法		◆ 可林杯 / 果汁機組 / 小鋼杯 / 雪平鍋 / 古典杯 / 長柄咖啡匙 ◆ 量酒器 / 吧叉匙 / 杯墊
六	冰蜂蜜檸檬汁	30ml 新鮮檸檬汁 90ml 涼開水 40ml 蜂蜜	搖盪法	檸檬片 紅櫻桃	◆ 可林杯 / 公杯 ◆ 搖酒器 / 量酒器 / 三角尖刀 / 壓汁器 / 小圓盤 / 砧板 / 杯墊

◆ 吧檯準備

布置時間	準備機具及工作項目 （第 6 題善後處理，再歸還）	放置區域
6 分鐘	1. 搖酒器 2. 量酒器 3. 吧叉匙 4. 濾茶器 5. 1 支水果夾 6. 三角尖刀 7. 冰鏟 8. 冰夾	吧檯濾水墊
	9. 壓汁器 10. 杯墊 11. 沖壺	濾水墊上方
	12. 2 個小圓盤	裝飾物區
	13. 砧板 14. 圓托盤、海綿刷、抹布、服務巾	工作檯夾層
	取操作 6 小題所需要的「水果裝飾物」 （剩餘可堪用材料歸還至公共材料區）	

◆ 吧檯準備完成圖：

C14-1 ▶ 冰奶蓋紅茶

| 直接注入法 + 漂浮法 |

成份
6 公克 阿薩姆紅茶葉 30ml 糖水、鹽巴 少許 45ml 無糖液態鮮奶油（需搖盪）
裝飾物
無
杯器皿

◆ 可林杯 / 沖茶器 / 公杯 / 古典杯
◆ 搖酒器 / 量酒器 / 吧叉匙 / 濾茶器 /
　杯墊 / 沖壺

前置作業 **5** 分鐘

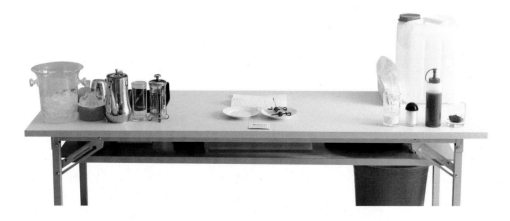

| 注意事項 | ◆ 持題卡取物或前置作業時間截止，仍繼續作業者（扣 20 分）
　　　　　◆ 茶葉用電子磅秤量取
　　　　　◆ 無糖液態鮮奶油用公杯裝

取沖壺裝熱水。

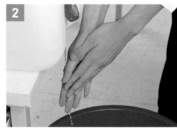

洗手。

擦手。

注入熱水到沖茶器溫壺。

倒掉沖茶器熱水。

將阿薩姆紅茶葉倒入。

注入 150ml 熱水。

拉壓濾網 1 ～ 2 次。

並將拉壓濾網置於茶湯表面。

取可林杯裝冰塊至九分滿。

用濾茶器過濾茶湯至可林杯。

加入糖水。

用吧叉匙攪拌。

加入鹽巴至搖酒器。

加入無糖液態鮮奶油至搖酒器。

蓋上蓋子,搖至搖酒器外部起霜即可。

再將奶蓋用吧叉匙倒入成品杯八分滿。

成品放於杯墊,等候評分。

善後作業 5 分鐘

(請參閱 P.48「善後作業流程參考」)

| 搖盪法 |

成份
6 公克 綠茶茶葉 25ml 糖水 60ml 新鮮葡萄柚汁
裝飾物
紅櫻桃
杯器皿

◆ 可林杯 / 沖茶器 / 公杯 / 古典杯
◆ 搖酒器 / 量酒器 / 濾茶器 / 三角尖刀 /
　 壓汁器 / 小圓盤 / 砧板 / 杯墊 / 沖壺

| 前置作業 **5** 分鐘 |

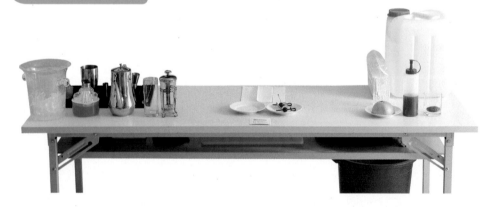

| 注意事項 | ◆ 葡萄柚洗淨、去蒂頭切半，取半顆，若前置作業允許，可先壓（榨）汁
　　　　　　 ◆ 茶葉用電子磅秤量取，放在古典杯備用

調製過程 **7** 分鐘

取沖壺裝熱水。

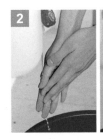

洗手後擦手。

注入熱水到沖茶器溫壺，倒掉沖茶器熱水。

放入茶葉，再加入 120ml 熱水。

拉濾網 1～2 次，置於茶湯表面。

取半顆新鮮葡萄柚，壓汁倒入公杯備用。

用濾茶器過濾到搖酒器。

搖酒器加冰塊八分滿，依序加入糖水、新鮮葡萄柚汁。

蓋子蓋上，將外部搖到起霜即可。

將飲料倒入可林杯，再將剩餘冰塊倒至八分滿。

取裝飾物放於杯緣，放置杯墊，等候評分。

善後作業 **5** 分鐘

（請參閱 P.48「善後作業流程參考」）

| 直接注入法 |

成份
2 公克 乾燥菊花 1/2 咖啡豆量匙 枸杞
裝飾物
25ml 蜂蜜
杯器皿
◆ 紅茶杯組 / 耐熱玻璃壺 / 香甜酒杯 / 古典杯 ◆ 吧叉匙 / 沖壺

前置作業 **5** 分鐘

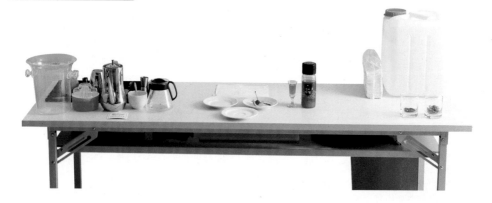

| 注意事項 | ◆ 持題卡取物或前置作業時間截止，仍繼續作業者（扣 20 分）
◆ 乾燥菊花用電子磅秤備用，裝古典杯

調製過程 7 分鐘

取沖壺裝熱水。

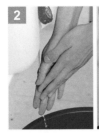

洗手後擦手。

溫杯匙、溫壺。

倒掉溫壺熱水。

放入乾燥菊花。

放入枸杞。

量取 480ml 熱水倒入。

用吧叉匙攪拌。

倒掉溫杯熱水。

將菊花枸杞茶倒入杯中八分滿。

附上蜂蜜及整壺、咖啡匙，等候評分。

善後作業 5 分鐘

（請參閱 P.48「善後作業流程參考」）

虹吸式熱咖啡

攪拌法

成份
15 公克 淺焙或中焙咖啡粉
裝飾物
糖包 奶精球
杯器皿
◆ 咖啡杯組 / 咖啡煮具 (Syphon) / 壓克力防風架 / 古典杯 / 打火機 ◆ 小圓盤 / 沖壺

前置作業 **5** 分鐘

注意事項

◆ 持題卡取物或前置作業時間截止，仍繼續作業者（扣 20 分）

半磅磨豆機前置作業

1. 咖啡豆用電子磅秤量取，取托盤攜帶抹布及咖啡豆至磨豆機。
2. 將咖啡豆倒入豆槽。
3. 研磨後，將咖啡粉槽取出，倒入古典杯。
4. 使用抹布擦拭周圍。
5. 取托盤將抹布和咖啡粉運回操作檯。

取沖壺裝熱水。

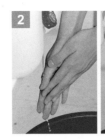

洗手後擦手。

溫杯匙。

熱水倒入咖啡煮器下座，切齊 TCA2 線上。

點酒精燈，將酒精燈置於下座。

放壓克力防風板。

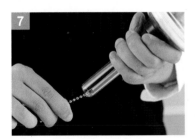

將濾網卡住上座。

咖啡粉倒入咖啡煮器上座。

水滾後，將上座插入下座。

水上升，攪拌 2～3 次，咖啡液萃取完。

移開火源，將酒精燈蓋子蓋上滅火。

用抹布把底座水分擦乾。

並將上座與下座分離。

倒掉溫杯匙熱水。

倒入成品杯八分滿。

附上奶精球及糖包、咖啡匙，等候評分。

善後作業 5 分鐘

（請參閱 P.48「善後作業流程參考」）

注意事項　加入咖啡煮器下座熱水，建議加水位置。

C14-5 榛果咖啡冰沙

| 義式咖啡機 + 電動機攪拌法 |

成份
14 公克 義式咖啡粉 (60ml) 15 公克 摩卡粉、25ml 榛果糖漿 加滿泡沫鮮奶油
裝飾物
無
杯器皿
◆ 可林杯 / 果汁機組 / 小鋼杯 / 雪平鍋 / 古典杯 / 長柄咖啡匙 ◆ 量酒器 / 吧叉匙 / 杯墊

前置作業 **5** 分鐘

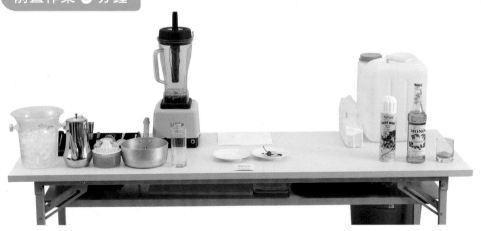

| 注意事項 |　◆ 持題卡取物或前置作業時間截止，仍繼續作業者（扣 20 分）

義式咖啡機前置作業操作

洗手。

擦手。

取托盤放置紙巾、抹布到義式咖啡機。

取雙孔咖啡把手研磨咖啡粉。

輕敲把手確認粉量。

用填壓器填壓咖啡粉。

將填壓器放回填壓墊。

將雙孔咖啡把手放在紙巾。

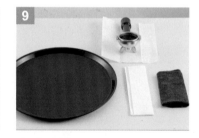

完成的擺設。

調製過程 7 分鐘

測試沖煮頭。

扣緊咖啡把手。

放上小鋼杯,萃取咖啡液。

將咖啡液及抹布送回操作區。

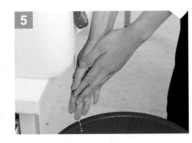

洗手。

擦手。

雪平鍋放入冰塊加水。

讓咖啡液在雪平鍋中冷卻。

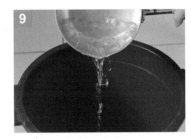

倒掉雪平鍋的水及冰塊。

咖啡液倒入果汁機上座。

加入摩卡粉。

加入榛果糖漿。

加入 1 1/3 冰塊量。

啟動果汁機攪碎冰沙。

冰沙倒入杯中八分滿。

放上長柄咖啡匙，放置
杯墊即可，等候評分。

再加入泡沫鮮奶油。

善後作業 **5** 分鐘

（請參閱 P.48「善後作業流程參考」）

C14-6 冰蜂蜜檸檬汁

| 搖盪法 |

成份
30ml 新鮮檸檬汁 90ml 涼開水 40ml 蜂蜜
裝飾物
檸檬片、紅櫻桃
杯器皿
◆ 可林杯 / 公杯 ◆ 搖酒器 / 量酒器 / 三角尖刀 / 壓汁器 / 小圓盤 / 砧板 / 杯墊

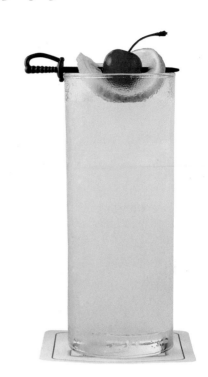

前置作業 **5** 分鐘

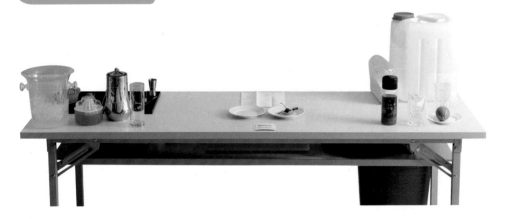

| 注意事項 |　◆ 持題卡取物或前置作業時間截止，仍繼續作業者（扣 20 分）
　　　　　　◆ 檸檬 1 顆洗淨，去蒂頭對切，若前置作業允許，可先壓（榨）汁

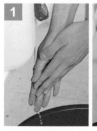

洗手後擦手。

壓新鮮檸檬汁倒入公杯備用。

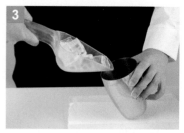

搖酒器加入冰塊八分滿。

加入新鮮檸檬汁

加入涼開水。

加入蜂蜜。

蓋上蓋子，搖至外部起霜即可。

飲料倒至成品杯。

剩餘冰塊倒至八分滿。

放上裝飾物。

成品放在杯墊上，等候評分。

善後作業 **5** 分鐘

（請參閱 P.48「善後作業流程參考」）

組別 | C15

題序	飲料名稱	成分	調製法	裝飾物	杯器皿
一	冰奇異多果汁	1 顆 奇異果 100ml 乳酸菌飲料 60ml 鳳梨汁 15ml 糖水	電動機攪拌法		◆ 可林杯 / 果汁機組 ◆ 量酒器 / 吧叉匙 / 三角尖刀 / 小圓盤 / 水果夾 / 砧板 / 杯墊
二	冰奶蓋綠茶	6 公克 綠茶茶葉 30ml 糖水 鹽巴少許 45ml 無糖液態鮮奶油 （需搖盪）	直接注入法 漂浮法		◆ 可林杯 / 沖茶器 / 公杯 / 古典杯 ◆ 搖酒器 / 量酒器 / 吧叉匙 / 濾茶器 / 杯墊 / 沖壺
三	熱摩卡奇諾咖啡	7 公克 義式咖啡(30ml) 15ml 巧克力醬 200ml 鮮奶（含奶泡）	義式咖啡機 直接注入法	可可粉	◆ 寬口咖啡杯組 / 拉花鋼杯 / 圓湯匙 ◆ 量酒器 / 吧叉匙
四	冰蜂蜜菊花茶	2 公克 乾燥菊花 25ml 蜂蜜	搖盪法	檸檬片	◆ 可林杯 / 耐熱玻璃壺 / 古典杯 ◆ 搖酒器 / 量酒器 / 吧叉匙 / 濾茶器 / 小圓盤 / 水果夾 / 砧板 / 杯墊 / 沖壺
五	熱蜜香紅茶	5 公克 蜜香紅茶葉	注入法		◆ 蓋碗杯組 2 組 / 古典杯 ◆ 吧叉匙 / 沖壺
六	熱洛神花茶（附壺）	10 朵 乾燥洛神花 1 咖啡豆量匙 二砂糖	攪拌法	糖包	◆ 紅茶杯組 / 耐熱玻璃壺 / 雪平鍋 / 瓦斯爐 / 古典杯 ◆ 吧叉匙 / 小圓盤 / 沖壺

◆ 吧檯準備

布置時間	準備機具及工作項目 （第6題善後處理，再歸還）	放置區域
6分鐘	1. 搖酒器 2. 量酒器 3. 吧叉匙 4. 濾茶器 5. 1支水果夾 6. 三角尖刀 7. 冰鏟 8. 冰夾	吧檯濾水墊
	9. 壓汁器 10. 杯墊 11. 沖壺	濾水墊上方
	12. 2個小圓盤	裝飾物區
	13. 砧板 14. 圓托盤、海綿刷、抹布、服務巾	工作檯夾層
	取操作6小題所需要的「水果裝飾物」 （剩餘可堪用材料歸還至公共材料區）	

◆ 吧檯準備完成圖：

C15-1 ▶ 冰奇異多果汁

▎電動機攪拌法▎

成份
1 顆 奇異果 100 ml 乳酸菌飲料 60ml 鳳梨汁、15ml 糖水
裝飾物
無
杯器皿
◆ 可林杯 / 果汁機組 ◆ 量酒器 / 吧叉匙 / 三角尖刀 / 小圓盤 / 　水果夾 / 砧板 / 杯墊

前置作業 **5** 分鐘

▎注意事項▎ ◆ 持題卡取物或前置作業時間截止，仍繼續作業者（扣 20 分）
　　　　　　 ◆ 奇異果洗淨、撕標籤

洗手。

擦手。

紙巾移到旁邊,將砧板墊在抹布上,移到操作區。

洗手。

擦手。

奇異果去皮,放入果汁機上座。

依序加入乳酸菌飲料、鳳梨汁及糖水。

加入 8 ～ 12 顆冰塊。

打至無冰塊,呈冰沙狀。

飲料倒至成品杯八分滿,成品放於杯墊,等候評分。

善後作業 **5** 分鐘

(請參閱 P.48「善後作業流程參考」)

C15-2 ▶ 冰奶蓋綠茶

|直接注入法＋漂浮法|

成份
6 公克 綠茶茶葉 30ml 糖水 鹽巴 少許 45ml 無糖液態鮮奶油（需搖盪）
裝飾物
無
杯器皿
◆ 可林杯 / 沖茶器 / 公杯 / 古典杯 ◆ 搖酒器 / 量酒器 / 吧叉匙 / 濾茶器 / 杯墊 / 沖壺

前置作業 5 分鐘

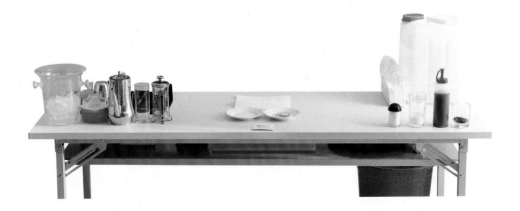

|注意事項| ◆ 持題卡取物或前置作業時間截止，仍繼續作業者（扣 20 分）
◆ 綠茶用電子磅秤量取，用古典杯裝備用
◆ 無糖液態鮮奶油用公杯裝

取沖壺裝熱水。

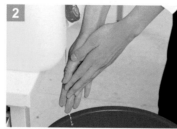
洗手。

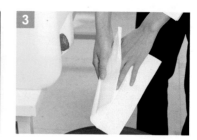
擦手。

注入熱水溫沖茶器。

上下擠壓,將沖茶器熱水倒掉。

加入茶葉,加入熱水 150ml。

上下抽壓不超過 2 次,並停置於液體表面。

可林杯裝冰塊 1 杯量。

用濾茶器將茶湯過濾於成品杯中。

加入糖水,以吧叉匙攪拌均勻。

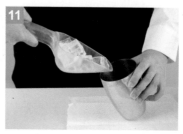
搖酒器加入冰塊適量

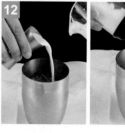
搖酒器加入無糖液態鮮奶油及鹽。

13 蓋上瓶蓋，搖至外部起霜即可。

14 打開搖酒器杯蓋，將鮮奶油倒入八分滿即可。

15 成品放於杯墊，等候評分。

善後作業 **5** 分鐘

（請參閱 P.48「善後作業流程參考」）

| 義式咖啡機 + 直接注入法 |

成份
7 公克 義式咖啡粉 (30ml) 15ml 巧克力醬 200ml 鮮奶 (含奶泡)
裝飾物
可可粉
杯器皿
◆ 寬口咖啡杯組 / 拉花鋼杯 / 圓湯匙 ◆ 量酒器 / 吧叉匙

前置作業 **5** 分鐘

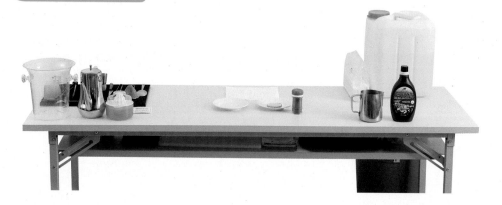

| 注意事項 | ◆ 持題卡取物或前置作業時間截止，仍繼續作業者 (扣 20 分)

義式咖啡機前置作業操作

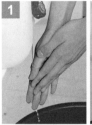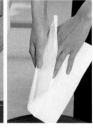

洗手後擦手。

托盤擺放抹布、紙巾、拉花鋼杯，到義式咖啡機，將托盤置於工作區。

取單孔咖啡把手，研磨咖啡粉，取適量。

整粉，確認粉量。

在填壓墊上填壓。

擦拭把手邊緣粉末。

填壓器放回填壓墊。

咖啡把手放在紙巾上。

完成的擺設。

調製過程 **7** 分鐘

測試沖煮頭。

斜角度扣緊把手。

萃取咖啡液。

排放蒸氣

打發奶泡。

將咖啡、打發奶泡、咖啡機
旁抹布送回操作區。

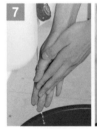

洗手後擦手。

倒入咖啡液及巧克力醬。

再倒入打發奶泡。

用吧叉匙攪拌。

以圓湯匙刮取奶泡。

撒上可可粉、附上咖啡匙，
放至成品區，等候評分。

善後作業 5 分鐘

（請參閱 P.48「善後作業流程參考」）

C15-4 冰蜂蜜菊花茶

| 搖盪法 |

成份
2 公克 乾燥菊花 25ml 蜂蜜
裝飾物
檸檬片
杯器皿

◆ 可林杯 / 耐熱玻璃壺 / 古典杯
◆ 搖酒器 / 量酒器 / 吧叉匙 / 濾茶器 /
　小圓盤 / 水果夾 / 砧板 / 杯墊 / 沖壺

前置作業 **5** 分鐘

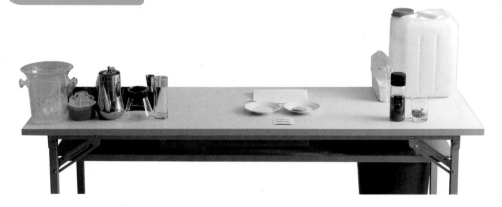

| 注意事項 |　◆ 持題卡取物或前置作業時間截止，仍繼續作業者（扣 20 分）
　　　　　　　◆ 乾燥菊花以電子磅秤量取，用古典杯裝

取沖壺裝熱水。

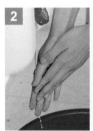

洗手後擦手。

溫壺後，倒掉溫壺熱水。

將乾燥菊花倒入耐熱玻璃壺。

量取 150ml 熱水倒入耐熱玻璃壺，利用吧叉匙攪拌。

利用濾茶器將菊花過濾，茶湯過濾在搖酒器。

可林杯裝冰塊八分滿，加入蜂蜜。

蓋上蓋子，搖至外部起霜即可。

倒入茶湯，將剩餘冰塊倒至八分滿。

取水果夾，將裝飾物檸檬片置於杯口。

成品擺放於杯墊，等候評分。

善後作業 **5** 分鐘

（請參閱 P.48「善後作業流程參考」）

C15-5 ▶ 熱蜜香紅茶

｜注入法｜

成份
5 公克 蜜香紅茶葉
裝飾物
無
杯器皿
◆ 蓋碗杯組 2 組 / 古典杯 ◆ 吧叉匙 / 沖壺

前置作業 **5** 分鐘

｜注意事項｜ ◆ 持題卡取物或前置作業時間截止，仍繼續作業者（扣 20 分）
　　　　　　◆ 茶葉用電子磅秤量取，放在古典杯備用

取沖壺裝熱水。

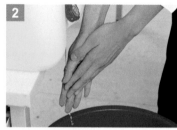
洗手。

擦手。

溫杯,將熱水倒入第一個杯中。

倒掉溫杯熱水。

將茶葉倒至已溫過的杯中。

注入熱水八分滿。

蓋上杯蓋。

溫杯成品杯,並倒掉熱水。

單手將茶湯倒入成品杯附杯蓋,等候評分。

善後作業 **5** 分鐘

（請參閱 P.48「善後作業流程參考」）

C15-6 ▶ 熱洛神花茶（附壺）

| 攪拌法 |

成份
10 朵 乾燥洛神花 1 咖啡豆量匙 二砂糖

裝飾物
糖包

杯器皿

◆ 紅茶杯組 / 耐熱玻璃壺 / 雪平鍋 /
瓦斯爐 / 古典杯
◆ 吧叉匙 / 小圓盤 / 沖壺

前置作業 5 分鐘

| 注意事項 | ◆ 持題卡取物或前置作業時間截止，仍繼續作業者（扣 20 分）
◆ 洛神花洗淨，用古典杯裝
◆ 瓦斯爐、砧板用手取回即可

取沖壺裝熱水。

紙巾移到一旁，瓦斯爐移到操作區。

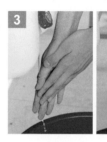

洗手後擦手。

乾燥洛神花及二砂糖放在雪平鍋內。

取耐熱玻璃壺量 480ml 水倒入雪平鍋。

煮滾用吧叉匙攪拌。

溫杯、溫匙後溫壺。

將溫壺熱水倒掉。

將煮滾洛神花茶倒入壺中。

倒掉溫杯的水，再將洛神花倒入杯中八分滿。

放置咖啡盤及咖啡匙，附壺，等候評分。

善後作業 **5** 分鐘

（請參閱 P.48「善後作業流程參考」）

326

組別 | C16

題序	飲料名稱	成分	調製法	裝飾物	杯器皿
一	冰榛果鮮奶茶	6 公克阿薩姆紅茶葉 25ml 榛果糖漿 90ml 鮮奶	搖盪法	紅櫻桃	◆ 可林杯 / 沖茶器 / 公杯 / 古典杯 ◆ 搖酒器 / 量酒器 / 濾茶器 / 小圓盤 / 杯墊 / 沖壺
二	維也納冰咖啡	20 公克 深焙咖啡粉 加滿泡沫鮮奶油	直接注入法	25ml 糖水	◆ 可林杯 / 咖啡過濾杯 / 咖啡濾紙 / 長柄咖啡匙 / 香甜酒杯 ◆ 吧叉匙 / 杯墊 / 沖壺
三	熱桂圓紅棗茶（附壺）	30 公克 龍眼乾肉 5 顆 紅棗乾 1 咖啡豆量匙二砂糖	攪拌法		◆ 紅茶杯組 / 耐熱玻璃壺 / 雪平鍋 / 瓦斯爐 / 古典杯 ◆ 吧叉匙 / 三角尖刀 / 水果夾 / 砧板 / 沖壺
四	焦糖咖啡冰沙	14 公克義式咖啡粉（60ml） 15 公克 摩卡粉 25ml 焦糖糖漿 加滿泡沫鮮奶油	義式咖啡機電動機攪拌法	焦糖醬（圖形不拘）	◆ 可林杯 / 果汁機組 / 小鋼杯 / 雪平鍋 / 古典杯 / 長柄咖啡匙 ◆ 量酒器 / 吧叉匙 / 杯墊
五	冰柚子金桔汁	2 咖啡豆量匙 柚子醬 4 粒 新鮮金桔汁 120ml 涼開水 15ml 蜂蜜	搖盪法	檸檬片 紅櫻桃	◆ 可林杯 / 榨汁器 / 公杯 / 長柄咖啡匙 ◆ 搖酒器 / 量酒器 / 吧叉匙 / 三角尖刀 / 小圓盤 / 砧板 / 杯墊
六	水果賓治	30ml 鳳梨汁 30ml 新鮮柳橙汁 10ml 紅石榴糖漿 八分滿 無色汽水	直接注入法	柳橙片 紅櫻桃	◆ 可林杯 / 公杯 ◆ 量酒器 / 吧叉匙 / 三角尖刀 / 壓汁器 / 小圓盤 / 砧板 / 杯墊

◆ 吧檯準備

布置時間	準備機具及工作項目 （第 6 題善後處理，再歸還）	放置區域
6 分鐘	1. 搖酒器 2. 量酒器 3. 吧叉匙 4. 濾茶器 5. 1 支水果夾 6. 三角尖刀 7. 冰鏟 8. 冰夾	吧檯濾水墊
	9. 壓汁器 10. 杯墊 11. 沖壺	濾水墊上方
	12. 2 個小圓盤	裝飾物區
	13. 砧板 14. 圓托盤、海綿刷、抹布、服務巾	工作檯夾層
	取操作 6 小題所需要的「水果裝飾物」 （剩餘可堪用材料歸還至公共材料區）	

◆ 吧檯準備完成圖：

C16-1 冰榛果鮮奶茶

| 搖盪法 |

成份
6 克 阿薩姆紅茶葉 25ml 榛果糖漿 90ml 鮮奶
裝飾物
紅櫻桃
杯器皿
◆ 可林杯 / 沖茶器 / 公杯 / 古典杯 ◆ 搖酒器 / 量酒器 / 濾茶器 / 小圓盤 / 杯墊 / 沖壺

前置作業 5 分鐘

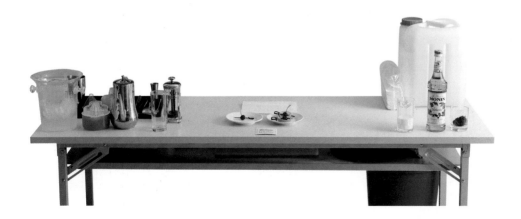

| 注意事項 | ◆ 持題卡取物或前置作業時間截止，仍繼續作業者（扣 20 分）
　　　　　◆ 茶葉須使用電子秤量取，並用古典杯裝。

取沖壺裝熱水。

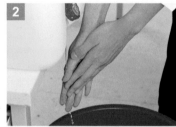

洗手。

擦手。

注入熱水於沖茶器溫壺。

將沖茶器熱水倒掉。

放入茶葉。

再加入熱水。

濾網拉壓 2 次，並置於表面。

用濾茶器過濾紅茶茶湯至搖酒器。

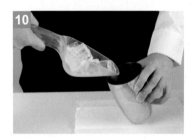

搖酒器裝八分滿冰塊。

依序將鮮奶加入。

再加入榛果糖漿。

蓋上蓋子，搖盪至外部起霜。

飲料倒於杯中。

將剩餘冰塊倒至八分滿。

放上裝飾物。

成品擺放於杯墊，等候評分。

善後作業 5 分鐘

（請參閱 P.48「善後作業流程參考」）

維也納冰咖啡

┃直接注入法┃

成份
20 公克 深焙咖啡粉 加滿泡沫鮮奶油
裝飾物
25ml 糖水
杯器皿
◆ 可林杯 / 咖啡過濾杯 / 咖啡濾紙 / 長柄咖啡匙 / 香甜酒杯 ◆ 吧叉匙 / 杯墊 / 沖壺

前置作業 **5** 分鐘

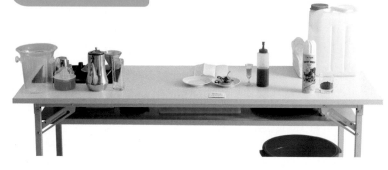

┃注意事項┃

◆ 持題卡取物或前置作業時間截止，仍繼續作業者（扣 20 分）

┃半磅磨豆機前置作業┃

① 咖啡豆用電子磅秤量取，取托盤攜帶抹布及咖啡豆至磨豆機。

② 將咖啡豆倒入豆槽。

③ 研磨後，將咖啡粉槽取出，倒入古典杯。

④ 使用抹布擦拭周圍。

⑤ 取托盤將抹布和咖啡粉運回操作檯。

＊前置作業時，請將糖水倒入香甜酒杯。

調製過程 7 分鐘

取沖壺裝熱水。

洗手後擦手。

可林杯裝一杯冰塊。

折濾紙，放入濾杯。

倒入咖啡粉。

順著同心圓四周注入熱水。

咖啡滴漏至八分滿，將過濾杯取古典杯放置。

用吧叉匙攪拌。

加入泡沫鮮奶油。

放入長柄咖啡匙。

成品置於杯墊，附上糖水，等候評分。

（請參閱 P.48「善後作業流程參考」）

注意事項

咖啡濾紙折紙方式（濾紙兩邊一前一後折，撐開）

將底部順著接合處折起來。　再將側邊順著接合處折起來。　撐開即可。

C16-3 熱桂圓紅棗茶（附壺）

| 攪拌法 |

成份
30 公克 龍眼乾肉 5 顆 紅棗乾 1 咖啡豆量匙 二砂糖
裝飾物
無
杯器皿
◆ 紅茶杯組 / 耐熱玻璃壺 / 雪平鍋 / 瓦斯爐 / 古典杯 ◆ 吧叉匙 / 三角尖刀 / 水果夾 / 砧板 / 沖壺

前置作業 **5** 分鐘

| 注意事項 | ◆ 持題卡取物或前置作業時間截止，仍繼續作業者（扣 20 分）
◆ 紅棗洗淨擦乾，放古典杯備用
◆ 龍眼乾用電子秤量取，放古典杯
◆ 瓦斯爐跟砧板免用托盤，直接用手取回即可
◆ 砧板、刀具用完立刻清洗擦乾

1 取沖壺裝熱水。

2 紙巾移到一旁，瓦斯爐移到操作區。

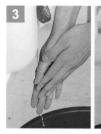

3 洗手後擦手。

4 將龍眼乾、二砂糖放入雪平鍋，倒入 500ml 熱水。

5 放置砧板，將紅棗劃一刀放入雪平鍋。

6 溫杯匙，倒掉耐熱玻璃壺熱水。

7 用吧叉匙攪拌。

8 將成品倒入耐熱玻璃壺。

9 將溫杯熱水倒掉。

10 倒入成品杯八分滿。

11 將成品、紅茶杯組（含底盤及湯匙）放於成品區，等候評分。

善後作業 **5** 分鐘

（請參閱 P.48「善後作業流程參考」）

336

C16-4 焦糖咖啡冰沙

| 義式咖啡機＋電動機攪拌法 |

成份
14 公克 義式咖啡粉（60ml） 15 公克 摩卡粉 25ml 焦糖糖漿 加滿泡沫鮮奶油
裝飾物
焦糖醬（圖型不拘）
杯器皿

◆ 可林杯 / 果汁機組 / 小鋼杯 / 雪平
鍋 / 古典杯 / 長柄咖啡匙
◆ 量酒器 / 吧叉匙 / 杯墊

前置作業 **5** 分鐘

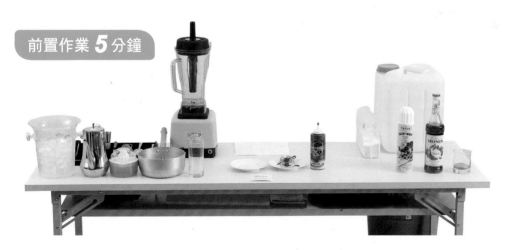

| **注意事項** | ◆ 持題卡取物或前置作業時間截止，仍繼續作業者（扣 20 分）

義式咖啡機前置作業操作

洗手。

擦手。

取托盤放紙巾、抹布至義式咖啡機。

取雙孔咖啡把手，取適量咖啡粉。

輕敲咖啡把手，整粉。

在填壓墊上填壓咖啡粉。

將填壓器放回填壓墊。

咖啡把手置於紙巾上。

完成的擺設。

調製過程 7 分鐘

義式咖啡機測試水壓，沖煮頭放水。

扣緊把手。

放小鋼杯，萃取咖啡液。

將咖啡液用托盤送回。

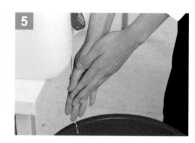

洗手。

擦手。

雪平鍋加入冰塊。

再加入水。

咖啡用吧叉匙降溫冷卻。

取出小鋼杯,用紙巾擦拭。

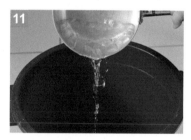

倒掉雪平鍋涼水。

咖啡倒入果汁機上座。

依序加入摩卡粉。

再加入焦糖糖漿。

再放入 1 1/3 冰塊。

分段攪碎冰沙，倒入可林杯至八分滿。

加入泡沫鮮奶油。

淋上焦糖醬。

放於杯墊，等候評分。

放入長柄咖啡匙。

善後作業 5 分鐘

（請參閱 P.48「善後作業流程參考」）

C16-5 冰柚子金桔茶

|搖盪法|

成份
2 咖啡豆量匙 柚子醬 4 顆 新鮮金桔汁 120ml 涼開水、15ml 蜂蜜

裝飾物
檸檬片、紅櫻桃

杯器皿
◆ 可林杯 / 榨汁器 / 公杯 / 長柄咖啡匙 ◆ 搖酒器 / 量酒器 / 吧叉匙 / 三角尖刀 / 小圓盤 / 砧板 / 杯墊

前置作業 **5** 分鐘

| 注意事項 | ◆ 持題卡取物或前置作業時間截止，仍繼續作業者（扣 20 分）
◆ 前置作業時將金桔洗淨、去蒂頭，切半備用

洗手後擦手。

取榨汁器榨新鮮金桔汁，倒入公杯備用。

搖酒器加入冰塊至八分滿。

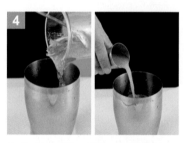

加入柚子醬，後加入金桔汁。

加入涼開水及蜂蜜。

蓋子蓋上，搖至外部起霜即可。

將飲料倒至成品杯。

剩餘冰塊倒至成品杯八分滿，將柚子醬倒出，擺在果汁上方。

將裝飾物置於杯口即可。

側邊放入長柄咖啡匙。

將成品放於杯墊，等候評分。

善後作業 **5** 分鐘

（請參閱 P.48「善後作業流程參考」）

342

C16-6 水果賓治

直接注入法

成份
30ml 鳳梨汁 30ml 新鮮柳橙汁 10ml 紅石榴糖漿 八分滿 無色汽水
裝飾物
柳橙片、紅櫻桃
杯器皿

◆ 可林杯 / 公杯
◆ 量酒器 / 吧叉匙 / 三角尖刀 / 壓汁器 /
　小圓盤 / 砧板 / 杯墊

前置作業 **5** 分鐘

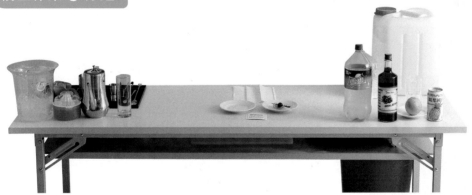

注意事項 ◆ 持題卡取物或前置作業時間截止，仍繼續作業者（扣 20 分）
　　　　　◆ 柳橙取 1 顆洗淨、去蒂頭，切半備用，若前置作業允許，可先壓（榨）汁
　　　　　◆ 砧板、刀具使用後立刻洗淨

洗手。

擦手。

用壓汁器壓新鮮柳橙汁到公杯備用。

可林杯加入八分滿冰塊。

依序加入鳳梨汁。

加入新鮮柳橙汁。

及紅石榴糖漿。

加入無色汽水至八分滿。

用吧叉匙攪拌。

將裝飾物置於杯緣。

成品放置杯墊，等候評分。

善後作業 **5** 分鐘

（請參閱 P.48「善後作業流程參考」）

組別 | C17

題序	飲料名稱	成分	調製法	裝飾物	杯器皿
一	奇異之吻	15ml 奇異果果露 15ml 新鮮檸檬汁 八分滿 新鮮柳橙汁	直接注入法 漂浮法	紅櫻桃 攪拌棒	◆ 高飛球杯 / 公杯 ◆ 量酒器 / 吧叉匙 / 三角尖刀 / 壓汁器 / 小圓盤 / 水果夾 / 砧板 / 杯墊
二	熱桔茶 （附壺）	480ml 柳橙汁 1 包 紅茶包 6 顆 新鮮金桔汁	攪拌法	檸檬角 15ml 蜂蜜 （上列附成品旁） 金桔 3 顆 （榨汁後置入壺中）	◆ 紅茶杯組 / 耐熱玻璃壺 / 雪平鍋 / 瓦斯爐 / 榨汁器 / 香甜酒杯 / 公杯 / 古典杯 ◆ 量酒器 / 吧叉匙 / 三角尖刀 / 小圓盤 / 水果夾 / 砧板 / 沖壺
三	西瓜 鳳梨盤	500 公克 帶皮西瓜 （分八片） 300 公克 帶皮鳳梨 （分十等分）	水果拼盤	紅櫻桃	◆ 圓盤 ◆ 三角尖刀（或水果刀）/ 小圓盤 / 水果夾 / 砧板
四	鳳梨冰沙	取用西瓜鳳梨盤之鳳梨果肉 30ml 涼開水 30ml 蜂蜜	電動機攪拌法	紅櫻桃 新鮮鳳梨片 （取用西瓜鳳梨盤之鳳梨）	◆ 可林杯 / 果汁機組 / 公杯 / 長柄咖啡匙 ◆ 量酒器 / 吧叉匙 / 小圓盤 / 水果夾 / 杯墊
五	冰焦糖奶茶	6 公克阿薩姆紅茶葉 20 公克 奶精粉 25ml 焦糖糖漿	搖盪法		◆ 可林杯 / 沖茶器 / 古典杯 ◆ 搖酒器 / 量酒器 / 吧叉匙 / 濾茶器 / 杯墊 / 沖壺
六	冰紅茶拿鐵	6 公克阿薩姆紅茶葉 120ml 鮮奶 20ml 糖水 加滿冰奶泡	直接注入法 漂浮法		◆ 可林杯 / 沖茶器 / 奶泡壺 / 圓湯匙 / 雪平鍋 / 長柄咖啡匙 / 公杯 / 古典杯 ◆ 量酒器 / 吧叉匙 / 濾茶器 / 杯墊 / 沖壺

布置時間	準備機具及工作項目 （第 6 題善後處理，再歸還）	放置區域
6 分鐘	1. 搖酒器 2. 量酒器 3. 吧叉匙 4. 濾茶器 5. 1 支水果夾 6. 三角尖刀 7. 冰鏟 8. 冰夾	吧檯濾水墊
	9. 壓汁器 10. 杯墊 11. 沖壺	濾水墊上方
	12. 2 個小圓盤	裝飾物區
	13. 砧板 14. 圓托盤、海綿刷、抹布、服務巾	工作檯夾層
	取操作 6 小題所需要的「水果裝飾物」 （剩餘可堪用材料歸還至公共材料區）	

◆ **吧檯準備完成圖：**

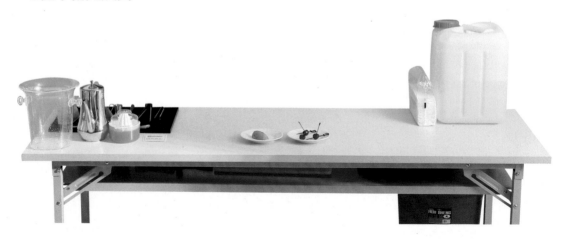

C17-1 ▶ 奇異之吻

| 直接注入法 + 漂浮法 |

成份
15ml 奇異果果露 15ml 新鮮檸檬汁 八分滿 新鮮柳橙汁
裝飾物
紅櫻桃、攪拌棒
杯器皿
◆ 高飛球杯 / 公杯 ◆ 量酒器 / 吧叉匙 / 三角尖刀 / 壓汁器 / 小 　圓盤 / 水果夾 / 砧板 / 杯墊

前置作業 **5** 分鐘

| **注意事項** | ◆ 持題卡取物或前置作業時間截止，仍繼續作業者（扣 20 分）
◆ 取 2 顆柳橙，去蒂頭對切，若前置作業允許，可先壓（榨）汁
◆ 取 1 顆檸檬，去蒂頭對切，若前置作業允許，可先壓（榨）汁
◆ 砧板、刀具使用後立刻洗淨

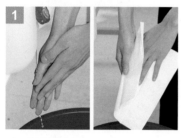

洗手後擦手。

取檸檬榨汁倒入公杯備用。

取柳橙榨汁倒入公杯備用。

高飛球杯加入 7 ~ 8 分滿冰塊。

依序加入奇異果果露。

再加入新鮮檸檬汁。

再利用吧叉匙攪拌均勻。

利用吧叉匙靠著杯壁，加入新鮮柳橙汁（緩緩倒入）。

將裝飾物櫻桃劍叉擺在杯緣上。

從側邊放入攪拌棒。

成品放於杯墊，等候評分。

（請參閱 P.48「善後作業流程參考」）

C17-2 ▶ 熱桔茶（附壺）

｜攪拌法｜

成份
480ml 柳橙汁 1 包 紅茶包 6 顆 新鮮金桔汁

裝飾物
檸檬角、15ml 蜂蜜（附成品旁） 3 顆 金桔（榨汁後，置入壺中）

杯器皿
◆ 紅茶杯組 / 耐熱玻璃壺 / 雪平鍋 / 瓦斯爐 / 榨汁器 / 香甜酒杯 / 公杯 / 古典杯 ◆ 量酒器 / 吧叉匙 / 三角尖刀 / 小圓 盤 / 水果夾 / 砧板 / 沖壺

前置作業 **5** 分鐘

| 注意事項 | ◆ 持題卡取物或前置作業時間截止，仍繼續作業者（扣 20 分）
◆ 瓦斯爐免用托盤，直接取回，並測試
◆ 金桔洗淨去蒂，若時間充足可於此階段榨汁

1. 取沖壺裝熱水。

2. 紙巾往左移，瓦斯爐放置操作區。

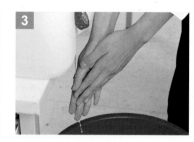

3. 洗手。

4. 擦手。

5. 量取 480ml 柳橙汁倒入雪平鍋。

6. 加熱，利用吧叉匙攪拌。

7. 溫杯匙、溫壺。

8. 將金桔對半切。

9. 榨新鮮金桔汁倒入公杯備用。

10. 倒掉溫壺熱水。

11. 放入紅茶包，沖入熱柳橙汁。

12. 取出紅茶包。

倒入金桔汁。

用吧叉匙攪拌。

將 3 顆榨汁後金桔置入壺中

倒掉溫杯匙的水，將茶湯倒入成品杯至八分滿。

成品完成，附上咖啡匙及檸檬角、用香甜酒杯裝的蜂蜜即可。

善後作業 **5** 分鐘

（請參閱 P.48「善後作業流程參考」）

注意事項　蜂蜜用香甜酒杯裝取，於成品一同附上。

| 水果拼盤 |

成份
500 公克 帶皮西瓜（分八片） 300 公克 帶皮鳳梨（分 10 等份）
裝飾物
紅櫻桃
杯器皿

◆ 圓盤
◆ 三角尖刀（或水果刀）/ 小圓盤 /
　水果夾 / 砧板

前置作業 **5** 分鐘

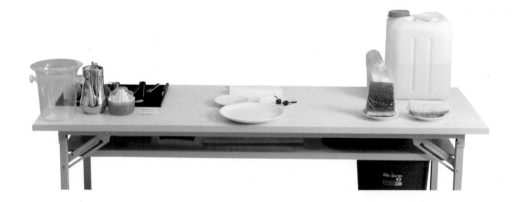

| 注意事項 |　◆ 持題卡取物或前置作業時間截止，仍繼續作業者（扣 20 分）。
　　　　　　◆ 挾取櫻桃用水果夾（未用扣 4 分）
　　　　　　◆ 砧板、刀具用完立即清洗。

調製過程 **7** 分鐘

洗手。

擦手。

紙巾往旁邊移動，抹布墊下方，將砧板放上。

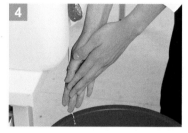

洗手。

擦手。

西瓜拆除保鮮，將保鮮膜膜丟入垃圾桶。

從西瓜尖端切入去皮，將西瓜平分8等份。

將西瓜排入盤中。

拆除包裹鳳梨保鮮膜，丟入垃圾桶，鳳梨去皮及芽眼。

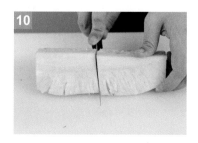

先將鳳梨對半。

在半顆鳳梨兩邊各劃出Ｖ型凹槽。

兩半各分為5等份，共10等份。

西瓜擺中間，鳳梨擺兩側與西瓜反方向。

將櫻桃劃一刀。

並將櫻桃放置西瓜上。

成品放於成品區，等候評分。

善後作業 **5** 分鐘

（請參閱 P.48「善後作業流程參考」）

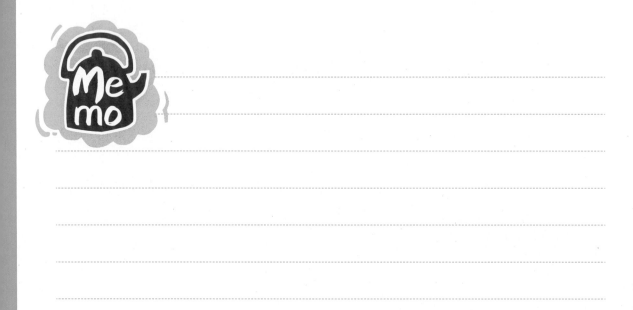

C17-4 ▶ 鳳梨冰沙

| 電動機攪拌法 |

成份
取用西瓜鳳梨盤之鳳梨果肉 30ml 涼開水 30ml 蜂蜜
裝飾物
紅櫻桃 新鮮鳳梨片 （ 取用西瓜鳳梨盤之鳳梨 ）
杯器皿
◆ 可林杯 / 果汁機組 / 公杯 / 長柄咖啡匙 ◆ 量酒器 / 吧叉匙 / 小圓盤 / 水果夾 / 杯墊

前置作業 **5** 分鐘

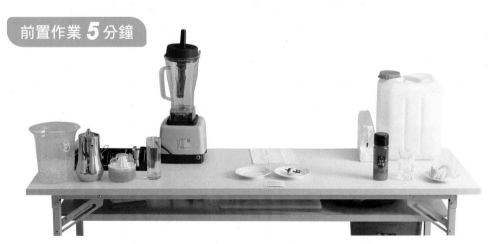

| 注意事項 | ◆ 持題卡取物或前置作業時間截止，仍繼續作業者（扣 20 分）
◆ 果汁機免用托盤，直接用手取回

1 洗手。

2 擦手。

3 取鳳梨果肉放到果汁機上座。

4 加入涼開水。

5 加入蜂蜜。

6 倒入 1 杯半冰塊。

7 啟動果汁機，攪碎冰塊。

8 將冰沙倒入可林杯至八分滿。

9 放入長柄咖啡匙。

10 取水果夾將裝飾物放上。

11 成品放於杯墊，等候評分。

善後作業 **5** 分鐘

（請參閱 P.48「善後作業流程參考」）

C17-5 冰焦糖奶茶

| 搖盪法 |

成份
6 公克 阿薩姆紅茶葉 20 公克 奶精粉 25ml 焦糖糖漿

裝飾物
無

杯器皿
◆ 可林杯／沖茶器／古典杯 ◆ 搖酒器／量酒器／吧叉匙／濾茶器／ 杯墊／沖壺

前置作業 **5** 分鐘

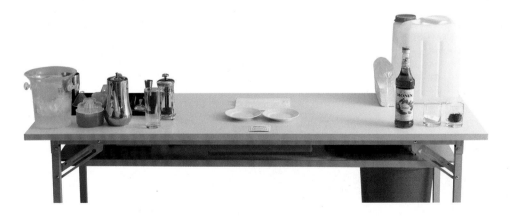

| 注意事項 | ◆ 持題卡取物或前置作業時間截止，仍繼續作業者（扣 20 分）

取沖壺裝熱水。

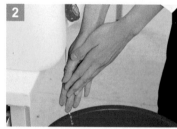

洗手。

擦手。

注入熱水至沖茶器溫壺。

倒掉沖茶器熱水，然後放入茶葉。

倒入 150ml 熱水。

濾網拉 1 ～ 2 次，並置於茶湯表面。

紅茶用濾茶器過濾於搖酒器。

加入奶精粉。

用吧叉匙攪拌。

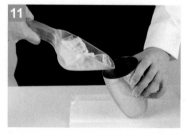

加入焦糖糖漿及八分滿冰塊。

蓋上蓋子，搖至外部起霜即可。

倒出飲料。

剩餘的冰塊倒入可林杯至八分滿。

成品放於杯墊，等候評分。

善後作業 5 分鐘

（請參閱 P.48「善後作業流程參考」）

Memo

冰紅茶拿鐵

| 直接注入法＋漂浮法 |

成份
6 公克 阿薩姆紅茶葉 120ml 鮮奶　20ml 糖水 加滿冰奶泡
裝飾物
無
杯器皿

◆ 可林杯 / 沖茶器 / 奶泡壺 / 圓湯匙 / 長柄咖啡匙 / 公杯 / 古典杯 / 雪平鍋
◆ 量酒器 / 吧叉匙 / 濾茶器 / 杯墊 / 沖壺

前置作業 **5** 分鐘

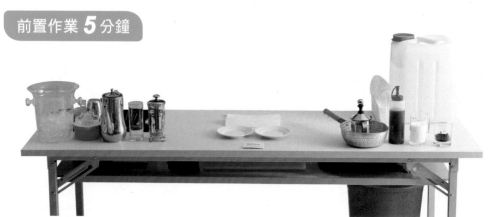

| 注意事項 |　◆ 持題卡取物或前置作業時間截止，仍繼續作業者（扣 20 分）

調製過程 **7**分鐘

取沖壺裝熱水。

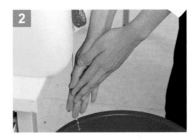

洗手。

擦手。

注入熱水到沖茶器溫壺。

先打發奶泡，再放回材料區備用。

倒掉沖茶器熱水。

放入茶葉。

注入 150ml 熱水。

濾網拉 1 ～ 2 次，並置於茶湯表面。

可林杯裝冰塊九分滿。

倒入鮮奶。

再倒入糖水。

用吧叉匙攪拌。

紅茶用濾茶器過濾茶湯到公杯備用，再利用吧叉匙湯匙面沿著杯壁倒入紅茶茶湯（做出分層）。

加入奶泡。

由側邊放入長柄咖啡匙。

成品放於杯墊，等候評分。

善後作業 **5** 分鐘

（請參閱 P.48「善後作業流程參考」）

組別 | C18

題序	飲料名稱	成分	調製法	裝飾物	杯器皿
一	檸檬冰沙	60ml 新鮮檸檬汁 45ml 糖水 30ml 涼開水	電動機攪拌法	檸檬皮絲（成品時製作）	◆ 可林杯 / 果汁機組 / 檸檬刮絲器 / 公杯 / 長柄咖啡匙 ◆ 量酒器 / 吧叉匙 / 三角尖刀 / 壓汁器 / 小圓盤 / 水果夾 / 砧板 / 杯墊
二	冰奶泡綠茶	6 公克 綠茶茶葉 25ml 糖水 加滿冰奶泡	搖盪法		◆ 可林杯 / 沖茶器 / 奶泡壺 / 圓湯匙 / 雪平鍋 / 古典杯 ◆ 搖酒器 / 量酒器 / 濾茶器 / 杯墊 / 沖壺
三	冰檸檬紅茶	6 克 阿薩姆紅茶葉 15ml 新鮮檸檬汁 30ml 糖水	搖盪法	檸檬片	◆ 可林杯 / 沖茶器 / 公杯 / 古典杯 ◆ 搖酒器 / 量酒器 / 濾茶器 / 三角尖刀 / 壓汁器 / 小圓盤 / 水果夾 / 砧板 / 杯墊 / 沖壺
四	熱黑森林果粒茶（附壺）	10 公克 黑森林果粒茶	攪拌法	糖包	◆ 紅茶杯組 / 耐熱玻璃壺 / 雪平鍋 / 瓦斯爐 / 古典杯 ◆ 吧叉匙 / 小圓盤 / 沖壺
五	虹吸式熱咖啡	15 公克 淺焙或中焙咖啡粉	攪拌法	糖包 奶精球	◆ 咖啡杯組 / 咖啡煮具 (Syphon)/ 壓克力防風架 / 古典杯 / 打火機 ◆ 小圓盤 / 沖壺
六	柳橙玉兔盤（單耳兔）	2 顆柳橙（各分八等份）	水果拼盤（底部柳橙應從尾部切開）	紅櫻桃	◆ 圓盤 ◆ 三角尖刀（或水果刀）/ 小圓盤 / 水果夾 / 砧板

◆ 吧檯準備

布置時間	準備機具及工作項目 （第 6 題善後處理，再歸還）	放置區域
6 分鐘	1. 搖酒器 2. 量酒器 3. 吧叉匙 4. 濾茶器 5. 1 支水果夾 6. 三角尖刀 7. 冰鏟 8. 冰夾	吧檯濾水墊
	9. 壓汁器 10. 杯墊 11. 沖壺	濾水墊上方
	12. 2 個小圓盤	裝飾物區
	13. 砧板 14. 圓托盤、海綿刷、抹布、服務巾	工作檯夾層
	取操作 6 小題所需要的「水果裝飾物」 （剩餘可堪用材料歸還至公共材料區）	

◆ 吧檯準備完成圖：

C18-1 檸檬冰沙

|電動機攪拌法|

成份
60ml 新鮮檸檬汁 45ml 糖水、30ml 涼開水
裝飾物
檸檬皮絲（成品時製作）
杯器皿

◆ 可林杯 / 果汁機組 / 檸檬刮絲器 / 公杯 /
長柄咖啡匙

◆ 量酒器 / 吧叉匙 / 三角尖刀 / 壓汁器 / 小
圓盤 / 水果夾 / 砧板 / 杯墊

前置作業 **5** 分鐘

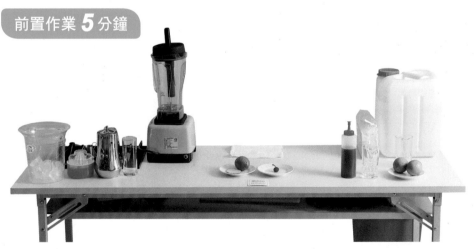

|注意事項| ◆ 持題卡取物或前置作業時間截止，仍繼續作業者（扣 20 分）

◆ 檸檬取 2 顆洗淨、去蒂頭，切半備用。

◆ 果汁機免托盤，可用手取回

◆ 時間充足可先壓汁，倒入公杯備用

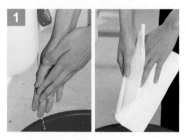

洗手後擦手。

取壓汁器榨新鮮檸檬汁，倒入公杯備用。

取量酒器量取新鮮檸檬汁，倒入果汁機上座。

將糖水加入果汁機上座。

再加入涼開水。

加入 1 杯半冰塊。

啟動果汁機攪碎成冰沙。

將冰沙倒入可林杯至八分滿。

用刮絲器刮檸檬皮到冰沙上。

放入長柄咖啡匙。

成品放於杯墊，等候評分。

善後作業 **5** 分鐘

（請參閱 P.48「善後作業流程參考」）

C18-2 ▶ 冰奶泡綠茶

┃ 搖盪法 ┃

成份
6 公克 綠茶茶葉 25ml 糖水 加滿冰奶泡
裝飾物
無
杯器皿
◆ 可林杯 / 沖茶器 / 奶泡壺 / 圓湯匙 / 雪平鍋 / 古典杯 ◆ 搖酒器 / 量酒器 / 濾茶器 / 杯墊 / 沖壺

前置作業 5 分鐘

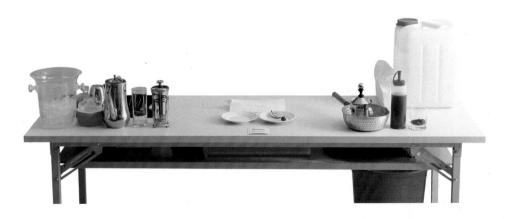

┃ **注意事項** ┃ ◆ 持題卡取物或前置作業時間截止，仍繼續作業者（扣 20 分）

1

2

3

取沖壺裝熱水。

洗手後擦手。

注入沖茶器到熱水溫壺，再倒掉沖茶器熱水。

4

5

6

先打發奶泡後，放回材料區備用。

放入茶葉，注入 150ml 熱水。

濾網拉 1～2 次，置於茶湯表面。

7

8

9

用濾茶器過濾茶湯到搖酒器。

搖酒器加入冰塊至七分滿，再加入糖水。

蓋子蓋上，搖至外部起霜即可。

10

11

成品放於杯墊，等候評分。

飲料及冰塊倒入可林杯至八分滿，再加入冰奶泡即可。

善後作業 **5** 分鐘

（請參閱 P.48「善後作業流程參考」）

368

C18-3 冰檸檬紅茶

| 搖盪法 |

成份
6 公克 阿薩姆紅茶葉 15ml 新鮮檸檬汁 30ml 糖水
裝飾物
檸檬片
杯器皿

◆ 可林杯 / 沖茶器 / 公杯 / 古典杯
◆ 搖酒器 / 量酒器 / 濾茶器 / 三角尖刀 / 壓汁器 / 小圓盤 / 水果夾 / 砧板 / 杯墊 / 沖壺

前置作業 **5** 分鐘

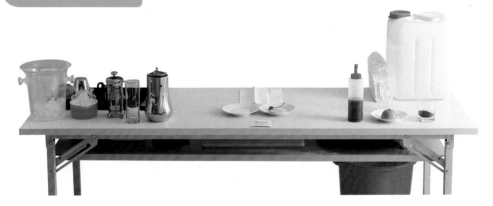

| 注意事項 | ◆ 持題卡取物或前置作業時間截止，仍繼續作業者（扣 20 分）
◆ 檸檬半顆，去蒂頭對切，若前置作業允許，可先壓（榨）汁
◆ 茶葉用電子磅秤量取，古典杯裝汁

取沖壺裝熱水。

洗手。

擦手。

注入熱水到沖茶器溫壺。

倒掉沖茶器熱水。

放入茶葉。

沖入熱水。

拉濾網 1～2 次，在茶湯表面靜置。

浸泡時讓濾網離開水面。

壓檸檬汁倒入公杯備用。

濾茶器過濾茶湯於搖酒器。

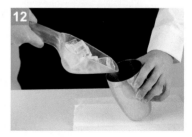

搖酒器裝入八分滿冰塊。

加入新鮮檸檬汁。

加入糖水。

蓋上蓋子，將搖酒器搖盪至
外表起霜。

將飲料倒入成品杯。

剩餘冰塊一起倒入八分滿。

取水果夾將檸檬片放於杯
緣。

成品放於杯墊，
等候評分。

善後作業 5 分鐘

（請參閱 P.48「善後作業流程參考」）

| 攪拌法 |

成份
10 公克 黑森林果粒茶

裝飾物
糖包

杯器皿
◆ 紅茶杯組 / 耐熱玻璃壺 / 雪平鍋 / 瓦斯爐 / 古典杯
◆ 吧叉匙 / 小圓盤 / 沖壺

前置作業 **5** 分鐘

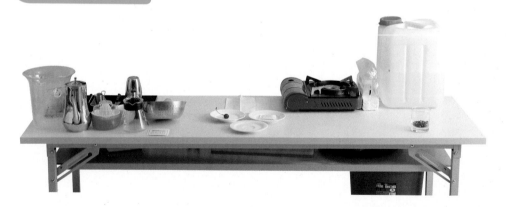

| 注意事項 | ◆ 持題卡取物或前置作業時間截止，仍繼續作業者（扣 20 分）
◆ 黑森林果粒茶用電子磅秤量取，用古典杯裝

1 取沖壺裝熱水。

2 雪平鍋倒入黑森林果粒。

3 取熱水 480ml 倒入耐熱玻璃壺。

4 再將熱水倒入雪平鍋。

5 煮滾，用吧叉匙攪拌。

6 溫杯溫匙。

7 溫壺。

8 倒掉溫壺熱水，將茶湯倒入耐熱玻璃壺。

9 倒掉溫杯匙水。

10 茶湯倒入杯中。

11 附壺及成品，等候評分。

善後作業 **5**分鐘

（請參閱 P.48「善後作業流程參考」）

373

| 攪拌法 |

成份
15 公克 淺焙或中焙咖啡粉
裝飾物
糖包 奶精球
杯器皿

◆ 咖啡杯組 / 咖啡煮具 (Syphon) / 壓克力防風架 / 古典杯 / 打火機
◆ 小圓盤 / 沖壺

前置作業 **5** 分鐘

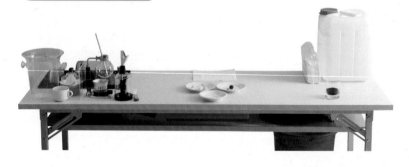

| 注意事項 |

◆ 持題卡取物或前置作業時間截止，仍繼續作業者（扣 20 分）

| 半磅磨豆機前置作業 |

① 咖啡豆用電子磅秤量取，取托盤攜帶抹布及咖啡豆至磨豆機。
② 將咖啡豆倒入豆槽。
③ 研磨後，將咖啡粉槽取出，倒入古典杯。
④ 使用抹布擦拭周圍。
⑤ 取托盤將抹布和咖啡粉運回操作檯。

調製過程 **7** 分鐘

取沖壺裝熱水。

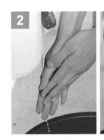

洗手後擦手。

溫杯匙。

熱水倒入咖啡煮器下座，切齊 TCA2 線上。

點酒精燈，將酒精燈置於下座。

放壓克力防風板。

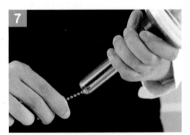

將濾網卡住上座。

咖啡粉倒入咖啡煮器上座。

水滾後，將上座插入下座。

水上升，攪拌 2 ～ 3 次，咖啡液萃取完。

移開火源，將酒精燈蓋子蓋上滅火。

用抹布把底座水分擦乾。

並將上座與下座分離。

倒掉溫杯匙熱水。

倒入成品杯至八分滿。

附上奶精球及糖包、咖啡匙，等候評分。

善後作業 **5** 分鐘

（請參閱 P.48「善後作業流程參考」）

注意
事項

加入咖啡煮器下座熱水，建議加水位置。

C18-6 ▶ 柳橙玉兔盤（單耳兔）

┃水果拼盤┃

成份
2 顆柳橙 （各分八等份）
裝飾物
紅櫻桃
杯器皿

◆ 圓盤
◆ 三角尖刀（或水果刀）/ 小圓盤 / 水果夾 / 砧板

前置作業 **5** 分鐘

┃**注意事項**┃　◆ 持題卡取物或前置作業時間截止，仍繼續作業者（扣 20 分）
　　　　　　◆ 新鮮柳橙未去蒂頭、未清洗、未去除標籤（扣 8 分）
　　　　　　◆ 砧板、刀具使用後立即清洗（未清洗扣 8 分，可重複扣分）

洗手。

擦手。

將紙巾往左移，鋪上抹布並將砧板放上。

切水果前，先洗手。

接著擦手。

將柳丁去蒂頭。

柳橙切八等份不斷。

將另一顆柳橙去蒂頭，由底部開始切八等分。

用水果刀由尖端切入，不保留白色果肉。

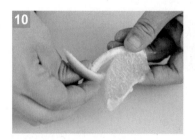

刀尖從皮斜切，並將皮尖端捲入。

將單耳兔塞入縫中。

將所有單耳兔塞入。

13 用水果夾放上櫻桃。

14 三角尖刀、砧板洗淨。

15 將水果拼盤擺放成品區，等候評分。

善後作業 5 分鐘

（請參閱 P.48「善後作業流程參考」）

注意事項

① 切割後三角尖刀及砧板立刻洗乾淨。(在調製過程，否則扣 4 分)

② 口訣：12.3.6.9 點鐘方向先塞，較不易掉出。

PART 4

學科試題與解答

工作項目 01：職業安全衛生

1. （2）對於核計勞工所得有無低於基本工資，下列敘述何者有誤？ ①僅計入在正常工時內之報酬 ②應計入加班費 ③不計入休假日出勤加給之工資 ④不計入競賽獎金。

2. （3）下列何者之工資日數得列入計算平均工資？ ①請事假期間 ②職災醫療期間 ③發生計算事由之前 6 個月 ④放無薪假期間 。

3. （1）下列何者，非屬法定之勞工？ ①委任之經理人 ②被派遣之工作者 ③部分工時之工作者 ④受薪之工讀生 。

4. （4）以下對於「例假」之敘述，何者有誤？ ①每 7 日應休息 1 日 ②工資照給 ③出勤時，工資加倍及補休 ④須給假，不必給工資 。

5. （4）勞動基準法第 84 條之 1 規定之工作者，因工作性質特殊，就其工作時間，下列何者正確？ ①完全不受限制 ②無例假與休假 ③不另給予延時工資 ④ 勞雇間應有合理協商彈性 。

6. （3）依勞動基準法規定，雇主應置備勞工工資清冊並應保存幾年？ ① 1 年 ② 2 年 ③ 5 年 ④ 10 年 。

7. （4）事業單位僱用勞工多少人以上者，應依勞動基準法規定訂立工作規則？ ① 200 人 ② 100 人 ③ 50 人 ④ 30 人 。

8. （3）依勞動基準法規定，雇主延長勞工之工作時間連同正常工作時間，每日不得超過多少小時？ ① 10 ② 11 ③ 12 ④ 15 。

9. （4）依勞動基準法規定，下列何者屬不定期契約？ ①臨時性或短期性的工作 ② 季節性的工作 ③特定性的工作 ④有繼續性的工作 。

10. （1）事業單位勞動場所發生死亡職業災害時，雇主應於多少小時內通報勞動檢查機構？ ① 8 ② 12 ③ 24 ④ 48 。

11. （1）事業單位之勞工代表如何產生？ ①由企業工會推派之 ②由產業工會推派之 ③由勞資雙方協議推派之 ④由勞工輪流擔任之 。

12. （4）職業安全衛生法所稱有母性健康危害之虞之工作，不包括下列何種工作型態？①長時間站立姿勢作業 ②人力提舉、搬運及推拉重物 ③輪班及夜間工作 ④駕駛運輸車輛 。

13. （1）職業安全衛生法之立法意旨為保障工作者安全與健康，防止下列何種災害？①職業災害 ②交通災害 ③公共災害 ④天然災害 。

14. （3）依職業安全衛生法施行細則規定，下列何者非屬特別危害健康之作業？ ① 噪音作業 ②游離輻射作業 ③會計作業 ④粉塵作業 。

15. （3）從事於易踏穿材料構築之屋頂修繕作業時，應有何種作業主管在場執行主管業務？ ①施工架組配 ②擋土支撐組配 ③屋頂 ④模板支撐 。

16. （1）對於職業災害之受領補償規定，下列敘述何者正確？ ①受領補償權，自得受領

之日起，因 2 年間不行使而消滅 ②勞工若離職將喪失受領補償 ③勞工得將受領補償權讓與、抵銷、扣押或擔保 ④須視雇主確有過失責任，勞工方具有受領補償權 。

17.（4）以下對於「工讀生」之敘述，何者正確？ ①工資不得低於基本工資 80%②屬短期工作者，加班只能補休 ③每日正常工作時間不得少於 8 小時 ④國定假日出勤，工資加倍發給 。

18.（3）經勞動部核定公告為勞動基準法第 84 條之 1 規定之工作者，得由勞雇雙方另行約定之勞動條件，事業單位仍應報請下列哪個機關核備？ ①勞動檢查機構 ②勞動部 ③當地主管機關 ④法院公證處 。

19.（3）勞工工作時右手嚴重受傷，住院醫療期間公司應按下列何者給予職業災害補償？ ①前 6 個月平均工資 ②前 1 年平均工資 ③原領工資 ④基本工資 。

20.（2）勞工在何種情況下，雇主得不經預告終止勞動契約？ ①確定被法院判刑 6 個月以內並諭知緩刑超過 1 年以上者 ②不服指揮對雇主暴力相向者 ③經常遲到早退者 ④非連續曠工但 1 個月內累計達 3 日以上者 。

21.（3）對於吹哨者保護規定，下列敘述何者有誤？ ①事業單位不得對勞工申訴人終止勞動契約 ②勞動檢查機構受理勞工申訴必須保密 ③為實施勞動檢查，必要時得告知事業單位有關勞工申訴人身分 ④任何情況下，事業單位都不得有不利勞工申訴人之行為 。

22.（4）勞工發生死亡職業災害時，雇主應經以下何單位之許可，方得移動或破壞現場？ ①保險公司 ②調解委員會 ③法律輔助機構 ④勞動檢查機構 。

23.（4）職業安全衛生法所稱有母性健康危害之虞之工作，係指對於具生育能力之女性勞工從事工作，可能會導致的一些影響。下列何者除外？ ①胚胎發育 ② 妊娠期間之母體健康 ③哺乳期間之幼兒健康 ④經期紊亂 。

24.（3）下列何者非屬職業安全衛生法規定之勞工法定義務？ ①定期接受健康檢查 ②參加安全衛生教育訓練 ③實施自動檢查 ④遵守安全衛生工作守則 。

25.（2）下列何者非屬應對在職勞工施行之健康檢查？ ①一般健康檢查 ②體格檢查 ③特殊健康檢查 ④特定對象及特定項目之檢查 。

26.（4）下列何者非為防範有害物食入之方法？ ①有害物與食物隔離 ②不在工作場所進食或飲水 ③常洗手、漱口 ④穿工作服 。

27.（1）有關承攬管理責任，下列敘述何者正確？ ①原事業單位交付廠商承攬，如不幸發生承攬廠商所僱勞工墜落致死職業災害，原事業單位應與承攬廠商負連帶補償責任 ②原事業單位交付承攬，不需負連帶補償責任 ③承攬廠商應自負職業災害之賠償責任 ④勞工投保單位即為職業災害之賠償單位 。

28.（4）依勞動基準法規定，主管機關或檢查機構於接獲勞工申訴事業單位違反本法及其他勞工法令規定後，應為必要之調查，並於幾日內將處理情形，以書面通知勞工？ ① 14 ② 20 ③ 30 ④ 60 。

29.（4）依職業安全衛生教育訓練規則規定，新僱勞工所接受之一般安全衛生教育訓練，不得少於幾小時？ ① 0.5 ② 1 ③ 2 ④ 3 。

30. （2）職業災害勞工保護法之立法目的為保障職業災害勞工之權益，以加強下列何者之預防？ ①公害 ②職業災害 ③交通事故 ④環境汙染 。

31. （3）我國中央勞工行政主管機關為下列何者？ ①內政部 ②勞工保險局 ③勞動部 ④經濟部 。

32. （4）對於勞動部公告列入應實施型式驗證之機械、設備或器具，下列何種情形不得免驗證？ ①依其他法律規定實施驗證者 ②供國防軍事用途使用者 ③輸入僅供科技研發之專用機 ④輸入僅供收藏使用之限量品 。

33. （4）對於墜落危險之預防設施，下列敘述何者較為妥適？ ①在外牆施工架等高處作業應盡量使用繫腰式安全帶 ②安全帶應確實配掛在低於足下之堅固點 ③高度 2m 以上之邊緣之開口部分處應圍起警示帶 ④高度 2m 以上之開口處應設護欄或安全網 。

34. （3）下列對於感電電流流過人體的現象之敘述何者有誤？ ①痛覺 ②強烈痙攣 ③血壓降低、呼吸急促、精神亢奮 ④顏面、手腳燒傷 。

35. （2）下列何者非屬於容易發生墜落災害的作業場所？ ①施工架 ②廚房 ③屋頂 ④梯子、合梯 。

36. （1）下列何者非屬危險物儲存場所應採取之火災爆炸預防措施？ ①使用工業用電風扇 ②裝設可燃性氣體偵測裝置 ③使用防爆電氣設備 ④標示「嚴禁煙火」。

37. （3）雇主於臨時用電設備加裝漏電斷路器，可避免下列何種災害發生？ ①墜落 ②物體倒塌；崩塌 ③感電 ④被撞 。

38. （3）雇主要求確實管制人員不得進入吊舉物下方，可避免下列何種災害發生？ ①感電 ②墜落 ③物體飛落 ④被撞 。

39. （1）職業上危害因子所引起的勞工疾病，稱為何種疾病？ ①職業疾病 ②法定傳染病 ③流行性疾病 ④遺傳性疾病 。

40. （4）事業招人承攬時，其承攬人就承攬部分負雇主之責任，原事業單位就職業災害補償部分之責任為何？ ①視職業災害原因判定是否補償 ②依工程性質決定責任 ③依承攬契約決定責任 ④仍應與承攬人負連帶責任 。

41. （2）預防職業病最根本的措施為何？ ①實施特殊健康檢查 ②實施作業環境改善 ③實施定期健康檢查 ④實施僱用前體格檢查 。

42. （1）以下為假設性情境：「在地下室作業，當通風換氣充分時，則不易發生一氧化碳中毒或缺氧危害」，請問「通風換氣充分」係指「一氧化碳中毒或缺氧危害」之何種描述？ ①風險控制方法 ②發生機率 ③危害源 ④風險 。

43. （1）勞工為節省時間，在未斷電情況下清理機臺，易發生哪種危害？ ①捲夾感電 ②缺氧 ③墜落 ④崩塌 。

44. （2）工作場所化學性有害物進入人體最常見路徑為下列何者？ ①口腔 ②呼吸道 ③皮膚 ④眼睛 。

45. （3）於營造工地潮濕場所中使用電動機具，為防止感電危害，應於該電路設置何種安全裝置？ ①閉關箱 ②自動電擊防止裝置 ③高感度高速型漏電斷路器 ④高容量保險絲 。

46. （3）活線作業勞工應佩戴何種防護手套？ ①棉紗手套 ②耐熱手套 ③絕緣手套 ④防振手套 。

47. （4）下列何者非屬電氣災害類型？ ①電弧灼傷 ②電氣火災 ③靜電危害 ④雷電閃爍 。

48. （3）下列何者非屬電氣之絕緣材料？ ①空氣 ②氟、氯、烷 ③漂白水 ④絕緣油 。

49. （3）下列何者非屬於工作場所作業會發生墜落災害的潛在危害因子？ ①開口未設置護欄 ②未設置安全之上下設備 ③未確實戴安全帽 ④屋頂開口下方未張掛安全網。

50. （4）我國職業災害勞工保護法，適用之對象為何？ ①未投保健康保險之勞工 ②未參加團體保險之勞工 ③失業勞工 ④未加入勞工保險而遭遇職業災害之勞工 。

51. （2）在噪音防治之對策中，從下列哪一方面著手最為有效？ ①偵測儀器 ②噪音源 ③傳播途徑 ④個人防護具 。

52. （4）勞工於室外高氣溫作業環境工作，可能對身體產生熱危害，以下何者為非？ ①熱衰竭 ②中暑 ③熱痙攣 ④痛風 。

53. （2）勞動場所發生職業災害，災害搶救中第一要務為何？ ①搶救材料減少損失 ②搶救罹災勞工迅速送醫 ③災害場所持續工作減少損失 ④ 24 小時內通報勞動檢查機構 。

54. （3）以下何者是消除職業病發生率之源頭管理對策？ ①使用個人防護具 ②健康檢查 ③改善作業環境 ④多運動 。

55. （1）下列何者非為職業病預防之危害因子？ ①遺傳性疾病 ②物理性危害 ③人因工程危害 ④化學性危害 。

56. （3）對於染有油污之破布、紙屑等應如何處置？ ①與一般廢棄物一起處置 ②應分類置於回收桶內 ③應蓋藏於不燃性之容器內 ④無特別規定，以方便丟棄即可 。

57. （3）下列何者非屬使用合梯，應符合之規定？ ①合梯應具有堅固之構造 ②合梯材質不得有顯著之損傷、腐蝕等 ③梯腳與地面之角度應在 80 度以上 ④有安全之防滑梯面 。

58. （4）下列何者非屬勞工從事電氣工作，應符合之規定？ ①使其使用電工安全帽 ②穿戴絕緣防護具 ③停電作業應檢電掛接地 ④穿戴棉質手套絕緣 。

59. （3）為防止勞工感電，下列何者為非？ ①使用防水插頭 ②避免不當延長接線 ③設備有金屬外殼保護即可免裝漏電斷路器 ④電線架高或加以防護 。

60. （3）電氣設備接地之目的為何？ ①防止電弧產生 ②防止短路發生 ③防止人員感電 ④防止電阻增加。

61. （2）不當抬舉導致肌肉骨骼傷害，或工作點 / 坐具高度不適導致肌肉疲勞之現象，可稱之為下列何者？ ①感電事件 ②不當動作 ③不安全環境 ④被撞事件。

62. （3）使用鑽孔機時，不應使用下列何護具？ ①耳塞 ②防塵口罩 ③棉紗手套 ④護目鏡。

63. （1）腕道症候群常發生於下列何種作業？ ①電腦鍵盤作業 ②潛水作業 ③堆高機作業 ④第一種壓力容器作業。

64. （3）若廢機油引起火災，最不應以下列何者滅火？ ①厚棉被 ②砂土 ③水 ④乾粉滅火器 。

65. （1）對於化學燒傷傷患的一般處理原則，下列何者正確？ ①立即用大量清水沖洗 ②傷患必須臥下，而且頭、胸部須高於身體其他部位 ③於燒傷處塗抹油膏、油脂或發酵粉 ④使用酸鹼中和 。

66. （2）下列何者屬安全的行為？ ①不適當之支撐或防護 ②使用防護具 ③不適當之警告裝置 ④有缺陷的設備 。

67. （4）下列何者非屬防止搬運事故之一般原則？ ①以機械代替人力 ②以機動車輛搬運 ③採取適當之搬運方法 ④儘量增加搬運距離 。

68. （3）對於脊柱或頸部受傷患者，下列何者不是適當的處理原則？ ①不輕易移動傷患 ②速請醫師 ③如無合用的器材，需2人作徒手搬運 ④向急救中心聯絡。

69. （3）防止噪音危害之治本對策為 ①使用耳塞、耳罩 ②實施職業安全衛生教育訓練 ③消除發生源 ④實施特殊健康檢查 。

70. （1）進出電梯時應以下列何者為宜？ ①裡面的人先出，外面的人再進入 ②外面的人先進去，裡面的人才出來 ③可同時進出 ④爭先恐後無妨 。

71. （1）安全帽承受巨大外力衝擊後，雖外觀良好，應採下列何種處理方式？ ①廢棄 ②繼續使用 ③送修 ④油漆保護 。

72. （4）下列何者可做為電器線路過電流保護之用？ ①變壓器 ②電阻器 ③避雷器 ④熔絲斷路器 。

73. （2）因舉重而扭腰係由於身體動作不自然姿勢，動作之反彈，引起扭筋、扭腰及形成類似狀態造成職業災害，其災害類型為下列何者？ ①不當狀態 ②不當動作 ③不當方針 ④不當設備 。

74. （3）下列有關工作場所安全衛生之敘述何者有誤？ ①對於勞工從事其身體或衣著有被污染之虞之特殊作業時，應置備該勞工洗眼、洗澡、漱口、更衣、洗濯等設備 ②事業單位應備置足夠急救藥品及器材 ③事業單位應備置足夠的零食自動販賣機 ④勞工應定期接受健康檢查。

75. （2）毒性物質進入人體的途徑，經由那個途徑影響人體健康最快且中毒效應最高？ ①吸入 ②食入 ③皮膚接觸 ④手指觸摸 。

76. （3）安全門或緊急出口平時應維持何狀態？ ①門可上鎖但不可封死 ②保持開門狀態以保持逃生路徑暢通 ③門應關上但不可上鎖 ④與一般進出門相同，視各樓層規定可開可關 。

77. （3）下列何種防護具較能消減噪音對聽力的危害？ ①棉花球 ②耳塞 ③耳罩 ④碎布球。

78. （3）流行病學實證研究顯示，輪班、夜間及長時間工作與心肌梗塞、高血壓、睡眠障礙、憂鬱等的罹病風險之相關性一般為何？ ①無 ②負 ③正 ④可正可負。

79. （2）勞工若面臨長期工作負荷壓力及工作疲勞累積，沒有獲得適當休息及充足睡眠，便可能影響體能及精神狀態，甚而較易促發下列何種疾病？ ①皮膚癌 ②腦心血管疾病 ③多發性神經病變 ④肺水腫 。

80. （2）「勞工腦心血管疾病發病的風險與年齡、吸菸、總膽固醇數值、家族病史、生活型態、心臟方面疾病」之相關性為何？ ①無 ②正 ③負 ④可正可負 。

81. （2）勞工常處於高溫及低溫間交替暴露的情況、或常在有明顯溫差之場所間出入，對勞工的生（心）理工作負荷之影響一般為何？ ①無 ②增加 ③減少 ④不一定 。

82. （3）「感覺心力交瘁，感覺挫折，而且上班時都很難熬」此現象與下列何者較不相關？ ①可能已經快被工作累垮了 ②工作相關過勞程度可能嚴重 ③工作相關過勞程度輕微 ④可能需要尋找專業人員諮詢 。

83. （3）下列何者不屬於職場暴力？ ①肢體暴力 ②語言暴力 ③家庭暴力 ④性騷擾 。

84. （4）職場內部常見之身體或精神不法侵害不包含下列何者？ ①脅迫、名譽損毀、侮辱、嚴重辱罵勞工 ②強求勞工執行業務上明顯不必要或不可能之工作 ③過度介入勞工私人事宜 ④使勞工執行與能力、經驗相符的工作 。

85. （1）勞工服務對象若屬特殊高風險族群，如酗酒、藥癮、心理疾患或家暴者，則此勞工較易遭受下列何種危害？ ①身體或心理不法侵害 ②中樞神經系統退化 ③聽力損失 ④白指症 。

86. （3）下列何種措施較可避免工作單調重複或負荷過重？ ①連續夜班 ②工時過長 ③排班保有規律性 ④經常性加班 。

87. （3）一般而言下列何者不屬對孕婦有危害之作業或場所？ ①經常搬抬物件上下階梯或梯架 ②暴露游離輻射 ③工作區域地面平坦、未濕滑且無未固定之線路 ④經常變換高低位之工作姿勢 。

88. （3）長時間電腦終端機作業較不易產生下列何狀況？ ①眼睛乾澀 ②頸肩部僵硬不適 ③體溫、心跳和血壓之變化幅度比較大 ④腕道症候群 。

89. （1）減輕皮膚燒傷程度之最重要步驟為何？ ①儘速用清水沖洗 ②立即刺破水泡 ③立即在燒傷處塗抹油脂 ④在燒傷處塗抹麵粉 。

90. （3）眼內噴入化學物或其他異物，應立即使用下列何者沖洗眼睛？ ①牛奶 ②蘇打水 ③清水 ④稀釋的醋 。

91. （3）石綿最可能引起下列何種疾病？ ①白指症 ②心臟病 ③間皮細胞瘤 ④巴金森氏症。

92. （2）作業場所高頻率噪音較易導致下列何種症狀？ ①失眠 ②聽力損失 ③肺部疾病 ④腕道症候群 。

93. （2）下列何種患者不宜從事高溫作業？ ①近視 ②心臟病 ③遠視 ④重聽 。

94. （2）廚房設置之排油煙機為下列何者？ ①整體換氣裝置 ②局部排氣裝置 ③吹吸型換氣裝置 ④排氣煙囪 。

95. （3）消除靜電的有效方法為下列何者？ ①隔離 ②摩擦 ③接地 ④絕緣 。

96. （4）防塵口罩選用原則，下列敘述何者有誤？ ①捕集效率愈高愈好 ②吸氣阻抗愈低愈好 ③重量愈輕愈好 ④視野愈小愈好 。

97. （3）「勞工於職場上遭受主管或同事利用職務或地位上的優勢予以不當之對待，及遭受顧客、服務對象或其他相關人士之肢體攻擊、言語侮辱、恐嚇、威脅等霸凌或

暴力事件，致發生精神或身體上的傷害」此等危害可歸類於下列何種職業危害？
①物理性 ②化學性 ③社會心理性 ④生物性 。

98. （1）有關高風險或高負荷、夜間工作之安排或防護措施，下列何者不恰當？ ①若受
威脅或加害時，在加害人離開前觸動警報系統，激怒加害人，使對方抓狂 ②參
照醫師之適性配工建議 ③考量人力或性別之適任性 ④獨自作業，宜考量潛在危
害，如性暴力 。

99. （2）若勞工工作性質需與陌生人接觸、工作中需處理不可預期的突發事件或工作場所
治安狀況較差，較容易遭遇下列何種危害？ ①組織內部不法侵害 ②組織外部不
法侵害 ③多發性神經病變 ④潛涵症 。

100.（3）以下何者不是發生電氣火災的主要原因？ ①電器接點短路 ②電氣火花 ③電纜
線置於地上 ④漏電 。

90007 工作倫理與職業道德共同科目

工作項目 02：工作倫理與職業道德

---

1. （3）請問下列何者「不是」個人資料保護法所定義的個人資料？ ①身分證號碼 ②最
高學歷 ③綽號 ④護照號碼 。

2. （4）下列何者「違反」個人資料保護法？ ①公司基於人事管理之特定目的，張貼榮
譽榜揭示績優員工姓名 ②縣市政府提供村里長轄區內符合資格之老人名冊供發
放敬老金 ③網路購物公司為辦理退貨，將客戶之住家地址提供予宅配公司 ④學
校將應屆畢業生之住家地址提供補習班招生使用 。

3. （1）非公務機關利用個人資料進行行銷時，下列敘述何者「錯誤」？ ①若已取得當
事人書面同意，當事人即不得拒絕利用其個人資料行銷 ②於首次行銷時，應提
供當事人表示拒絕行銷之方式 ③當事人表示拒絕接受行銷時，應停止利用其個
人資料 ④倘非公務機關違反「應即停止利用其個人資料行銷」之義務，未於限
期內改正者，按次處新臺幣 2 萬元以上 20 萬元以下罰鍰 。

4. （4）個人資料保護法為保護當事人權益，多少位以上的當事人提出告訴，就可以進行
團體訴訟： ①5 人 ②10 人 ③15 人 ④20 人 。

5. （2）關於個人資料保護法之敘述，下列何者「錯誤」？ ①公務機關執行法定職務必
要範圍內，可以蒐集、處理或利用一般性個人資料 ②間接蒐集之個人資料，於
處理或利用前，不必告知當事人個人資料來源 ③非公務機關亦應維護個人資料
之正確，並主動或依當事人之請求更正或補充 ④外國學生在臺灣短期進修或留
學，也受到我國個人資料保護法的保障 。

6. （2）下列關於個人資料保護法的敘述，下列敘述何者錯誤？ ①不管是否使用電腦處理的個人資料，都受個人資料保護法保護 ②公務機關依法執行公權力，不受個人資料保護法規範 ③身分證字號、婚姻、指紋都是個人資料 ④我的病歷資料雖然是由醫生所撰寫，但也屬於是我的個人資料範圍 。

7. （3）對於依照個人資料保護法應告知之事項，下列何者不在法定應告知的事項內？ ①個人資料利用之期間、地區、對象及方式 ②蒐集之目的 ③蒐集機關的負責人姓名 ④如拒絕提供或提供不正確個人資料將造成之影響 。

8. （2）請問下列何者非為個人資料保護法第 3 條所規範之當事人權利？ ①查詢或請求閱覽 ②請求刪除他人之資料 ③請求補充或更正 ④請求停止蒐集、處理或利用 。

9. （4）下列何者非安全使用電腦內的個人資料檔案的做法？ ①利用帳號與密碼登入機制來管理可以存取個資者的人 ②規範不同人員可讀取的個人資料檔案範圍 ③個人資料檔案使用完畢後立即退出應用程式，不得留置於電腦中 ④為確保重要的個人資料可即時取得，將登入密碼標示在螢幕下方 。

10. （1）下列何者行為非屬個人資料保護法所稱之國際傳輸？ ①將個人資料傳送給經濟部 ②將個人資料傳送給美國的分公司 ③將個人資料傳送給法國的人事部門 ④將個人資料傳送給日本的委託公司 。

11. （1）有關專利權的敘述，何者正確？ ①專利有規定保護年限，當某商品、技術的專利保護年限屆滿，任何人皆可運用該項專利 ②我發明了某項商品，卻被他人率先申請專利權，我仍可主張擁有這項商品的專利權 ③專利權可涵蓋、保護抽象的概念性商品 ④專利權為世界所共有，在本國申請專利之商品進軍國外，不需向他國申請專利權 。

12. （4）下列使用重製行為，何者已超出「合理使用」範圍？ ①將著作權人之作品及資訊，下載供自己使用 ②直接轉貼高普考考古題在 FACEBOOK ③以分享網址的方式轉貼資訊分享於 BBS ④將講師的授課內容錄音供分贈友人 。

13. （1）下列有關智慧財產權行為之敘述，何者有誤？ ①製造、販售仿冒註冊商標的商品不屬於公訴罪之範疇，但已侵害商標權之行為 ②以 101 大樓、美麗華百貨公司做為拍攝電影的背景，屬於合理使用的範圍 ③原作者自行創作某音樂作品後，即可宣稱擁有該作品之著作權 ④著作權是為促進文化發展為目的，所保護的財產權之一 。

14. （2）專利權又可區分為發明、新型與設計三種專利權，其中發明專利權是否有保護期限？期限為何？ ①有，5 年 ②有，20 年 ③有，50 年 ④無期限，只要申請後就永久歸申請人所有 。

15. （1）下列有關著作權之概念，何者正確？ ①國外學者之著作，可受我國著作權法的保護 ②公務機關所函頒之公文，受我國著作權法的保護 ③著作權要待向智慧財產權申請通過後才可主張 ④以傳達事實之新聞報導，依然受著作權之保障 。

16. （2）受雇人於職務上所完成之著作，如果沒有特別以契約約定，其著作人為下列何者？ ①雇用人 ②受雇人 ③雇用公司或機關法人代表 ④由雇用人指定之自然人或法人 。

17. （1）任職於某公司的程式設計工程師，因職務所編寫之電腦程式，如果沒有特別以契約約定，則該電腦程式重製之權利歸屬下列何者？ ①公司 ②編寫程式之工程師 ③公司全體股東共有 ④公司與編寫程式之工程師共有 。

18. （3）某公司員工因執行業務，擅自以重製之方法侵害他人之著作財產權，若被害人提起告訴，下列對於處罰對象的敘述，何者正確？ ①僅處罰侵犯他人著作財產權之員工 ②僅處罰雇用該名員工的公司 ③該名員工及其雇主皆須受罰 ④員工只要在從事侵犯他人著作財產權之行為前請示雇主並獲同意，便可以不受處罰 。

19. （1）某廠商之商標在我國已經獲准註冊，請問若希望將商品行銷販賣到國外，請問是否需在當地申請註冊才能受到保護？ ①是，因為商標權註冊採取屬地保護原則 ②否，因為我國申請註冊之商標權在國外也會受到承認 ③不一定，需視我國是否與商品希望行銷販賣的國家訂有相互商標承認之協定 ④ 不一定，需視商品希望行銷販賣的國家是否為 WTO 會員國 。

20. （1）受雇人於職務上所完成之發明、新型或設計，其專利申請權及專利權如未特別約定屬於下列何者？ ①雇用人 ②受雇人 ③雇用人所指定之自然人或法人 ④雇用人與受雇人共有 。

21. （4）任職大發公司的郝聰明，專門從事技術研發，有關研發技術的專利申請權及專利權歸屬，下列敘述何者錯誤？ ①職務上所完成的發明，除契約另有約定外，專利申請權及專利權屬於大發公司 ②職務上所完成的發明，雖然專利申請權及專利權屬於大發公司，但是郝聰明享有姓名表示權 ③郝聰明完成非職務上的發明，應即以書面通知大發公司 ④大發公司與郝聰明之雇傭契約約定，郝聰明非職務上的發明，全部屬於公司，約定有效。

22. （3）有關著作權的下列敘述何者錯誤？ ①我們到表演場所觀看表演時，不可隨便錄音或錄影 ②到攝影展上，拿相機拍攝展示的作品，分贈給朋友，是侵害著作權的行為 ③網路上供人下載的免費軟體，都不受著作權法保護，所以我可以燒成大補帖光碟，再去賣給別人 ④高普考試題，不受著作權法保護 。

23. （3）有關著作權的下列敘述何者錯誤？ ①撰寫碩博士論文時，在合理範圍內引用他人的著作，只要註明出處，不會構成侵害著作權 ②在網路散布盜版光碟，不管有沒有營利，會構成侵害著作權 ③在網路的部落格看到一篇文章很棒，只要註明出處，就可以把文章複製在自己的部落格 ④將補習班老師的上課內容錄音檔，放到網路上拍賣，會構成侵害著作權。

24. （4）有關商標權的下列敘述何者錯誤？ ①要取得商標權一定要申請商標註冊 ②商標註冊後可取得 10 年商標權 ③商標註冊後，3 年不使用，會被廢止商標權 ④在夜市買的仿冒品，品質不好，上網拍賣，不會構成侵權 。

25. （1）下列關於營業秘密的敘述，何者不正確？ ①受雇人於非職務上研究或開發之營業秘密，仍歸雇用人所有 ②營業秘密不得為質權及強制執行之標的 ③營業秘密所有人得授權他人使用其營業秘密 ④營業秘密得全部或部分讓與他人或與他人共有 。

26. （1）下列何者「非」屬於營業秘密？ ①具廣告性質的不動產交易底價 ②須授權取得之產品設計或開發流程圖示 ③公司內部管制的各種計畫方案 ④客戶名單 。

27.（3）營業秘密可分為「技術機密」與「商業機密」，下列何者屬於「商業機密」？①程式 ②設計圖 ③客戶名單 ④生產製程 。

28.（1）甲公司將其新開發受營業秘密法保護之技術，授權乙公司使用，下列何者不得為之？ ①乙公司已獲授權，所以可以未經甲公司同意，再授權丙公司使用 ②約定授權使用限於一定之地域、時間 ③約定授權使用限於特定之內容、一定之使用方法 ④要求被授權人乙公司在一定期間負有保密義務 。

29.（3）甲公司嚴格保密之最新配方產品大賣，下列何者侵害甲公司之營業秘密？①鑑定人 A 因司法審理而知悉配方 ②甲公司授權乙公司使用其配方 ③甲公司之 B 員工擅自將配方盜賣給乙公司 ④甲公司與乙公司協議共有配方 。

30.（3）故意侵害他人之營業秘密，法院因被害人之請求，最高得酌定損害額幾倍之賠償？ ①1 倍 ②2 倍 ③3 倍 ④4 倍 。

31.（4）受雇者因承辦業務而知悉營業秘密，在離職後對於該營業秘密的處理方式，下列敘述何者正確？ ①聘雇關係解除後便不再負有保障營業秘密之責 ②僅能自用而不得販售獲取利益 ③自離職日起 3 年後便不再負有保障營業秘密之責 ④離職後仍不得洩漏該營業秘密 。

32.（3）按照現行法律規定，侵害他人營業秘密，其法律責任為： ①僅需負刑事責任 ②僅需負民事損害賠償責任 ③刑事責任與民事損害賠償責任皆須負擔 ④ 刑事責任與民事損害賠償責任皆不須負擔 。

33.（3）企業內部之營業秘密，可以概分為「商業性營業秘密」及「技術性營業秘密」二大類型，請問下列何者屬於「技術性營業秘密」？ ①人事管理 ②經銷據點 ③產品配方 ④客戶名單 。

34.（3）某離職同事請求在職員工將離職前所製作之某份文件傳送給他，請問下列回應方式何者正確？①由於該項文件係由該離職員工製作，因此可以傳送文件 ②若其目的僅為保留檔案備份，便可以傳送文件 ③可能構成對於營業秘密之侵害，應予拒絕並請他直接向公司提出請求 ④視彼此交情決定是否傳送文件 。

35.（1）行為人以竊取等不正當方法取得營業秘密，下列敘述何者正確？①已構成犯罪 ②只要後續沒有洩漏便不構成犯罪 ③只要後續沒有出現使用之行為便不構成犯罪 ④只要後續沒有造成所有人之損害便不構成犯罪 。

36.（3）針對在我國境內竊取營業秘密後，意圖在外國、中國大陸或港澳地區使用者，營業秘密法是否可以適用？①無法適用 ②可以適用，但若屬未遂犯則不罰 ③可以適用並加重其刑 ④能否適用需視該國家或地區與我國是否簽訂相互保護營業秘密之條約或協定 。

37.（4）所謂營業秘密，係指方法、技術、製程、配方、程式、設計或其他可用於生產、銷售或經營之資訊，但其保障所需符合的要件不包括下列何者？①因其秘密性而具有實際之經濟價值者 ②所有人已採取合理之保密措施者 ③因其秘密性而具有潛在之經濟價值者 ④一般涉及該類資訊之人所知者 。

38.（1）因故意或過失而不法侵害他人之營業秘密者，負損害賠償責任該損害賠償之請求權，自請求權人知有行為及賠償義務人時起，幾年間不行使就會消滅？ ①2 年 ②5 年 ③7 年 ④10 年 。

39. （1）公務機關首長要求人事單位聘僱自己的弟弟擔任工友，違反何種法令？ ① 公職人員利益衝突迴避法 ②刑法 ③貪污治罪條例 ④未違反法令 。

40. （4）依新修公布之公職人員利益衝突迴避法（以下簡稱本法）規定，公職人員甲與其關係人下列何種行為不違反本法？ ①甲要求受其監督之機關聘用兒子乙 ②配偶乙以請託關說之方式，請求甲之服務機關通過其名下農地變更使用申請案 ③甲承辦案件時，明知有利益衝突之情事，但因自認為人公正，故不自行迴避 ④關係人丁經政府採購法公告程序取得甲服務機關之年度採購標案 。

41. （1）公司負責人為了要節省開銷，將員工薪資以高報低來投保全民健保及勞保，是觸犯了刑法上之何種罪刑？ ①詐欺罪 ②侵占罪 ③背信罪 ④工商秘密罪 。

42. （2）A受僱於公司擔任會計，因自己的財務陷入危機，多次將公司帳款轉入妻兒戶頭，是觸犯了刑法上之何種罪刑？ ①洩漏工商秘密罪 ②侵占罪 ③詐欺罪 ④偽造文書罪 。

43. （3）某甲於公司擔任業務經理時，未依規定經董事會同意，私自與自己親友之公司訂定生意合約，會觸犯下列何種罪刑？ ①侵占罪 ②貪污罪 ③背信罪 ④詐欺罪 。

44. （1）如果你擔任公司採購的職務，親朋好友們會向你推銷自家的產品，希望你要採購時，你應該 ①適時地婉拒，說明利益需要迴避的考量，請他們見諒 ②既然是親朋好友，就應該互相幫忙 ③建議親朋好友將產品折扣，折扣部分歸於自己，就會採購 ④可以暗中地幫忙親朋好友，進行採購，不要被發現有親友關係便可 。

45. （3）小美是公司的業務經理，有一天巧遇國中同班的死黨小林，發現他是公司的下游廠商老闆。最近小美處理一件公司的招標案件，小林的公司也在其中，私下約小美見面，請求她提供這次招標案的底標，並馬上要給予幾十萬元的前謝金，請問小美該怎麼辦？ ①退回錢，並告訴小林都是老朋友，一定會全力幫忙 ②收下錢，將錢拿出來給單位同事們分紅 ③應該堅決拒絕，並避免每次見面都與小林談論相關業務問題 ④朋友一場，給他一個比較接近底標的金額，反正又不是正確的，所以沒關係 。

46. （3）公司發給每人一台平板電腦提供業務上使用，但是發現根本很少在使用，為了讓它有效的利用，所以將它拿回家給親人使用，這樣的行為是 ①可以的，這樣就不用花錢買 ②可以的，因為，反正如果放在那裡不用它，是浪費資源的 ③不可以的，因為這是公司的財產，不能私用 ④不可以的，因為使用年限未到，如果年限到報廢了，便可以拿回家 。

47. （3）公司的車子，假日又沒人使用，你是鑰匙保管者，請問假日可以開出去嗎？ ①可以，只要付費加油即可 ②可以，反正假日不影響公務 ③不可以，因為是公司的，並非私人擁有 ④不可以，應該是讓公司想要使用的員工，輪流使用才可 。

48. （4）阿哲是財經線的新聞記者，某次採訪中得知 A 公司在一個月內將有一個大的併購案，這個併購案顯示公司的財力，且能讓 A 公司股價往上飆升。請問阿哲得知此消息後，可以立刻購買該公司的股票嗎？ ①可以，有錢大家賺 ② 可以，這是我努力獲得的消息 ③可以，不賺白不賺 ④不可以，屬於內線消息，必須保持記者之操守，不得洩漏 。

49. （4）與公務機關接洽業務時，下列敘述何者「正確」？ ①沒有要求公務員違背職務，花錢疏通而已，並不違法 ②唆使公務機關承辦採購人員配合浮報價額，僅屬偽造文書行為 ③口頭允諾行賄金額但還沒送錢，尚不構成犯罪 ④ 與公務員同謀之共犯，即便不具公務員身分，仍會依據貪污治罪條例處刑 。

50. （3）公司總務部門員工因辦理政府採購案，而與公務機關人員有互動時，下列敘述何者「正確」？ ①對於機關承辦人，經常給予不超過新台幣 5 佰元以下的好處，無論有無對價關係，對方收受皆符合廉政倫理規範 ②招待驗收人員至餐廳用餐，是慣例屬社交禮貌行為 ③因民俗節慶公開舉辦之活動，機關公務員在簽准後可受邀參與 ④以借貸名義，餽贈財物予公務員，即可規避刑事追究 。

51. （1）與公務機關有業務往來構成職務利害關係者，下列敘述何者「正確」？ ① 將餽贈之財物請公務員父母代轉，該公務員亦已違反規定 ②與公務機關承辦人飲宴應酬為增進基本關係的必要方法 ③高級茶葉低價售予有利害關係之承辦公務員，有價購行為就不算違反法規 ④機關公務員藉子女婚宴廣邀業務往來廠商之行為，並無不妥 。

52. （4）貪污治罪條例所稱之「賄賂或不正利益」與公務員廉政倫理規範所稱之「餽贈財物」，其最大差異在於下列何者之有無？ ①利害關係 ②補助關係 ③隸屬關係 ④對價關係 。

53. （4）廠商某甲承攬公共工程，工程進行期間，甲與其工程人員經常招待該公共工程委辦機關之監工及驗收之公務員喝花酒或招待出國旅遊，下列敘述何者為對？ ① 公務員若沒有收現金，就沒有罪 ②只要工程沒有問題，某甲與監工及驗收等相關公務員就沒有犯罪 ③因為不是送錢，所以都沒有犯罪 ④某甲與相關公務員均已涉嫌觸犯貪污治罪條例 。

54. （1）行（受）賄罪成立要素之一為具有對價關係，而作為公務員職務之對價有「賄賂」或「不正利益」，下列何者「不」屬於「賄賂」或「不正利益」？ ① 開工邀請公務員觀禮 ②送百貨公司大額禮券 ③免除債務 ④招待吃米其林等級之高檔大餐 。

55. （1）下列關於政府採購人員之敘述，何者為正確？ ①非主動向廠商求取，偶發地收取廠商致贈價值在新臺幣 500 元以下之廣告物、促銷品、紀念品 ②要求廠商提供與採購無關之額外服務 ③利用職務關係向廠商借貸 ④利用職務關係媒介親友至廠商處所任職 。

56. （4）下列有關貪腐的敘述何者錯誤？ ①貪腐會危害永續發展和法治 ②貪腐會破壞民主體制及價值觀 ③貪腐會破壞倫理道德與正義 ④貪腐有助降低企業的經營成本 。

57. （3）下列有關促進參與預防和打擊貪腐的敘述何者錯誤？ ①提高政府決策透明度 ②廉政機構應受理匿名檢舉 ③儘量不讓公民團體、非政府組織與社區組織有參與的機會 ④向社會大眾及學生宣導貪腐「零容忍」觀念 。

58. （4）下列何者不是設置反貪腐專責機構須具備的必要條件？ ①賦予該機構必要的獨立性 ②使該機構的工作人員行使職權不會受到不當干預 ③提供該機構必要的資源、專職工作人員及必要培訓 ④賦予該機構的工作人員有權力可隨時逮捕貪污嫌疑人 。

59. （2）為建立良好之公司治理制度，公司內部宜納入何種檢舉人制度？ ①告訴乃論制度 ②吹哨者（whistleblower）管道及保護制度 ③不告不理制度 ④非告訴乃論制度 。

60. （2）檢舉人向有偵查權機關或政風機構檢舉貪污瀆職，必須於何時為之始可能給與獎金？ ①犯罪未起訴前 ②犯罪未發覺前 ③犯罪未遂前 ④預備犯罪前 。

61. （4）公司訂定誠信經營守則時，不包括下列何者？ ①禁止不誠信行為 ②禁止行賄及收賄 ③禁止提供不法政治獻金 ④禁止適當慈善捐助或贊助 。

62. （3）檢舉人應以何種方式檢舉貪污瀆職始能核給獎金？ ①匿名 ②委託他人檢舉 ③以真實姓名檢舉 ④以他人名義檢舉 。

63. （4）我國制定何種法律以保護刑事案件之證人，使其勇於出面作證，俾利犯罪之偵查、審判？ ①貪污治罪條例 ②刑事訴訟法 ③行政程序法 ④證人保護法 。

64. （1）下列何者「非」屬公司對於企業社會責任實踐之原則？ ①加強個人資料揭露 ②維護社會公益 ③發展永續環境 ④落實公司治理 。

65. （1）下列何者「不」屬於職業素養的範疇？ ①獲利能力 ②正確的職業價值觀 ③職業知識技能 ④良好的職業行為習慣 。

66. （4）下列行為何者「不」屬於敬業精神的表現？ ①遵守時間約定 ②遵守法律規定 ③保守顧客隱私 ④隱匿公司產品瑕疵訊息 。

67. （4）下列何者符合專業人員的職業道德？ ①未經雇主同意，於上班時間從事私人事務 ②利用雇主的機具設備私自接單生產 ③未經顧客同意，任意散佈或利用顧客資料 ④盡力維護雇主及客戶的權益 。

68. （4）身為公司員工必須維護公司利益，下列何者是正確的工作態度或行為？ ① 將公司逾期的產品更改標籤 ②施工時以省時、省料為獲利首要考量，不顧品質 ③服務時首先考慮公司的利益，然後再考量顧客權益 ④工作時謹守本分，以積極態度解決問題 。

69. （3）身為專業技術工作人士，應以何種認知及態度服務客戶？ ①若客戶不瞭解，就盡量減少成本支出，抬高報價 ②遇到維修問題，盡量拖過保固期 ③主動告知可能碰到問題及預防方法 ④隨著個人心情來提供服務的內容及品質 。

70. （2）因為工作本身需要高度專業技術及知識，所以在對客戶服務時應 ①不用理會顧客的意見 ②保持親切、真誠、客戶至上的態度 ③若價錢較低，就敷衍了事 ④以專業機密為由，不用對客戶說明及解釋 。

71. （2）從事專業性工作，在與客戶約定時間應 ①保持彈性，任意調整 ②儘可能準時，依約定時間完成工作 ③能拖就拖，能改就改 ④自己方便就好，不必理會客戶的要求 。

72. （1）從事專業性工作，在服務顧客時應有的態度是 ①選擇最安全、經濟及有效的方法完成工作 ②選擇工時較長、獲利較多的方法服務客戶 ③為了降低成本，可以降低安全標準 ④不必顧及雇主和顧客的立場 。

73. （1）當發現公司的產品可能會對顧客身體產生危害時，正確的作法或行動應是①立即向主管或有關單位報告 ②若無其事，置之不理 ③盡量隱瞞事實，協助掩飾問題 ④透過管道告知媒體或競爭對手 。

74.（4）以下哪一項員工的作為符合敬業精神？ ①利用正常工作時間從事私人事務②運用雇主的資源，從事個人工作 ③未經雇主同意擅離工作崗位 ④謹守職場紀律及禮節，尊重客戶隱私 。

75.（2）如果發現有同事，利用公司的財產做私人的事，我們應該要 ①未經查證或勸阻立即向主管報告 ②應該立即勸阻，告知他這是不對的行為 ③不關我的事，我只要管好自己便可以 ④應該告訴其他同事，讓大家來共同糾正與斥責他 。

76.（2）小禎離開異鄉就業，來到小明的公司上班，小明是當地的人，他應該：①不關他的事，自己管好就好 ②多關心小禎的生活適應情況，如有困難加以協助 ③小禎非當地人，應該不容易相處，不要有太多接觸 ④小禎是同單位的人，是個競爭對手，應該多加防範 。

77.（3）小張獲選為小孩學校的家長會長，這個月要召開會議，沒時間準備資料，所以，利用上班期間有空檔非休息時間來完成，請問是否可以？ ①可以，因為不耽誤他的工作 ②可以，因為他能力好，能夠同時完成很多事 ③不可以，因為這是私事，不可以利用上班時間完成 ④可以，只要不要被發現 。

78.（2）小吳是公司的專用司機，為了能夠隨時用車，經過公司同意，每晚都將公司的車開回家，然而，他發現反正每天上班路線，都要經過女兒學校，就順便載女兒上學，請問可以嗎？①可以，反正順路 ②不可以，這是公司的車不能私用 ③可以，只要不被公司發現即可 ④可以，要資源須有效使用 。

79.（2）如果公司受到不當與不正確的毀謗與指控，你應該是： ①加入毀謗行列，將公司內部的事情，都說出來告訴大家 ②相信公司，幫助公司對抗這些不實的指控 ③向媒體爆料，更多不實的內容 ④不關我的事，只要能夠領到薪水就好 。

80.（3）筱珮要離職了，公司主管交代，她要做業務上的交接，她該怎麼辦？①不用理它，反正都要離開公司了 ②把以前的業務資料都刪除或設密碼，讓別人都打不開 ③應該將承辦業務整理歸檔清楚，並且留下聯絡的方式，未來有問題可以詢問她④盡量交接，如果離職日一到，就不關他的事 。

81.（4）彥江是職場上的新鮮人，剛進公司不久，他應該具備怎樣的態度 ①上班、下班，管好自己便可 ②仔細觀察公司生態，加入某些小團體，以做為後盾③只要做好人脈關係，這樣以後就好辦事 ④努力做好自己職掌的業務，樂於工作，與同事之間有良好的互動，相互協助 。

82.（4）在公司內部行使商務禮儀的過程，主要以參與者在公司中的何種條件來訂定順序①年齡 ②性別 ③社會地位 ④職位 。

83.（1）一位職場新鮮人剛進公司時，良好的工作態度是 ①多觀察、多學習，了解企業文化和價值觀 ②多打聽哪一個部門比較輕鬆，升遷機會較多 ③多探聽哪一個公司在找人，隨時準備跳槽走人④多遊走各部門認識同事，建立自己的小圈圈 。

84.（1）乘坐轎車時，如有司機駕駛，按照乘車禮儀，以司機的方位來看，首位應為①後排右側 ②前座右側 ③後排左側 ④後排中間 。

85.（4）根據性別工作平等法，下列何者非屬職場性騷擾？①公司員工執行職務時，客戶對其講黃色笑話，該員工感覺被冒犯 ②雇主對求職者要求交往，作為雇用與否之交換條件 ③公司員工執行職務時，遭到同事以「女人就是沒大腦」性別歧視

用語加以辱罵，該員工感覺其人格尊嚴受損 ④公司員工下班後搭乘捷運，在捷運上遭到其他乘客偷拍 。

86. （4）根據性別工作平等法，下列何者非屬職場性別歧視？①雇主考量男性賺錢養家之社會期待，提供男性高於女性之薪資 ②雇主考量女性以家庭為重之社會期待，裁員時優先資遣女性 ③雇主事先與員工約定倘其有懷孕之情事，必須離職 ④有未滿 2 歲子女之男性員工，也可申請每日六十分鐘的哺乳時間 。

87. （3）根據性別工作平等法，有關雇主防治性騷擾之責任與罰則，下列何者錯誤？①僱用受僱者 30 人以上者，應訂定性騷擾防治措施、申訴及懲戒辦法 ②雇者知悉性騷擾發生時，應採取立即有效之糾正及補救措施 ③雇主違反應訂定性騷擾防治措施之規定時，處以罰鍰即可，不用公布其姓名 ④雇主違反應訂定性騷擾申訴管道者，應限期令其改善，屆期未改善者，應按次處罰 。

88. （1）根據性騷擾防治法，有關性騷擾之責任與罰則，下列何者錯誤？①對他人為性騷擾者，如果沒有造成他人財產上之損失，就無需負擔金錢賠償之責任②對於因教育、訓練、醫療、公務、業務、求職，受自己監督、照護之人，利用權勢或機會為性騷擾者，得加重科處罰鍰至二分之一 ③意圖性騷擾，乘人不及抗拒而為親吻、擁抱或觸摸其臀部、胸部或其他身體隱私處之行為者，處 2 年以下有期徒刑、拘役或科或併科 10 萬元以下罰金 ④對他人為性騷擾者，由直轄市、縣 (市)主管機關處 1 萬元以上 10 萬元以下罰鍰 。

89. （1）根據消除對婦女一切形式歧視公約 (CEDAW)，下列何者正確？①對婦女的歧視指基於性別而作的任何區別、排斥或限制 ②只關心女性在政治方面的人權和基本自由 ③未要求政府需消除個人或企業對女性的歧視 ④傳統習俗應予保護及傳承，即使含有歧視女性的部分，也不可以改變 。

90. （2）學校駐衛警察之遴選規定以服畢兵役作為遴選條件之一，根據消除對婦女一切形式歧視公約 (CEDAW)，下列何者錯誤？①服畢兵役者仍以男性為主，此條件已排除多數女性被遴選的機會，屬性別歧視 ②此遴選條件未明定限男性，不屬性別歧視 ③駐衛警察之遴選應以從事該工作所需的能力或資格作為條件 ④已違反 CEDAW 第 1 條對婦女的歧視 。

91. （1）某規範明定地政機關進用女性測量助理名額，不得超過該機關測量助理名額總數二分之一，根據消除對婦女一切形式歧視公約 (CEDAW)，下列何者正確？①限制女性測量助理人數比例，屬於直接歧視 ②土地測量經常在戶外工作，基於保護女性所作的限制，不屬性別歧視 ③此項二分之一規定是為促進男女比例平衡 ④此限制是為確保機關業務順暢推動，並未歧視女性 。

92. （4）根據消除對婦女一切形式歧視公約 (CEDAW) 之間接歧視意涵，下列何者錯誤？①一項法律、政策、方案或措施表面上對男性和女性無任何歧視，但實際上卻產生歧視女性的效果 ②察覺間接歧視的一個方法，是善加利用性別統計與性別分析 ③如果未正視歧視之結構和歷史模式，及忽略男女權力關係之不平等，可能使現有不平等狀況更為惡化 ④不論在任何情況下，只要以相同方式對待男性和女性，就能避免間接歧視之產生 。

93. （3）關於菸品對人體的危害的敘述，下列何者「正確」？ ①只要開電風扇、或是空調就可以去除二手菸 ②抽雪茄比抽紙菸危害還要小 ③吸菸者比不吸菸者容易得肺癌 ④只要不將菸吸入肺部，就不會對身體造成傷害 。

94. （4）下列何者「不是」菸害防制法之立法目的？ ①防制菸害 ②保護未成年免於菸害 ③保護孕婦免於菸害 ④促進菸品的使用 。

95. （3）有關菸害防制法規範，「不可販賣菸品」給幾歲以下的人？ ① 20 ② 19 ③ 18 ④ 17 。

96. （1）按菸害防制法規定，對於在禁菸場所吸菸會被罰多少錢？ ①新臺幣 2 千元至 1 萬元罰鍰 ②新臺幣 1 千元至 5 千罰鍰 ③新臺幣 1 萬元至 5 萬元罰鍰 ④新臺幣 2 萬元至 10 萬元罰鍰 。

97. （1）按菸害防制法規定，下列敘述何者錯誤？ ①只有老闆、店員才可以出面勸阻在禁菸場所抽菸的人 ②任何人都可以出面勸阻在禁菸場所抽菸的人 ③餐廳、旅館設置室內吸菸室，需經專業技師簽證核可 ④加油站屬易燃易爆場所，任何人都要勸阻在禁菸場所抽菸的人 。

98. （3）按菸害防制法規定，對於主管每天在辦公室內吸菸，應如何處理？ ①未違反菸害防制法 ②因為是主管，所以只好忍耐 ③撥打菸害申訴專線檢舉（0800 -531-531）④開空氣清淨機，睜一隻眼閉一睜眼 。

99. （4）對電子煙的敘述，何者錯誤？ ①含有尼古丁會成癮 ②會有爆炸危險 ③含有毒致癌物質 ④可以幫助戒菸 。

100. （4）下列何者是錯誤的「戒菸」方式？ ①撥打戒菸專線 0800-63-63-63 ②求助醫療院所、社區藥局專業戒菸 ③參加醫院或衛生所所辦理的戒菸班 ④自己購買電子煙來戒菸 。

90008 環境保護共同科目

工作項目 03：環境保護

1. （1）世界環境日是在每一年的：① 6 月 5 日 ② 4 月 10 日 ③ 3 月 8 日 ④ 11 月 12 日。

2. （3）2015 年巴黎協議之目的為何？ ①避免臭氧層破壞 ②減少持久性污染物排放 ③遏阻全球暖化趨勢 ④生物多樣性保育。

3. （3）下列何者為環境保護的正確作為？ ①多吃肉少蔬食 ②自己開車不共乘 ③鐵馬步行 ④不隨手關燈。

4. （2）下列何種行為對生態環境會造成較大的衝擊？ ①植種原生樹木 ②引進外來物種 ③設立國家公園 ④設立自然保護區。

5. （2）下列哪一種飲食習慣能減碳抗暖化？ ①多吃速食 ②多吃天然蔬果 ③多吃牛肉 ④多選擇吃到飽的餐館。

6. （3）小明隨地亂丟垃圾，遇依廢棄物清理法執行稽查人員要求提示身分證明，如小明無故拒絕提供，將受何處分？①勸導改善 ②移送警察局 ③處新臺幣 6 百元以上 3 千元以下罰鍰 ④接受環境講習。

7. （1）小狗在道路或其他公共場所便溺時，應由何人負責清除？①主人 ②清潔隊 ③警察 ④土地所有權人。

8. （3）四公尺以內之公共巷、弄路面及水溝之廢棄物，應由何人負責清除？①里辦公處 ②清潔隊 ③相對戶或相鄰戶分別各半清除 ④環保志工。

9. （1）外食自備餐具是落實綠色消費的哪一項表現？①重複使用 ②回收再生 ③環保選購 ④降低成本。

10. （2）再生能源一般是指可永續利用之能源，主要包括哪些：A.化石燃料 B.風力 C.太陽能 D.水力？① ACD ② BCD ③ ABD ④ ABCD。

11. （3）何謂水足跡，下列何者是正確的？①水利用的途徑 ②每人用水量紀錄 ③消費者所購買的商品，在生產過程中消耗的用水量 ④水循環的過程。

12. （4）依環境基本法第 3 條規定，基於國家長期利益，經濟、科技及社會發展均應兼顧環境保護。但如果經濟、科技及社會發展對環境有嚴重不良影響或有危害時，應以何者優先？①經濟 ②科技 ③社會 ④環境。

13. （4）為了保護環境，政府提出了 4 個 R 的口號，下列何者不是 4R 中的其中一項？①減少使用 ②再利用 ③再循環 ④再創新。

14. （2）逛夜市時常有攤位在販賣滅蟑藥，下列何者正確？①滅蟑藥是藥，中央主管機關為衛生福利部 ②滅蟑藥是環境衛生用藥，中央主管機關是環境保護署 ③只要批貨，人人皆可販賣滅蟑藥，不須領得許可執照 ④滅蟑藥之包裝上不用標示有效期限。

15. （1）森林面積的減少甚至消失可能導致哪些影響：A.水資源減少 B.減緩全球暖化 C.加劇全球暖化 D.降低生物多樣性？① ACD ② BCD ③ ABD ④ ABCD。

16. （3）塑膠為海洋生態的殺手，所以環保署推動「無塑海洋」政策，下列何項不是減少塑膠危害海洋生態的重要措施？①擴大禁止免費供應塑膠袋 ②禁止製造、進口及販售含塑膠柔珠的清潔用品 ③定期進行海水水質監測 ④淨灘、淨海。

17. （2）違反環境保護法律或自治條例之行政法上義務，經處分機關處停工、停業處分或處新臺幣五千元以上罰鍰者，應接受下列何種講習？①道路交通安全講習 ②環境講習 ③衛生講習 ④消防講習。

18. （2）綠色設計主要為節能、生態與下列何者？①生產成本低廉的產品 ②表示健康的、安全的商品 ③售價低廉易購買的商品 ④包裝紙一定要用綠色系統者。

19. （1）下列何者為環保標章？① ② ③ ④ 。

20. （2）「聖嬰現象」是指哪一區域的溫度異常升高？①西太平洋表層海水 ②東太平洋表層海水 ③西印度洋表層海水 ④東印度洋表層海水。

21. （1）「酸雨」定義為雨水酸鹼值達多少以下時稱之？① 5.0 ② 6.0 ③ 7.0 ④ 8.0。

22.（2）一般而言，水中溶氧量隨水溫之上升而呈下列哪一種趨勢？ ①增加 ②減少 ③不變 ④不一定。

23.（4）二手菸中包含多種危害人體的化學物質，甚至多種物質有致癌性，會危害到下列何者的健康？ ①只對 12 歲以下孩童有影響 ②只對孕婦比較有影響 ③只有 65 歲以上之民眾有影響 ④全民皆有影響。

24.（2）二氧化碳和其他溫室氣體含量增加是造成全球暖化的主因之一，下列何種飲食方式也能降低碳排放量，對環境保護做出貢獻：A. 少吃肉，多吃蔬菜；B. 玉米產量減少時，購買玉米罐頭食用；C. 選擇當地食材；D. 使用免洗餐具，減少清洗用水與清潔劑？ ① AB ② AC ③ AD ④ ACD。

25.（1）上下班的交通方式有很多種，其中包括：A. 騎腳踏車；B. 搭乘大眾交通工具；C. 自行開車，請將前述幾種交通方式之單位排碳量由少至多之排列方式為何？ ① ABC ② ACB ③ BAC ④ CBA。

26.（3）下列何者「不是」室內空氣污染源？ ①建材 ②辦公室事務機 ③廢紙回收箱 ④油漆及塗料。

27.（4）下列何者不是自來水消毒採用的方式？ ①加入臭氧 ②加入氯氣 ③紫外線消毒 ④加入二氧化碳。

28.（4）下列何者不是造成全球暖化的元凶？ ①汽機車排放的廢氣 ②工廠所排放的廢氣 ③火力發電廠所排放的廢氣 ④種植樹木。

29.（2）下列何者不是造成臺灣水資源減少的主要因素？ ①超抽地下水 ②雨水酸化 ③水庫淤積 ④濫用水資源。

30.（4）下列何者不是溫室效應所產生的現象？ ①氣溫升高而使海平面上升 ②北極熊棲地減少 ③造成全球氣候變遷，導致不正常暴雨、乾旱現象 ④造成臭氧層產生破洞。

31.（4）下列何者是室內空氣污染物之來源：A. 使用殺蟲劑；B. 使用雷射印表機；C. 在室內抽煙；D. 戶外的污染物飄進室內？ ① ABC ② BCD ③ ACD ④ ABCD。

32.（1）下列何者是海洋受污染的現象？ ①形成紅潮 ②形成黑潮 ③溫室效應 ④臭氧層破洞。

33.（2）下列何者是造成臺灣雨水酸鹼（pH）值下降的主要原因？ ①國外火山噴發 ②工業排放廢氣 ③森林減少 ④降雨量減少。

34.（2）水中生化需氧量（BOD）愈高，其所代表的意義為 ①水為硬水 ②有機污染物多 ③水質偏酸 ④分解污染物時不需消耗太多氧。

35.（1）下列何者是酸雨對環境的影響？ ①湖泊水質酸化 ②增加森林生長速度 ③土壤肥沃 ④增加水生動物種類。

36.（2）下列何者是懸浮微粒與落塵的差異？ ①採樣地區 ②粒徑大小 ③分布濃度 ④物體顏色。

37.（1）下列何者屬地下水超抽情形？ ①地下水抽水量「超越」天然補注量 ②天然補注量「超越」地下水抽水量 ③地下水抽水量「低於」降雨量 ④地下水抽水量「低於」天然補注量。

38. （3）下列何種行為無法減少「溫室氣體」排放？ ①騎自行車取代開車 ②多搭乘公共運輸系統 ③多吃肉少蔬菜 ④使用再生紙張。

39. （2）下列哪一項水質濃度降低會導致河川魚類大量死亡？ ①氨氮 ②溶氧 ③二氧化碳 ④生化需氧量。

40. （1）下列何種生活小習慣的改變可減少細懸浮微粒（PM2.5）排放，共同為改善空氣品質盡一份心力？ ①少吃燒烤食物 ②使用吸塵器 ③養成運動習慣 ④每天喝500cc 的水。

41. （4）下列哪種措施不能用來降低空氣污染？ ①汽機車強制定期排氣檢測 ②汰換老舊柴油車 ③禁止露天燃燒稻草 ④汽機車加裝消音器。

42. （3）大氣層中臭氧層有何作用？ ①保持溫度 ②對流最旺盛的區域 ③吸收紫外線 ④造成光害。

43. （1）小李具有乙級廢水專責人員證照，某工廠希望以高價租用證照的方式合作，請問下列何者正確？ ①這是違法行為 ②互蒙其利 ③價錢合理即可 ④經環保局同意即可。

44. （2）可藉由下列何者改善河川水質且兼具提供動植物良好棲地環境？ ①運動公園 ②人工溼地 ③滯洪池 ④水庫。

45. （1）台北市周先生早晨在河濱公園散步時，發現有大面積的河面被染成紅色，岸邊還有許多死魚，此時周先生應該打電話給哪個單位通報處理？ ①環保局 ②警察局 ③衛生局 ④交通局。

46. （3）台灣地區地形陡峭雨旱季分明，水資源開發不易常有缺水現象，目前推動生活污水經處理再生利用，可填補部分水資源，主要可供哪些用途：A. 工業用水、B. 景觀澆灌、C. 飲用水、D. 消防用水？ ① ACD ② BCD ③ ABD ④ ABCD。

47. （2）台灣自來水之水源主要取自： ①海洋的水 ②河川及水庫的水 ③綠洲的水 ④灌溉渠道的水。

48. （1）民眾焚香燒紙錢常會產生哪些空氣污染物增加罹癌的機率：A. 苯、B. 細懸浮微粒（PM2.5）、C. 二氧化碳（CO2）、D. 甲烷（CH4）？ ① AB ② AC ③ BC ④ CD。

49. （1）生活中經常使用的物品，下列何者含有破壞臭氧層的化學物質？ ①噴霧劑 ②免洗筷 ③保麗龍 ④寶特瓶。

50. （2）目前市面清潔劑均會強調「無磷」，是因為含磷的清潔劑使用後，若廢水排至河川或湖泊等水域會造成甚麼影響？ ①綠牡蠣 ②優養化 ③秘雕魚 ④烏腳病。

51. （1）冰箱在廢棄回收時應特別注意哪一項物質，以避免逸散至大氣中造成臭氧層的破壞？ ①冷媒 ②甲醛 ③汞 ④苯。

52. （1）在五金行買來的強力膠中，主要有下列哪一種會對人體產生危害的化學物質？ ①甲苯 ②乙苯 ③甲醛 ④乙醛。

53. （2）在同一操作條件下，煤、天然氣、油、核能的二氧化碳排放比例之大小，由大而小為： ①油＞煤＞天然氣＞核能 ②煤＞油＞天然氣＞核能 ③煤＞天然氣＞油＞核能 ④油＞煤＞核能＞天然氣。

54.（1）如何降低飲用水中消毒副產物三鹵甲烷？ ①先將水煮沸，打開壺蓋再煮三分鐘以上 ②先將水過濾，加氯消毒 ③先將水煮沸，加氯消毒 ④先將水過濾，打開壺蓋使其自然蒸發。

55.（4）自行煮水、包裝飲用水及包裝飲料，依生命週期評估排碳量大小順序為下列何者？ ①包裝飲用水＞自行煮水＞包裝飲料 ②包裝飲料＞自行煮水＞包裝飲用水 ③自行煮水＞包裝飲料＞包裝飲用水 ④包裝飲料＞包裝飲用水＞自行煮水。

56.（1）何項不是噪音的危害所造成的現象？ ①精神很集中 ②煩躁、失眠 ③緊張、焦慮 ④工作效率低落。

57.（2）我國移動污染源空氣污染防制費的徵收機制為何？ ①依車輛里程數計費 ②隨油品銷售徵收 ③依牌照徵收 ④依照排氣量徵收。

58.（2）室內裝潢時，若不謹慎選擇建材，將會逸散出氣狀污染物。其中會刺激皮膚、眼、鼻和呼吸道，也是致癌物質，可能為下列哪一種污染物？ ①臭氧 ②甲醛 ③氟氯碳化合物 ④二氧化碳。

59.（1）下列哪一種氣體較易造成臭氧層被嚴重的破壞？ ①氟氯碳化物 ②二氧化硫 ③氮氧化合物 ④二氧化碳。

60.（1）高速公路旁常見有農田違法焚燒稻草，除易產生濃煙影響行車安全外，也會產生下列何種空氣污染物對人體健康造成不良的作用？ ①懸浮微粒 ②二氧化碳（CO_2） ③臭氧（O_3） ④沼氣。

61.（2）都市中常產生的「熱島效應」會造成何種影響？ ①增加降雨 ②空氣污染物不易擴散 ③空氣污染物易擴散 ④溫度降低。

62.（3）廢塑膠等廢棄於環境除不易腐化外，若隨一般垃圾進入焚化廠處理，可能產生下列哪一種空氣污染物對人體有致癌疑慮？ ①臭氧 ②一氧化碳 ③戴奧辛 ④沼氣。

63.（2）「垃圾強制分類」的主要目的為：A.減少垃圾清運量 B.回收有用資源 C.回收廚餘予以再利用 D.變賣賺錢？ ① ABCD ② ABC ③ ACD ④ BCD。

64.（4）一般人生活產生之廢棄物，何者屬有害廢棄物？ ①廚餘 ②鐵鋁罐 ③廢玻璃 ④廢日光燈管。

65.（2）一般辦公室影印機的碳粉匣，應如何回收？ ①拿到便利商店回收 ②交由販賣商回收 ③交由清潔隊回收 ④交給拾荒者回收。

66.（4）下列何者不是蚊蟲會傳染的疾病？ ①日本腦炎 ②瘧疾 ③登革熱 ④痢疾。

67.（4）下列何者非屬資源回收分類項目中「廢紙類」的回收物？ ①報紙 ②雜誌 ③紙袋 ④用過的衛生紙。

68.（1）下列何者對飲用瓶裝水之形容是正確的：A.飲用後之寶特瓶容器為地球增加了一個廢棄物；B.運送瓶裝水時卡車會排放空氣污染物；C.瓶裝水一定比經煮沸之自來水安全衛生？ ① AB ② BC ③ AC ④ ABC。

69.（2）下列哪一項是我們在家中常見的環境衛生用藥？ ①體香劑 ②殺蟲劑 ③洗滌劑 ④乾燥劑。

70. （1）下列哪一種是公告應回收廢棄物中的容器類：A.廢鋁箔包 B.廢紙容器 C.寶特瓶？ ① ABC ② AC ③ BC ④ C。

71. （1）下列哪些廢紙類不可以進行資源回收？ ①紙尿褲 ②包裝紙 ③雜誌 ④報紙。

72. （4）小明拿到「垃圾強制分類」的宣導海報，標語寫著「分 3 類，好 OK」，標語中的分 3 類是指家戶日常生活中產生的垃圾可以區分哪三類？ ①資源、廚餘、事業廢棄物 ②資源、一般廢棄物、事業廢棄物 ③一般廢棄物、事業 廢棄物、放射性廢棄物 ④資源、廚餘、一般垃圾。

73. （3）日光燈管、水銀溫度計等，因含有哪一種重金屬，可能對清潔隊員造成傷害，應與一般垃圾分開處理？ ①鉛 ②鎘 ③汞 ④鐵。

74. （2）家裡有過期的藥品，請問這些藥品要如何處理？ ①倒入馬桶沖掉 ②交由藥局回收 ③繼續服用 ④送給相同疾病的朋友。

75. （2）台灣西部海岸曾發生的綠牡蠣事件是下列何種物質污染水體有關？ ①汞 ②銅 ③磷 ④鎘。

76. （4）在生物鏈越上端的物種其體內累積持久性有機污染物（POPs）濃度將越高，危害性也將越大，這是說明 POPs 具有下列何種特性？ ①持久性 ②半揮發性 ③高毒性 ④生物累積性。

77. （3）有關小黑蚊敘述下列何者為非？ ①活動時間又以中午十二點到下午三點為活動高峰期 ②小黑蚊的幼蟲以腐植質、青苔和藻類為食 ③無論雄性或雌性皆會吸食哺乳類動物血液 ④多存在竹林、灌木叢、雜草叢、果園等邊緣地帶等處。

78. （1）利用垃圾焚化廠處理垃圾的最主要優點為何？ ①減少處理後的垃圾體積 ②去除垃圾中所有毒物 ③減少空氣污染 ④減少處理垃圾的程序。

79. （3）利用豬隻的排泄物當燃料發電，是屬於下列那一種能源？ ①地熱能 ②太陽能 ③生質能 ④核能。

80. （2）每個人日常生活皆會產生垃圾，下列何種處理垃圾的觀念與方式是不正確的？ ①垃圾分類，使資源回收再利用 ②所有垃圾皆掩埋處理，垃圾將會自然分解 ③廚餘回收堆肥後製成肥料 ④可燃性垃圾經焚化燃燒可有效減少垃圾體積。

81. （2）防治蟲害最好的方法是 ①使用殺蟲劑 ②清除孳生源 ③網子捕捉 ④拍打。

82. （2）依廢棄物清理法之規定，隨地吐檳榔汁、檳榔渣者，應接受幾小時之戒檳班講習？ ①2 小時 ②4 小時 ③6 小時 ④8 小時。

83. （1）室內裝修業者承攬裝修工程，工程中所產生的廢棄物應該如何處理？ ①委託合法清除機構清運 ②倒在偏遠山坡地 ③河岸邊掩埋 ④交給清潔隊垃圾車。

84. （1）若使用後的廢電池未經回收，直接廢棄所含重金屬物質曝露於環境中可能產生那些影響：A.地下水污染、B.對人體產生中毒等不良作用、C.對生物產生重金屬累積及濃縮作用、D.造成優養化？ ① ABC ② ABCD ③ ACD ④ BCD。

85. （3）哪一種家庭廢棄物可用來作為製造肥皂的主要原料？ ①食醋 ②果皮 ③回鍋油 ④熟廚餘。

86. （2）家戶大型垃圾應由誰負責處理？ ①行政院環境保護署 ②當地政府清潔隊 ③行政院 ④內政部。

87.（3）根據環保署資料顯示，世紀之毒「戴奧辛」主要透過何者方式進入人體？ ①透過觸摸 ②透過呼吸 ③透過飲食 ④透過雨水。

88.（2）陳先生到機車行換機油時，發現機車行老闆將廢機油直接倒入路旁的排水溝，請問這樣的行為是違反了 ①道路交通管理處罰條例 ②廢棄物清理法 ③職業安全衛生法 ④飲用水管理條例。

89.（1）亂丟香菸蒂，此行為已違反什麼規定？ ①廢棄物清理法 ②民法 ③刑法 ④毒性化學物質管理法。

90.（4）實施「垃圾費隨袋徵收」政策的好處為何：A. 減少家戶垃圾費用支出 B. 全民 主動參與資源回收 C. 有效垃圾減量？ ① AB ② AC ③ BC ④ ABC。

91.（1）臺灣地狹人稠，垃圾處理一直是不易解決的問題，下列何種是較佳的因應對策？ ①垃圾分類資源回收 ②蓋焚化廠 ③運至國外處理 ④向海爭地掩埋。

92.（2）臺灣嘉南沿海一帶發生的烏腳病可能為哪一種重金屬引起？ ①汞 ②砷 ③鉛 ④鎘。

93.（2）遛狗不清理狗的排泄物係違反哪一法規？ ①水污染防治法 ②廢棄物清理法 ③毒性化學物質管理法 ④空氣污染防制法。

94.（3）酸雨對土壤可能造成的影響，下列何者正確？ ①土壤更肥沃 ②土壤液化 ③土壤中的重金屬釋出 ④土壤礦化。

95.（3）購買下列哪一種商品對環境比較友善？ ①用過即丟的商品 ②一次性的產品 ③材質可以回收的商品 ④過度包裝的商品。

96.（4）醫療院所用過的棉球、紗布、針筒、針頭等感染性事業廢棄物屬於 ①一般事業廢棄物 ②資源回收物 ③一般廢棄物 ④有害事業廢棄物。

97.（2）下列何項法規的立法目的為預防及減輕開發行為對環境造成不良影響，藉以達成環境保護之目的？ ①公害糾紛處理法 ②環境影響評估法 ③環境基本法 ④環境教育法。

98.（4）下列何種開發行為若對環境有不良影響之虞者，應實施環境影響評估：A. 開發科學園區；B. 新建捷運工程；C. 採礦。 ① AB ② BC ③ AC ④ ABC。

99.（1）主管機關審查環境影響說明書或評估書，如認為已足以判斷未對環境有重大影響之虞，作成之審查結論可能為下列何者？ ①通過環境影響評估審查 ② 應繼續進行第二階段環境影響評估 ③認定不應開發 ④補充修正資料再審。

100.（4）依環境影響評估法規定，對環境有重大影響之虞的開發行為應繼續進行第二 階段環境影響評估，下列何者不是上述對環境有重大影響之虞或應進行第二 階段環境影響評估的決定方式？ ①明訂開發行為及規模 ②環評委員會審查認定 ③ 自願進行 ④有民眾或團體抗爭。

工作項目 04：節能減碳

1. （3）依能源局「指定能源用戶應遵行之節約能源規定」，下列何場所未在其管制之範圍？ ①旅館 ②餐廳 ③住家 ④美容美髮店 。

2. （1）依能源局「指定能源用戶應遵行之節約能源規定」，在正常使用條件下，公眾出入之場所其室內冷氣溫度平均值不得低於攝氏幾度？ ① 26 ② 25 ③ 24 ④ 22 。

3. （2）下列何者為節能標章？ ① ② ③  ④ 。

4. （4）各產業中耗能佔比最大的產業為 ①服務業 ②公用事業 ③農林漁牧業 ④能源密集產業 。

5. （1）下列何者非省能的做法？ ①電冰箱溫度長時間調在強冷或急冷 ②影印機當 15 分鐘無人使用時，自動進入省電模式 ③電視機勿背著窗戶或面對窗戶，並避免太陽直射 ④汽車不行駛短程，較短程旅運應盡量搭乘公車、騎單車或步行 。

6. （3）經濟部能源局的能源效率標示分為幾個等級？ ① 1 ② 3 ③ 5 ④ 7 。

7. （2）溫室氣體排放量：指自排放源排出之各種溫室氣體量乘以各該物質溫暖化潛勢所得之合計量，以 ①氧化亞氮（N2O） ②二氧化碳（CO2） ③甲烷（CH4） ④六氟化硫（SF6） 當量表示。

8. （4）國家溫室氣體長期減量目標為中華民國 139 年溫室氣體排放量降為中華民國 94 年溫室氣體排放量百分之 ① 20 ② 30 ③ 40 ④ 50 以下。

9. （2）溫室氣體減量及管理法所稱主管機關，在中央為下列何單位？ ①經濟部能源局 ②行政院環境保護署 ③國家發展委員會 ④衛生福利部 。

10. （3）溫室氣體減量及管理法中所稱：一單位之排放額度相當於允許排放 ① 1 公斤 ② 1 立方米 ③ 1 公噸 ④ 1 公擔 之二氧化碳當量。

11. （3）下列何者不是全球暖化帶來的影響？ ①洪水 ②熱浪 ③地震 ④旱災 。

12. （1）下列何種方法無法減少二氧化碳？ ①想吃多少儘量點，剩下可當廚餘回收 ②選購當地、當季食材，減少運輸碳足跡 ③多吃蔬菜，少吃肉 ④自備杯筷，減少免洗用具垃圾量 。

13. （3）下列何者不會減少溫室氣體的排放？ ①減少使用煤、石油等化石燃料 ②大量植樹造林，禁止亂砍亂伐 ③增高燃煤氣體排放的煙囪 ④開發太陽能、水能等新能源 。

14. （4）關於綠色採購的敘述，下列何者錯誤？ ①採購回收材料製造之物品 ②採購的產品對環境及人類健康有最小的傷害性 ③選購產品對環境傷害較少、污染程度較低者 ④以精美包裝為主要首選 。

15. （1）一旦大氣中的二氧化碳含量增加，會引起哪一種後果？ ①溫室效應惡化 ②臭氧層破洞 ③冰期來臨 ④海平面下降 。

16. （3）關於建築中常用的金屬玻璃帷幕牆，下列敘述何者正確？ ①玻璃帷幕牆的使用能節省室內空調使用 ②玻璃帷幕牆適用於臺灣，讓夏天的室內產生溫暖的感覺 ③在溫度高的國家，建築使用金屬玻璃帷幕會造成日照輻射熱，產生室內「溫室效應」 ④臺灣的氣候濕熱，特別適合在大樓以金屬玻璃帷幕作為建材。

17. （4）下列何者不是能源之類型？ ①電力 ②壓縮空氣 ③蒸汽 ④熱傳 。

18. （1）我國已制定能源管理系統標準為 ① CNS 50001 ② CNS 12681 ③ CNS 14001 ④ CNS 22000 。

19. （1）台灣電力公司所謂的離峰用電時段為何？ ① 22：30 ～ 07：30 ② 22：00 ～ 07：00 ③ 23：00 ～ 08：00 ④ 23：30 ～ 08：30 。

20. （1）基於節能減碳的目標，下列何種光源發光效率最低，不鼓勵使用？ ①白熾燈泡 ② LED 燈泡 ③省電燈泡 ④螢光燈管 。

21. （1）下列哪一項的能源效率標示級數較省電？ ① 1 ② 2 ③ 3 ④ 4 。

22. （4）下列何者不是目前台灣主要的發電方式？ ①燃煤 ②燃氣 ③核能 ④地熱 。

23. （2）有關延長線及電線的使用，下列敘述何者錯誤？ ①拔下延長線插頭時，應手握插頭取下 ②使用中之延長線如有異味產生，屬正常現象不須理會 ③應避開火源，以免外覆塑膠熔解，致使用時造成短路 ④使用老舊之延長線，容易造成短路、漏電或觸電等危險情形，應立即更換 。

24. （1）有關觸電的處理方式，下列敘述何者錯誤？ ①應立刻將觸電者拉離現場 ②把電源開關關閉 ③通知救護人員 ④使用絕緣的裝備來移除電源 。

25. （2）目前電費單中，係以「度」為收費依據，請問下列何者為其單位？ ① kW ② kWh ③ kJ ④ kJh 。

26. （4）依據台灣電力公司三段式時間電價（尖峰、半尖峰及離峰時段）的規定，請問哪個時段電價最便宜？ ①尖峰時段 ②夏月半尖峰時段 ③非夏月半尖峰時段 ④離峰時段 。

27. （2）當電力設備遭遇電源不足或輸配電設備受限制時，導致用戶暫停或減少用電的情形，常以下列何者名稱出現？ ①停電 ②限電 ③斷電 ④配電 。

28. （2）照明控制可以達到節能與省電費的好處，下列何種方法最適合一般住宅社區兼顧節能、經濟性與實際照明需求？ ①加裝 DALI 全自動控制系統 ②走廊與地下停車場選用紅外線感應控制電燈 ③全面調低照度需求 ④晚上關閉所有公共區域的照明 。

29. （2）上班性質的商辦大樓為了降低尖峰時段用電，下列何者是錯的？ ①使用儲冰式空調系統減少白天空調電能需求 ②白天有陽光照明，所以白天可以將照明設備全關掉 ③汰換老舊電梯馬達並使用變頻控制 ④電梯設定隔層停止控制，減少頻繁啟動 。

30. （2）為了節能與降低電費的需求，家電產品的正確選用應該如何？ ①選用高功率的產品效率較高 ②優先選用取得節能標章的產品 ③設備沒有壞，還是堪用，繼續用，不會增加支出 ④選用能效分級數字較高的產品，效率較高，5 級的比 1 級的電器產品更省電 。

31. （3）有效而正確的節能從選購產品開始，就一般而言，下列的因素中，何者是選購電氣設備的最優先考量項目？ ①用電量消耗電功率是多少瓦攸關電費支出，用電量小的優先 ②採購價格比較，便宜優先 ③安全第一，一定要通過安規檢驗合格 ④名人或演藝明星推薦，應該口碑較好 。

32. （3）高效率燈具如果要降低眩光的不舒服，下列何者與降低刺眼眩光影響無關？ ①光源下方加裝擴散板或擴散膜 ②燈具的遮光板 ③光源的色溫 ④採用間接照明 。

33. （1）一般而言，螢光燈的發光效率與長度有關嗎？ ①有關，越長的螢光燈管，發光效率越高 ②無關，發光效率只與燈管直徑有關 ③有關，越長的螢光燈管，發光效率越低 ④無關，發光效率只與色溫有關 。

34. （4）用電熱爐煮火鍋，採用中溫 50% 加熱，比用高溫 100% 加熱，將同一鍋水煮開，下列何者是對的？ ①中溫 50% 加熱比較省電 ②高溫 100% 加熱比較省電 ③中溫 50% 加熱，電流反而比較大 ④兩種方式用電量是一樣的 。

35. （2）電力公司為降低尖峰負載時段超載停電風險，將尖峰時段電價費率（每度電單價）提高，離峰時段的費率降低，引導用戶轉移部分負載至離峰時段，這種電能管理策略稱為 ①需量競價 ②時間電價 ③可停電力 ④表燈用戶彈性電價 。

36. （2）集合式住宅的地下停車場需要維持通風良好的空氣品質，又要兼顧節能效益，下列的排風扇控制方式何者是不恰當的？ ①淘汰老舊排風扇，改裝取得節能標章、適當容量高效率風扇 ②兩天一次運轉通風扇就好了 ③結合一氧化碳偵測器，自動啟動 / 停止控制 ④設定每天早晚二次定期啟動排風扇 。

37. （2）大樓電梯為了節能及生活便利需求，可設定部分控制功能，下列何者是錯誤或不正確的做法？ ①加感應開關，無人時自動關燈與通風扇 ②縮短每次開門 / 關門的時間 ③電梯設定隔樓層停靠，減少頻繁啟動 ④電梯馬達加裝變頻控制 。

38. （4）為了節能及兼顧冰箱的保溫效果，下列何者是錯誤或不正確的做法？ ①冰箱內上下層間不要塞滿，以利冷藏對流 ②食物存放位置紀錄清楚，一次拿齊食物，減少開門次數 ③冰箱門的密封壓條如果鬆弛，無法緊密關門，應儘速更新修復 ④冰箱內食物擺滿塞滿，效益最高 。

39. （2）就加熱及節能觀點來評比，電鍋剩飯持續保溫至隔天再食用，與先放冰箱冷藏，隔天用微波爐加熱，下列何者是對的？ ①持續保溫較省電 ②微波爐再加熱比較省電又方便 ③兩者一樣 ④優先選電鍋保溫方式，因為馬上就可以吃 。

40. （2）不斷電系統 UPS 與緊急發電機的裝置都是應付臨時性供電狀況；停電時，下列的陳述何者是對的？ ①緊急發電機會先啟動，不斷電系統 UPS 是後備的 ②不斷電系統 UPS 先啟動，緊急發電機是後備的 ③兩者同時啟動 ④不斷電系統 UPS 可以撐比較久 。

41. （2）下列何者為非再生能源？ ①地熱能 ②焦媒 ③太陽能 ④水力能 。

42. （1）欲降低由玻璃部分侵入之熱負載，下列的改善方法何者錯誤？ ①加裝深色窗簾 ②裝設百葉窗 ③換裝雙層玻璃 ④貼隔熱反射膠片 。

43. （1）一般桶裝瓦斯（液化石油氣）主要成分為 ①丙烷 ②甲烷 ③辛烷 ④乙炔及丁烷。

44.（1）在正常操作，且提供相同使用條件之情形下，下列何種暖氣設備之能源效率最高？①冷暖氣機 ②電熱風扇 ③電熱輻射機 ④電暖爐 。

45.（4）下列何種熱水器所需能源費用最少？ ①電熱水器 ②天然瓦斯熱水器 ③柴油鍋爐熱水器 ④熱泵熱水器 。

46.（4）某公司希望能進行節能減碳，為地球盡點心力，以下何種作為並不恰當？ ①將採購規定列入以下文字：「汰換設備時首先考慮能源效率 1 級或具有節能標章之產品」②盤查所有能源使用設備 ③實行能源管理 ④為考慮經營成本，汰換設備時採買最便宜的機種 。

47.（2）冷氣外洩會造成能源之消耗，下列何者最耗能？ ①全開式有氣簾 ②全開式無氣簾 ③自動門有氣簾 ④自動門無氣簾 。

48.（4）下列何者不是潔淨能源？ ①風能 ②地熱 ③太陽能 ④頁岩氣 。

49.（2）有關再生能源的使用限制，下列何者敘述有誤？①風力、太陽能屬間歇性能源，供應不穩定 ②不易受天氣影響 ③需較大的土地面積 ④設置成本較高 。

50.（4）全球暖化潛勢（Global Warming Potential, GWP）是衡量溫室氣體對全球暖化的影響，下列何者 GWP 表現較差？ ① 200 ② 300 ③ 400 ④ 500 。

51.（3）有關台灣能源發展所面臨的挑戰，下列何者為非？①進口能源依存度高，能源安全易受國際影響 ②化石能源所占比例高，溫室氣體減量壓力大 ③自產能源充足，不需仰賴進口 ④能源密集度較先進國家仍有改善空間 。

52.（3）若發生瓦斯外洩之情形，下列處理方法何者錯誤？ ①應先關閉瓦斯爐或熱水器等開關 ②緩慢地打開門窗，讓瓦斯自然飄散 ③開啟電風扇，加強空氣流動 ④在漏氣止住前，應保持警戒，嚴禁煙火 。

53.（1）全球暖化潛勢（Global Warming Potential, GWP）是衡量溫室氣體對全球暖化的影響，其中是以何者為比較基準？ ① CO2 ② CH4 ③ SF6 ④ N2O 。

54.（4）有關建築之外殼節能設計，下列敘述何者有誤？ ①開窗區域設置遮陽設備 ②大開窗面避免設置於東西日曬方位 ③做好屋頂隔熱設施 ④宜採用全面玻璃造型設計，以利自然採光 。

55.（1）下列何者燈泡發光效率最高？①LED 燈泡 ②省電燈泡 ③白熾燈泡 ④鹵素燈泡 。

56.（4）有關吹風機使用注意事項，下列敘述何者有誤？①請勿在潮濕的地方使用，以免觸電危險 ②應保持吹風機進、出風口之空氣流通，以免造成過熱 ③應避免長時間使用，使用時應保持適當的距離 ④可用來作為烘乾棉被及床單等用途 。

57.（2）下列何者是造成聖嬰現象發生的主要原因？ ①臭氧層破洞 ②溫室效應 ③霧霾 ④颱風 。

58.（4）為了避免漏電而危害生命安全，下列何者不是正確的做法？ ①做好用電設備金屬外殼的接地 ②有濕氣的用電場合，線路加裝漏電斷路器 ③加強定期的漏電檢查及維護 ④使用保險絲來防止漏電的危險性 。

59.（1）用電設備的線路保護用電力熔絲（保險絲）經常燒斷，造成停電的不便，下列何者不是正確的作法？ ①換大一級或大兩級規格的保險絲或斷路器就不會燒斷了 ②減少線路連接的電氣設備，降低用電量 ③重新設計線路，改較粗的導線或用兩迴路並聯 ④提高用電設備的功率因數 。

60.（2）政府為推廣節能設備而補助民眾汰換老舊設備，下列何者的節電效益最佳？ ①將桌上檯燈光源由螢光燈換為 LED 燈 ②優先淘汰 10 年以上的老舊冷氣機為能源效率標示分級中之一級冷氣機 ③汰換電風扇，改裝設能源效率標示分級為一級的冷氣機 ④因為經費有限，選擇便宜的產品比較重要 。

61.（1）依據我國現行國家標準規定，冷氣機的冷氣能力標示應以何種單位表示？ ①kW ②BTU/h ③kcal/h ④RT 。

62.（1）漏電影響節電成效，並且影響用電安全，簡易的查修方法為 ①電氣材料行買支驗電起子，碰觸電氣設備的外殼，就可查出漏電與否 ②用手碰觸就可以知道有無漏電 ③用三用電表檢查 ④看電費單有無紀錄 。

63.（2）使用了 10 幾年的通風換氣扇老舊又骯髒，噪音又大，維修時採取下列哪一種對策最為正確及節能？ ①定期拆下來清洗油垢 ②不必再猶豫，10 年以上的電扇效率偏低，直接換為高效率通風扇 ③直接噴沙拉脫清潔劑就可以了，省錢又方便 ④高效率通風扇較貴，換同機型的廠內備用品就好了 。

64.（3）電氣設備維修時，在關掉電源後，最好停留 1 至 5 分鐘才開始檢修，其主要的理由為下列何者？ ①先平靜心情，做好準備才動手 ②讓機器設備降溫下來再查修 ③讓裡面的電容器有時間放電完畢，才安全 ④法規沒有規定，這完全沒有必要 。

65.（1）電氣設備裝設於有潮濕水氣的環境時，最應該優先檢查及確認的措施是 ① 有無在線路上裝設漏電斷路器 ②電氣設備上有無安全保險絲 ③有無過載及過熱保護設備 ④有無可能傾倒及生鏽 。

66.（1）為保持中央空調主機效率，每 ①半 ②1 ③1.5 ④2 年應請維護廠商或保養人員檢視中央空調主機。

67.（1）家庭用電最大宗來自於 ①空調及照明 ②電腦 ③電視 ④吹風機 。

68.（2）為減少日照增加空調負載，下列何種處理方式是錯誤的？ ①窗戶裝設窗簾或貼隔熱紙 ②將窗戶或門開啟，讓屋內外空氣自然對流 ③屋頂加裝隔熱材、高反射率塗料或噴水 ④於屋頂進行薄層綠化 。

69.（2）電冰箱放置處，四周應至少預留離牆多少公分之散熱空間，以達省電效果？①5 ②10 ③15 ④20 。

70.（2）下列何項不是照明節能改善需優先考量之因素？ ①照明方式是否適當 ②燈具之外型是否美觀 ③照明之品質是否適當 ④照度是否適當 。

71.（2）醫院、飯店或宿舍之熱水系統耗能大，要設置熱水系統時，應優先選用何種熱水系統較節能？ ①電能熱水系統 ②熱泵熱水系統 ③瓦斯熱水系統 ④重油熱水系統 。

72.（4）如右圖，你知道這是什麼標章嗎？ ①省水標章 ②環保標章 ③奈米標章 ④能源效率標示 。

73.（3）台灣電力公司電價表所指的夏月用電月份（電價比其他月份高）是為 ① 4/1 ～ 7/ 31 ② 5/1 ～ 8/31 ③ 6/1 ～ 9/30 ④ 7/1 ～ 10/31 。

74. （1）屋頂隔熱可有效降低空調用電，下列何項措施較不適當？ ①屋頂儲水隔熱 ②屋頂綠化 ③於適當位置設置太陽能板發電同時加以隔熱 ④鋪設隔熱磚 。

75. （1）電腦機房使用時間長、耗電量大，下列何項措施對電腦機房之用電管理較不適當？ ①機房設定較低之溫度 ②設置冷熱通道 ③使用較高效率之空調設備 ④使用新型高效能電腦設備 。

76. （3）下列有關省水標章的敘述何者正確？ ①省水標章是環保署為推動使用節水器材，特別研定以作為消費者辨識省水產品的一種標誌 ②獲得省水標章的產品並無嚴格測試，所以對消費者並無一定的保障 ③省水標章能激勵廠商重視省水產品的研發與製造，進而達到推廣節水良性循環之目的 ④省水標章除有用水設備外，亦可使用於冷氣或冰箱上 。

77. （2）透過淋浴習慣的改變就可以節約用水，以下的何種方式正確？ ①淋浴時抹肥皂，無需將蓮蓬頭暫時關上 ②等待熱水前流出的冷水可以用水桶接起來再利用 ③淋浴流下的水不可以刷洗浴室地板 ④淋浴沖澡流下的水，可以儲 蓄洗菜使用 。

78. （1）家人洗澡時，一個接一個連續洗，也是一種有效的省水方式嗎？ ①是，因為可以節省等熱水流出所流失的冷水 ②否，這跟省水沒什麼關係，不用這麼麻煩 ③否，因為等熱水時流出的水量不多 ④有可能省水也可能不省水， 無法定論 。

79. （2）下列何種方式有助於節省洗衣機的用水量？ ①洗衣機洗滌的衣物盡量裝滿，一次洗完 ②購買洗衣機時選購有省水標章的洗衣機，可有效節約用水 ③無需將衣物適當分類 ④洗濯衣物時盡量選擇高水位才洗的乾淨 。

80. （3）如果水龍頭流量過大，下列何種處理方式是錯誤的？ ①加裝節水墊片或起波器 ②加裝可自動關閉水龍頭的自動感應器 ③直接換裝沒有省水標章的水龍頭 ④直接調整水龍頭到適當水量 。

81. （4）洗菜水、洗碗水、洗衣水、洗澡水等的清洗水，不可直接利用來做什麼用途？ ①洗地板 ②沖馬桶 ③澆花 ④飲用水 。

82. （1）如果馬桶有不正常的漏水問題，下列何者處理方式是錯誤的？ ①因為馬桶還能正常使用，所以不用著急，等到不能用時再報修即可 ②立刻檢查馬桶水箱零件有無鬆脫，並確認有無漏水 ③滴幾滴食用色素到水箱裡，檢查有無有色水流進馬桶，代表可能有漏水 ④通知水電行或檢修人員來檢修，徹底根絕漏水問題 。

83. （3）「度」是水費的計量單位，你知道一度水的容量大約有多少？ ① 2,000 公升 ② 3000 個 600cc 的寶特瓶 ③ 1 立方公尺的水量 ④ 3 立方公尺的水量 。

84. （3）臺灣在一年中什麼時期會比較缺水（即枯水期）？ ① 6 月至 9 月 ② 9 月至 12 月 ③ 11 月至次年 4 月 ④臺灣全年不缺水 。

85. （4）下列何種現象不是直接造成台灣缺水的原因？ ①降雨季節分佈不平均，有時候連續好幾個月不下雨，有時又會下起豪大雨 ②地形山高坡陡，所以雨一下很快就會流入大海 ③因為民生與工商業用水需求量都愈來愈大，所以缺水季節很容易無水可用 ④台灣地區夏天過熱，致蒸發量過大 。

86. （3）冷凍食品該如何讓它退冰，才是既「節能」又「省水」？ ①直接用水沖食物強迫退冰 ②使用微波爐解凍快速又方便 ③烹煮前盡早拿出來放置退冰 ④用熱水浸泡，每 5 分鐘更換一次 。

87. （2）洗碗、洗菜用何種方式可以達到清洗又省水的效果？ ①對著水龍頭直接沖洗，且要盡量將水龍頭開大才能確保洗的乾淨 ②將適量的水放在盆槽內洗濯，以減少用水 ③把碗盤、菜等浸在水盆裡，再開水龍頭拼命沖水 ④用熱水及冷水大量交叉沖洗達到最佳清洗效果 。

88. （4）解決台灣水荒（缺水）問題的無效對策是 ①興建水庫、蓄洪（豐）濟枯 ②全面節 約用水 ③水資源重複利用，海水淡化…等 ④積極推動全民體育運動 。

89. （3） 如左圖，你知道這是什麼標章嗎？ ①奈米標章 ②環保標章 ③省水標章 ④節能標章 。

90. （3）澆花的時間何時較為適當，水分不易蒸發又對植物最好？ ①正中午 ②下午時段 ③清晨或傍晚 ④半夜十二點 。

91. （3）下列何種方式沒有辦法降低洗衣機之使用水量，所以不建議採用？ ①使用低水位清洗 ②選擇快洗行程 ③兩、三件衣服也丟洗衣機洗 ④選擇有自動調節水量的洗衣機，洗衣清洗前先脫水 1 次 。

92. （3）下列何種省水馬桶的使用觀念與方式是錯誤的？ ①選用衛浴設備時最好能採用省水標章馬桶 ②如果家裡的馬桶是傳統舊式，可以加裝二段式沖水配件 ③省水馬桶因為水量較小，會有沖不乾淨的問題，所以應該多沖幾次 ④因為馬桶是家裡用水的大宗，所以應該儘量採用省水馬桶來節約用水 。

93. （3）下列何種洗車方式無法節約用水？ ①使用有開關的水管可以隨時控制出水 ②用水桶及海綿抹布擦洗 ③用水管強力沖洗 ④利用機械自動洗車，洗車水處理循環使用 。

94. （1）下列何種現象無法看出家裡有漏水的問題？ ①水龍頭打開使用時，水表的指針持續在轉動 ②牆面、地面或天花板忽然出現潮濕的現象 ③馬桶裡的水常在晃動，或是沒辦法止水 ④水費有大幅度增加 。

95. （2）蓮篷頭出水量過大時，下列何者無法達到省水？ ①換裝有省水標章的低流量（5～10L/min）蓮篷頭 ②淋浴時水量開大，無需改變使用方法 ③洗澡時間盡量縮短，塗抹肥皂時要把蓮篷頭關起來 ④調整熱水器水量到適中位置 。

96. （4）自來水淨水步驟，何者為非？ ①混凝 ②沉澱 ③過濾 ④煮沸 。

97. （1）為了取得良好的水資源，通常在河川的哪一段興建水庫？ ①上游 ②中游 ③ 下游 ④下游出口 。

98. （1）台灣是屬缺水地區，每人每年實際分配到可利用水量是世界平均值的多少？ ①六分之一 ②二分之一 ③四分之一 ④五分之一 。

99. （3）台灣年降雨量是世界平均值的 2.6 倍，卻仍屬缺水地區，原因何者為非？ ①台灣由於山坡陡峻，以及颱風豪雨雨勢急促，大部分的降雨量皆迅速流入海洋 ②降雨量在地域、季節分佈極不平均 ③水庫蓋得太少 ④台灣自來水水價過於便宜 。

100. （3）電源插座堆積灰塵可能引起電氣意外火災，維護保養時的正確做法是 ①可以先用刷子刷去積塵 ②直接用吹風機吹開灰塵就可以了 ③應先關閉電源總開關箱內控制該插座的分路開關 ④可以用金屬接點清潔劑噴在插座中去除銹蝕 。

工作項目 01：食品安全衛生

1. （1）食品從業人員經醫師診斷罹患下列哪些疾病不得從事與食品接觸之工作 A. 手部皮膚病 B. 愛滋病 C. 高血壓 D. 結核病 E. 梅毒 F. A 型肝炎 G. 出疹 H. B 型肝炎 I. 胃潰瘍 J. 傷寒 ① ADFGJ ② BDFHJ ③ ADEFJ ④ DEFIJ。

2. （2）食品從業人員之健康檢查報告應存放於何處備查 ①乾料庫房 ②辦公室的文件保存區 ③鍋具存放櫃 ④主廚自家。

3. （2）下列有關食品從業人員戴口罩之敘述何者正確 ①為了環保，口罩需重複使用 ②口罩應完整覆蓋口鼻，注意鼻部不可露出 ③「食品良好衛生規範準則」規定食品從業人員應全程戴口罩 ④戴口罩可避免頭髮污染到食品。

4. （2）洗手之衛生，下列何者正確 ①手上沒有污垢就可以不用洗手 ②洗手是預防交叉污染最好的方法 ③洗淨雙手是忙碌時可以忽略的一個步驟 ④戴手套之前可以不用洗手。

5. （3）下列何者是正確的洗手方式 ①使用清水沖一沖雙手即可，不需特別使用洗手乳 ②慣用手有洗就好，另一隻手可以忽略 ③使用洗手乳或肥皂洗手並以流動的乾淨水源沖洗手部 ④洗手後用圍裙將手部擦乾。

6. （1）食品從業人員正確洗手步驟為「濕、洗、刷、搓、沖、乾」，其中的「刷」是什麼意思 ①使用乾淨的刷子把指尖和指甲刷乾淨 ②使用乾淨的刷子把手心刷乾淨 ③使用乾淨的刷子把手肘刷乾淨 ④使用乾淨的刷子把洗手台刷乾淨。

7. （4）下列何者為使用酒精消毒手部的正確注意事項 ①應選擇工業用酒精效果較好 ②可以用酒精消毒取代洗手 ③酒精噴越多效果越好 ④噴灑酒精後，宜等酒精揮發再碰觸食品。

8. （4）從事食品作業時，下列何者為戴手套的正確觀念 ①手套應選擇越小的越好，比較不容易脫落 ②雙手若有傷口時，應先佩戴手套後再包紮傷口 ③只要戴手套就可以完全避免手部污染食品 ④佩戴手套的品質應符合「食品器具容器包裝衛生標準」。

9. （3）正確的手部消毒酒精的濃度為 ① 90-100% ② 80-90% ③ 70-75% ④ 50-60%。

10. （1）食品從業人員如配戴手套，下列哪個時機宜更換手套 ①更換至不同作業區之前 ②上廁所之前 ③倒垃圾之前 ④下班打卡之前。

11. （2）食品從業人員之個人衛生，下列敘述何者正確 ①指甲應留長以利剝除蝦殼 ②不應佩戴假指甲，因其可能會斷裂而掉入食品中 ③應擦指甲油保持手部的美觀 ④指甲剪短就可以不用洗手。

12. （1）以下保持圍裙清潔的做法何者正確 ①圍裙可依作業區清潔度以不同顏色區分 ②脫下的圍裙可隨意跟脫下來的髒衣服掛在一起 ③上洗手間時不需脫掉圍裙 ④如果公司沒有洗衣機就不需每日清洗圍裙。

13. （3）以下敘述何者正確 ①為了計時烹煮時間，廚師應隨時佩戴手錶 ②因為廚房太熱所以可以穿著背心及短褲處理食品 ③工作鞋應具有防水防滑功能 ④為了提神可以在烹調食品時喝藥酒。

14. （3）以下對於廚師在工作場合的飲食規範，何者正確 ①自己的飲料可以跟製備好的食品混放在冰箱 ②肚子餓了可以順手拿客人的菜餚來吃 ③為避免口水中的病原菌或病毒轉移到食品中，製備食品時禁止吃東西 ④為了預防蛀牙可以在烹調食品時嚼無糖口香糖。

15. （2）以下對於食品從業人員的健康管理何者正確 ①只要食材及環境衛生良好，即使人員感染上食媒性疾病也不會污染食品 ②食品從業人員應每日注意健康狀況，遇有身體不適應避免接觸食品 ③只有發燒沒有咳嗽就可以放心處理食品 ④腹瀉只要注意每次如廁後把雙手洗乾淨就可處理食品。

16. （4）感染諾羅病毒至少要症狀解除多久後，才能再從事接觸食品的工作 ① 12 小時 ② 24 小時 ③ 36 小時 ④ 48 小時。

17. （2）若員工在上班期間報告身體不適，主管應該 ①勉強員工繼續上班 ②請員工儘速就醫並了解造成身體不適的正確原因 ③辭退員工 ④責罵員工。

18. （2）外場服務人員的衛生規則何者正確 ①將食品盡可能的堆疊在托盤上，一次端送給客人 ②外場人員應避免直接進入內場烹調區，而是在專門的緩衝區域進行菜餚的傳送 ③傳送前不須檢查菜餚內是否有異物 ④如果地板看起來很乾淨，掉落於地板的餐具就可以撿起來直接再供顧客使用。

19. （3）食品從業人員的衛生教育訓練內容最重要的是 ①成本控制 ②新產品開發 ③個人與環境衛生維護 ④滅火器認識。

20. （4）下列內場操作人員的衛生規則何者正確 ①為操作方便可以用沙拉油桶墊腳 ②可直接以口對著湯勺試吃 ③可直接在操作台旁會客 ④使用適當且乾淨的器具進行菜餚的排盤。

21. （3）食品從業人員健康檢查及教育訓練記錄應保存幾年 ①一年 ②三年 ③五年 ④七年。

22. （4）下列何者對乾燥的抵抗力最強 ①黴菌 ②酵母菌 ③細菌 ④酵素。

23. （1）水活性在多少以下細菌較不易孳生 ① 0.84 ② 0.87 ③ 0.90 ④ 0.93。

24. （1）肉毒桿菌在酸鹼值（pH）多少以下生長會受到抑制 ① 4.6 ② 5.6 ③ 6.6 ④ 7.6。

25. （1）進行食品危害分析時須包括化學性、物理性及下列何者 ①生物性 ②化工性 ③機械性 ④電機性。

26. （1）關於諾羅病毒的敘述，下列何者正確 ① 1-10 個病毒即可致病 ②用 75% 酒精可以殺死 ③外層有脂肪膜 ④若貝類生長於受人類糞便污染的海域，病毒易蓄積於閉殼肌。

27. （4）下列何者為最常見的毒素型病原菌 ①李斯特菌 ②腸炎弧菌 ③曲狀桿菌 ④金黃色葡萄球菌。

28. （2）與水產食品中毒較相關的病原菌是 ①李斯特菌 ②腸炎弧菌 ③曲狀桿菌 ④葡萄球菌。

29. （3）經調查檢驗後確認引起疾病之病原菌為腸炎弧菌，則該腸炎弧菌即為 ①原因物質 ②事因物質 ③病因物質 ④肇因物質。

30. （3）一般而言，一件食品中毒案件之敘述，下列何者正確 ①有嘔吐腹瀉症狀即成立 ②民眾檢舉即成立 ③二人或二人以上攝取相同的食品而發生相似的症狀 ④多人以上攝取相同的食品而發生不同的症狀。

31. （1）關於肉毒桿菌食品中毒案件之敘述，下列何者正確 ①一人血清檢體中檢出毒素即成立 ②媒體報導即成立 ③三人或三人以上攝取相同的食品而發生相似的症狀 ④多人以上攝取相同的食品而發生不同的症狀。

32. （4）關於肉毒桿菌特性之敘述，下列何者正確 ①是肉條發霉 ②是肉腐敗所產生之細菌 ③是肉變臭之前兆 ④是會產生神經毒素。

33. （1）河豚毒素中毒症狀多於食用後 ①3 小時內（通常是 10 ～ 45 分鐘）產生 ②6 小時內（通常是 60 ～ 120 分鐘）產生 ③12 小時內（通常是 60 ～ 120 分鐘）產生 ④24 小時內（通常是 120 ～ 240 分鐘）產生。

34. （2）一般而言，河豚最劇毒的部位是 ①腸、皮膚 ②卵巢、肝臟 ③眼睛 ④肉。

35. （4）河豚毒素是屬於哪一種毒素 ①腸病毒 ②肝病毒 ③肺病毒 ④神經毒。

36. （4）下列哪一種化學物質會造成類過敏的食品中毒 ①黴菌毒素 ②麻痺性貝毒 ③食品添加物 ④組織胺。

37. （1）下列哪一種屬於天然毒素 ①黴菌毒素 ②農藥 ③食品添加物 ④保險粉。

38. （2）腸炎弧菌主要存在於下列何種食材，須熟食且避免交叉汙染 ①牛肉 ②海產 ③蛋 ④雞肉。

39. （3）沙門氏桿菌主要存在於下列何種食材，須熟食且避免交叉汙染 ①蔬菜 ②海產 ③禽肉 ④水果。

40. （3）低酸性真空包裝食品如果處理不當，容易因下列何者或其毒素引起食品中毒 ①李斯特菌 ②腸炎弧菌 ③肉毒桿菌 ④葡萄球菌。

41. （2）廚師很喜歡自己製造 XO 醬，如果裝罐封瓶時滅菌不當，極可能產生下列哪一種食品中毒 ①李斯特菌 ②肉毒桿菌 ③腸炎弧菌 ④葡萄球菌。

42. （1）過氧化氫造成食品中毒的原因食品常見的為 ①烏龍麵、豆干絲及豆干 ②餅乾 ③乳品、乳酪 ④罐頭食品。

43. （2）組織胺中毒常發生於腐敗之水產魚肉中，但組織胺是 ①不耐熱，加熱即可破壞 ②耐熱，加熱很難破壞 ③不耐冷，冷凍即可破壞 ④不耐攪拌，攪拌均勻即可破壞。

44. （3）台灣近年來，諾羅病毒造成食品中毒的主要原因食品為 ①漢堡 ②雞蛋 ③生蠔 ④罐頭食品。

45. （4）預防諾羅病毒食品中毒的最佳方法是 ①食物要冷藏 ②冷凍 12 小時以上 ③用 70% 的酒精消毒 ④勤洗手及不要生食。

46. （4）食品從業人員的皮膚上如有傷口，應儘快包紮完整，以避免傷口中何種病原菌污染食品 ①腸炎弧菌 ②肉毒桿菌 ③病原性大腸桿菌 ④金黃色葡萄球菌。

47. （2）預防食品中毒的五要原則是 ①要洗手、要充分攪拌、要生熟食分開、要澈底加熱、要注意保存溫度 ②要洗手、要新鮮、要生熟食分開、要澈底加熱、要注意保存溫度 ③要洗手、要新鮮、要戴手套、要澈底加熱、要注意保存 溫度 ④要充分攪拌、要新鮮、要生熟食分開、要澈底加熱、要注意保存溫度。

48. （4）肉毒桿菌毒素中毒風險較高的食品為何 ①花生等低酸性罐頭 ②加亞硝酸鹽的香腸與火腿 ③真空包裝冷藏素肉、豆干等 ④自製醃肉、自製醬菜等醃漬食品。

49. （3）避免肉毒桿菌毒素中毒，下列何者正確 ①只要無膨罐情形，即使生鏽或凹陷也可以 ②開罐後如發覺有異味時，煮過即可食用 ③自行醃漬食品食用前，應煮沸至少 10 分鐘且要充分攪拌 ④真空包裝食品，無須經過高溫高壓殺菌，銷售及保存也不用冷藏。

50. （3）黴菌毒素容易存在於 ①家禽類 ②魚貝類 ③穀類 ④內臟類。

51. （2）奶類應在 ① 10 ～ 12 ② 5 ～ 7 ③ 22 ～ 24 ④ 16 ～ 18 ℃儲存，以保持新鮮。

52. （4）食用油若長時間高溫加熱，結果 ①能殺菌、容易保存 ②增加油色之美觀 ③增長使用期限 ④會產生有害物質。

53. （2）蛋類最容易有 ①金黃色葡萄球菌 ②沙門氏桿菌 ③螺旋桿菌 ④大腸桿菌 汙染。

54. （2）選購包裝麵類製品的條件為何 ①色澤白皙 ②有完整標示 ③有使用防腐劑延長保存 ④麵條沾黏。

55. （1）選購冷凍包裝食品時應注意事項，下列何者正確 ①包裝完整 ②出廠日期 ③中心溫度達 0℃ ④出現凍燒情形。

56. （1）為防止肉毒桿菌生長產生毒素而引起食品中毒，購買真空包裝食品（例如真空包裝素肉），下列敘述何者正確 ①依標示冷藏或冷凍貯藏 ②既然是真空包裝食品無須充分加熱後就可食用 ③知名廠商無須檢視標示內容 ④只要方便取用，可隨意置放。

57. （4）選購豆腐加工產品時，下列何者為食品腐敗的現象 ①更美味 ②香氣濃郁 ③重量減輕 ④產生酸味。

58. （2）選購食材時，依據下列何者可辨別食物材料的新鮮與腐敗 ①價格高低 ②視覺嗅覺 ③外觀包裝 ④商品宣傳。

59. （3）選用發芽的馬鈴薯 ①可增加口味 ②可增加顏色 ③可能發生中毒 ④可增加香味。

60. （2）新鮮的魚，下列何者為正常狀態 ①眼睛混濁、出血 ②魚鱗緊附於皮膚、色澤自然 ③魚鰓呈灰綠色、有黏液產生 ④腹部易破裂、內臟外露。

61. （2）旗魚或鮪魚鮮度變差時，肉質易產生 ①紅變肉 ②綠變肉 ③黑變肉 ④褐變肉。

62. （3）蛋黃的圓弧度愈高者，表示該蛋愈 ①腐敗 ②陳舊 ③新鮮 ④美味。

63. （4）奶粉應購買 ①有結塊 ②有雜質 ③呈黑色 ④無不良氣味。

64. （2）漁獲後處理不當或受微生物污染之作用，容易產生組織胺，而導致組織胺中毒，下列何者敘述正確 ①組織胺易揮發且具熱穩定性 ②其中毒症狀包括有皮膚發疹、癢、水腫、噁心、腹瀉、嘔吐等 ③魚類組織胺之生成量及速率 不會因魚種、部位、貯藏溫度及污染菌的不同而有所差異 ④鯖、鮪、旗、鰹等迴游性紅肉魚類比底棲性白肉魚所生成的組織胺較少且慢。

65.（1）如何選擇新鮮的雞肉 ①肉有光澤緊實毛細孔突起 ②肉質鬆軟表皮平滑 ③肉的顏色暗紅有水般的光澤 ④雞體味重肉無彈性。

66.（3）採購魩仔魚乾，下列何者最符合衛生安全 ①透明者 ②潔白者 ③淡灰白者 ④暗灰色者。

67.（4）下列何者貯存於室溫會有食品安全衛生疑慮 ①米 ②糖 ③鹽 ④鮮奶油。

68.（4）依據 GHP 之儲存管理，化學物品應在原盛裝容器內並配合下列何種方式管理 ①專人 ②專櫃 ③專冊 ④專人專櫃專冊。

69.（1）下列何者為選擇乾貨應考量的因素 ①是否乾燥完全且沒有發霉或腐爛 ②外觀完整，乾溼皆可 ③色澤自然，乾淨與否以及有無雜質皆可 ④色澤非常亮麗。

70.（2）下列何種處理方式無法減少食品中微生物生長所導致之食品腐敗 ①冷藏貯存 ②室溫下隨意放置 ③冷凍貯存 ④妥善包裝後低溫貯存。

71.（1）熟米飯放置於室溫貯藏不當時，最容易遭受下列哪一種微生物的污染而腐敗變質 ①仙人掌桿菌 ②沙門氏桿菌 ③金黃色葡萄球菌 ④大腸桿菌。

72.（3）魚貝類在冷凍的溫度下 ①可永遠存放 ②不會變質 ③品質仍然在下降 ④新鮮度不變。

73.（3）下列何者敘述錯誤 ①雞蛋表面在烹煮前應以溫水清洗乾淨，否則易有沙門氏桿菌污染 ②在不清潔海域捕撈的牡蠣易有諾羅病毒污染 ③牛奶若是來自於罹患乳房炎的乳牛，易有仙人掌桿菌污染 ④製作提拉米蘇或慕斯類糕點時若因蛋液衛生品質不佳，易導致沙門氏桿菌污染。

74.（1）隨時要使用的肉類應保存於 ①7 ②0 ③12 ④-18℃以下為佳。

75.（3）中長期存放的肉類應保存於 ①4 ②0 ③-18 ④8℃以下才能保鮮。

76.（2）肉類的加工過程，為了防止肉毒桿菌滋生，都會在肉中加入 ①蘇打粉 ②硝 ③酒 ④香料。

77.（2）直接供應飲食場所火鍋類食品之湯底標示，下列何者正確 ①有無標示主要食材皆可 ②標示熬製食材中含量最多者 ③使用食材及風味調味料共同調製之火鍋湯底，不論使用比例都無需標示「○○食材及○○風味調味料」共同調製 ④應必須標示所有食材及成分。

78.（2）下列何者添加至食品中會有食品安全疑慮 ①鹽巴 ②硼砂 ③味精 ④砂糖。

79.（4）我國有關食品添加物之規定，下列何者為正確 ①使用量並無限制 ②使用範圍及使用量均無限制 ③使用範圍無限制 ④使用範圍及使用量均有限制。

80.（4）食品作業場所之人流與物流方向，何者正確 ①人流與物流方向相同 ②物流：清潔區→準清潔區→污染區 ③人流：污染區→準清潔區→清潔區 ④人流與物流方向相反。

81.（2）食物之配膳及包裝場所，何者正確 ①屬於準清潔作業區 ②室內應保持正壓 ③進入門戶必須設置空氣浴塵室 ④門戶可雙向進出。

82.（1）烹調魚類、肉類及禽肉類之中心溫度要求，下列何者正確 ①以禽肉類要求溫度最高，應達 74℃/15 秒以上 ②豬肉＞魚肉＞雞肉＞絞牛肉 ③考慮品質問題，煎牛排至少 50℃ ④牛肉因有旋毛蟲問題，一定要加熱至 100℃。

83. （2）盤飾使用之生鮮食品之衛生，下列何者最正確 ①以非食品做為盤飾 ②未經滅菌處理，不得接觸熟食 ③使用 200ppm 以上之漂白水消毒 ④花卉不得作為盤飾。

84. （2）依據 GHP 更換油炸油之規定，何者正確 ①總極性化合物（TPC）含量 25% 以下 ②總極性化合物（TPC）含量 25% 以上 ③酸價應在 25 mg KOH/g 以下 ④酸價應在 25 mg KOH/g 以上。

85. （1）下列何者屬低酸性食品 ①魚貝類 ②食物 pH 值 4.6 以下 ③食物 pH 值 3.0 以下 ④食用醋。

86. （3）食物製備的衛生安全操作，何者正確 ①以鹽水洗滌海鮮類 ②切割吐司片使用蔬果用砧板 ③蔬菜殺菁後直接食用，不可使用自來水冷卻 ④烹調用油宜達發煙點後再炸。

87. （3）食物冷卻處理，何者正確 ①應在 4 小時內將食物由 60℃ 降至 21℃ ②熱食放入冰箱可快速冷卻，以保持新鮮 ③盛裝容器高度不宜超過 10 公分 ④不可使用冷水或冰塊直接冷卻。

88. （3）冷卻一大鍋的蛤蠣濃湯，何者正確 ①湯鍋放在冷藏庫內 ②湯鍋放在冷凍庫內 ③湯鍋放在冰水內 ④湯鍋放在調理檯上。

89. （3）生魚片之衛生標準，何者正確 ①大腸桿菌群（Coliform）：陰性 ②「大腸桿菌（E. coli）」：1,000 MPN/g 以下 ③總生菌數：100,000CFU/g 以下 ④揮發性鹽基態氮（VBN）：15 g/100g 以上。

90. （3）食物之保溫與復熱，何者正確 ①保溫應使食物中心溫度不得低於 50℃ ②保溫時間以不超過 6 小時為宜 ③具潛在危害性食物，復熱中心溫度至少達 74 ℃ /15 秒以上 ④使用微波復熱中心溫度要求與一般傳統加熱方式一樣。

91. （4）食品溫度之量測，何者最正確 ①溫度計每兩年應至少校正一次 ②每次量測應固定同一位置 ③可以用玻璃溫度計測量冷凍食品溫度 ④微波加熱食品之量測，不應僅以表面溫度為準。

92. （2）製冰機管理，何者正確 ①生菜可放在其內之冰塊上冷藏 ②冷卻用冰塊仍須符合飲用水水質標準 ③任取一杯子取用 ④用後冰鏟或冰夾可直接放冰塊內。

93. （3）不同食材之清洗處理，何者正確 ①乾貨僅需浸泡即可 ②清潔度較低者先處理 ③清洗順序：蔬果→豬肉→雞肉 ④同一水槽同時一起清洗。

94. （4）油脂之使用，何者正確 ①回鍋油煙點較新鮮油煙點高 ②油炸用油，煙點最好低於 160 ③天然奶油較人造奶油之反式脂肪酸含量高 ④奶油油耗酸敗與微生物性腐敗無關。

95. （4）調味料之使用，何者正確 ①不屬於食品添加物，無限量標準 ②各類焦糖色素安全無虞，無限量標準 ③一般食用狀況下，使用化學醬油致癌可能性高 ④海帶與昆布的鮮味成分與味精相似。

96. （2）食品添加物之認知，何者正確 ①罐頭食品不能吃，因加了很多防腐劑 ②生鮮肉類不能添加保水劑 ③製作生鮮麵條，使用雙氧水殺菌是合法的 ④鹼粽添加硼砂是合法的。

97. （2）為避免交叉污染，廚房中最好準備四種顏色的砧板，其中白色使用於 ①肉類 ②熟食 ③蔬果類 ④魚貝類。

98. （2）乾燥金針經常過量使用下列何種漂白劑 ①螢光增白劑 ②亞硫酸氫鈉 ③次氯酸鈉 ④雙氧水。

99. （1）下列何者為豆干中合法的色素食品添加物 ①黃色五號 ②二甲基黃 ③鹽基性 介黃 ④皂素。

100. （2）舒適與清淨的廚房溫溼度組合，何者正確 ① 25 ～ 30℃，70 ～ 80%RH ② 20 ～ 25℃，50 ～ 60%RH ③ 15 ～ 20℃，30 ～ 35%RH ④ 90%RH。

101. （3）下列何者為不合法之食品添加物 ①蔗糖素 ②己二烯酸 ③甲醛 ④亞硝酸鹽。

102. （1）食物保存之危險溫度帶係指 ① 7 ～ 60℃ ② 20 ～ 80℃ ③ 0 ～ 35℃ ④ 40 ～ 75℃。

103. （1）為避免食品中毒，下列那種食材加熱中心溫度要求最高 ①雞肉 ②碎牛肉 ③ 豬肉 ④魚肉。

104. （3）醉雞的製備流程屬於下列何種供膳型式 ①驗收→儲存→前處理→烹調→熱存→供膳 ②驗收→儲存→前處理→烹調→冷卻→復熱→供膳 ③驗收→儲存→前處理→烹調→冷卻→冷藏→供膳 ④驗收→儲存→前處理→烹調→冷卻→冷藏→復熱→供膳。

105. （1）不會助長細菌生長之食物，下列何者正確 ①罐頭食品 ②截切生菜 ③油飯 ④馬鈴薯泥。

106. （1）廚房用水應符合飲用水水質，其殘氯標準（ppm）何者正確 ① 0.2 ～ 1.0 ② 2.0 ～ 5.0 ③ 10 ～ 20 ④ 20 ～ 50。

107. （4）食物製備與供應之衛生管理原則為新鮮、清潔、加熱與冷藏及 ①菜單多樣，少量製備 ②提早製備，隨時供應 ③大量製備，一次完成 ④處理迅速，避免 疏忽。

108. （4）餐飲業在洗滌器具及容器後，除以熱水或蒸氣外還可以下列何物消毒 ①無此消毒物 ②亞硝酸鹽 ③亞硫酸鹽 ④次氯酸鈉溶液。

109. （1）下列哪一項是針對器具加熱消毒殺菌法的優點 ①無殘留化學藥劑 ②好用方便 ③具滲透性 ④設備價格低廉。

110. （3）餐具洗淨後應 ①以毛巾擦乾 ②立即放入櫃內貯存 ③先讓其烘乾，再放入櫃內貯存 ④以操作者方便的方法入櫃貯存。

111. （2）生的和熟的食物在處理上所使用的砧板應 ①共一塊即可 ②分開使用 ③依經濟情況而定 ④依工作量大小而定 以避免二次污染。

112. （1）擦拭食器、工作檯及酒瓶 ①應準備多條布巾，隨時更新保持乾淨 ②為節省時間及成本，可用相同的抹布一體擦拭 ③以舊報紙來擦拭，既環保又省錢 ④擦拭用的抹布吸水力不可過強，以免傷害酒杯。

113. （4）毛巾抹布之煮沸殺菌，係以溫度 100℃的沸水煮沸幾分鐘以上 ①一分鐘 ②三分鐘 ③四分鐘 ④五分鐘。

114.（2）杯皿的清洗程序是 ①清水沖洗→洗潔劑→消毒液→晾乾 ②洗潔劑→清水沖洗→消毒液→晾乾 ③洗潔劑→消毒液→清水沖洗→晾乾 ④消毒液→洗潔劑→清水沖洗→晾乾。

115.（2）清洗玻璃杯一般均使用何種消毒液殺菌 ①清潔藥水 ②漂白水 ③清潔劑 ④肥皂粉。

116.（3）吧檯水源要充足，並應設置足夠水槽，水槽及工作檯之材質最好為 ①木材 ②塑膠 ③不銹鋼 ④水泥。

117.（2）三槽式餐具洗滌法，其中第二槽沖洗必須 ①滿槽的自來水 ②流動充足的自來水 ③添加消毒水之自來水 ④添加清潔劑之自來水。

118.（3）下列何者是食品洗潔劑選擇時須考慮的事項 ①經濟便宜 ②使用者口碑 ③各種洗潔劑的性質 ④廠牌名氣的大小。

119.（4）以下有關餐具消毒的敘述，何者正確 ①以 100ppm 氯液浸泡 2 分鐘 ②以漂白水浸泡 1 分鐘 ③以熱水 60℃浸泡 2 分鐘 ④以熱水 80℃浸泡 2 分鐘。

120.（1）餐具於三槽式洗滌中，洗潔劑應在 ①第一槽 ②第二槽 ③第三槽 ④不一定添加。

121.（3）洗滌食品容器及器具應使用 ①洗衣粉 ②廚房清潔劑 ③食品用洗潔劑 ④強酸、強鹼。

122.（4）食品用具之煮沸殺菌法係以 ①90℃加熱半分鐘 ②90℃加熱 1 分鐘 ③100℃加熱半分鐘 ④100℃加熱 1 分鐘。

123.（4）製冰機的使用原則，下列何者正確 ①只要是清理乾淨的食物都可以放置保鮮 ②乾淨的飲料用具都可以放進去 ③除了冰鏟外，不能存放食品及飲料 ④不得放任何器具、材料。

124.（4）清洗餐器具的先後順序，下列何者正確 A 烹調用具、B 鍋具、C 磁、不銹鋼餐具、D 刀具、E 熟食砧板、F 生食砧板、G 抹布 ① EDCBAFG ② GFEDCBA ③ CBDFGAE ④ CBADEFG。

125.（2）將所有細菌完全殺滅使成為無菌狀態，稱之 ①消毒 ②滅菌 ③巴斯德殺菌 ④商業滅菌。

126.（4）擦拭玻璃杯皿正確的步驟為 ①杯身、杯底、杯內、杯腳 ②杯腳、杯身、杯底、杯內 ③杯底、杯身、杯內、杯腳 ④杯內、杯身、杯底、杯腳。

127.（1）擦拭玻璃杯時，需對著光源檢視，係因為 ①檢查杯子是否乾淨 ②使杯子水分快速散去 ③展示杯子的造型 ④多此一舉。

128.（2）以漂白水消毒屬於何種殺菌、消毒方法 ①物理性 ②化學性 ③生物性 ④自然性。

129.（1）以冷藏庫或冷凍庫貯存食材之敘述，下列敘述何者正確 ①應考量菜單種類和食材安全貯存審慎計算規劃 ②冷藏庫內通風孔前可堆東西，以有效利用空間 ③可運用瓦楞紙板當作冷藏庫或冷凍庫內區隔食材之隔板 ④冷藏庫或冷凍庫越大越好，可讓廚房彈性操作空間越大。

130.（2）關於食品倉儲設施及原則，下列敘述何者正確 ①冷藏庫之溫度應在 10℃以下 ②遵守先進先出之原則，並確實記錄 ③乾貨庫房應以日照直射，藉此達到乾燥通風之目的 ④應隨時注意冷凍室之溫度，充分利用所有地面空間擺置食材。

131.（2）倉儲設施及管制原則影響食材品質甚鉅，下列何者敘述正確 ①為維持濕度平衡，乾貨庫房應放置冰塊 ②為控制溫度，冷凍庫房須定期除霜 ③為防止品質劣變，剛煮滾之醬汁應立即放入冷藏庫降溫 ④為有效利用空間，冷藏庫房儘量堆滿食物。

132.（1）食材貯存設施應注意事項，下列敘述何者正確 ①為避免冷氣外流，人員進出冷凍或冷藏庫速度應迅速 ②為保持食材最新鮮狀態，近期將使用到之食材應置放於冷藏庫出風口 ③為避免腐壞，煮熟之餐點不急於供應時，應立即送進冷藏庫 ④為節省貯存空間，海鮮、肉類和蛋類可一起貯存。

133.（3）冷藏庫貯存食材之說明，下列敘述何者正確 ①煮過與未經烹調可一起存放，節省空間 ②熱食應直接送入冷藏庫中，以免造成腐敗 ③海鮮存放時，最好與其他材料分開 ④乳製品、甜點、生肉可共同存放。

134.（4）依據「食品良好衛生規範準則」，餐具採用乾熱殺菌法做消毒，需達到多少 度以上之乾熱，加熱 30 分鐘以上 ① 80℃ ② 90℃ ③ 100℃ ④ 110℃。

135.（1）乾料庫房之最佳濕度比應為何 ① 70% ② 80% ③ 90% ④ 95%。

136.（1）食品作業場所內化學物質及用具之管理，下列何者可暫存於作業場所操作區 ①清洗碗盤之食品用洗潔劑 ②去除病媒之誘餌 ③清洗廁所之清潔劑 ④洗刷地板之消毒劑。

137.（1）使用砧板後應如何處理，再側立晾乾 ①當天用清水洗淨 ②當天用廚房紙巾擦乾淨即可 ③隔天用清水洗淨消毒 ④隔二天後再一併清洗消毒。

138.（3）餐飲器具及設施，下列敘述何者正確 ①木質砧板比塑膠材質砧板更易維持清潔 ②保溫餐檯正確熱藏溫度為攝氏 50 度 ③洗滌場所應有充足之流動自來 水，水龍頭高度應高於水槽滿水位高度 ④廚房之截油設施一年清理一次即可。

139.（1）防治蒼蠅病媒傳染危害之因應措施，下列敘述何者為宜 ①將垃圾桶及廚餘密閉貯放 ②使用白色防蟲簾 ③噴灑農藥 ④使用蚊香。

140.（1）餐飲業為防治老鼠傳染危害而做的措施，下列敘述何者正確 ①使用加蓋之垃圾桶及廚餘桶 ②出入口裝設空氣簾 ③於工作場所養貓 ④於工作檯面置放捕鼠夾及誘餌。

141.（3）不鏽鋼工作檯之優點，下列敘述何者正確 ①使用年限短 ②易生鏽 ③耐腐蝕 ④不易清理。

142.（2）為避免產生死角不易清洗，廚房牆角與地板接縫處在設計時，應該採用那一 種設計為佳 ①直角 ②圓弧角 ③加裝飾條 ④加裝鐵皮。

143.（4）餐廳廚房設計時，廁所的位置至少需遠離廚房多遠才可 ① 1 公尺 ② 1.5 公尺 ③ 2 公尺 ④ 3 公尺。

144.（2）餐廳作業場所面積與供膳場所面積之比例最理想的標準為 ① 1：2 ② 1：3 ③ 1：4 ④ 1：5。

145.（1）為防止污染食品，餐飲作業場所對於貓、狗等寵物 ①應予管制 ②可以攜入作業場所 ③可以幫忙看門 ④可以留在身邊。

146.（3）杜絕蟑螂孳生的方法，下列敘述何者正確 ①掉落作業場所之任何食品，待工作告一段落再統一清理 ②使用紙箱作為防滑墊 ③妥善收藏已開封的食品 ④擺放誘餌於工作檯面。

147.（1）作業場所內垃圾及廚餘桶加蓋之主要目的為何 ①避免引來病媒 ②減少清理次數 ③美觀大方 ④上面可放置東西。

148.（1）選用容器具或包裝時，衛生安全上應注意下列何項 ①材質與使用方法 ②價格高低 ③國內外品牌 ④花色樣式。

149.（1）一般手洗容器具時，下列何者適當 ①使用中性洗劑清洗 ②使用鋼刷用力刷洗 ③使用酸性洗劑清洗 ④使用鹼性洗劑清洗。

150.（3）使用食品用容器具及包裝時，下列何者正確 ①應選用回收代碼數字高的塑膠材質 ②應選用不含金屬錳之不鏽鋼 ③應瞭解材質特性及使用方式 ④應選用含螢光增白劑之紙類容器。

151.（1）使用保鮮膜時，下列何者正確 ①覆蓋食物時，避免直接接觸食物 ②微波食物時，須以保鮮膜包覆 ③應重複使用，減少資源浪費 ④蒸煮食物時，以保鮮膜包覆。

152.（3）食品業者應選用符合衛生標準之容器具及包裝，以下何者正確 ①市售保特瓶飲料空瓶可回收裝填食物後再販售 ②容器具允許偶有變色或變形 ③均須符合溶出試驗及材質試驗 ④紙類容器無須符合塑膠類規定。

153.（2）食品包裝之主要功能，下列何者正確 ①增加價格 ②避免交叉污染 ③增加重量 ④縮短貯存期限。

154.（2）選擇食材或原料供應商時應注意之事項，下列敘述何者正確 ①提供廉價食材之供應商 ②完成食品業者登錄之食材供應商 ③提供解凍再重新冷凍食材之供應商 ④提供即期或重新標示食品之供應商。

155.（3）載運食品之運輸車輛應注意之事項，下列敘述何者正確 ①運輸冷凍食品時，溫度控制在 -4℃ ②應妥善運用空間，儘量堆疊 ③運輸過程應避免劇烈之溫濕度變化 ④原材料、半成品及成品可以堆疊在一起。

156.（3）食材驗收時應注意之事項，下列敘述何者正確 ①採購及驗收應同一人辦理 ②運輸條件無須驗收 ③冷凍食品包裝上有水漬／冰晶時，不宜驗收 ④現場合格者驗收，無須記錄。

157.（2）食材貯存應注意之事項，下列敘述何者正確 ①應大量囤積，先進後出 ②應標記內容，以利追溯來源 ③即期品應透過冷凍延長貯存期限 ④不須定時查看溫度及濕度。

158.（3）冷凍食材之解凍方法，對於食材之衛生及品質，何者最佳 ①置於流水下解凍 ②置於室溫下解凍 ③置於冷藏庫解凍 ④置於靜水解凍。

159.（3）即食熟食食品之安全，下列敘述何者為正確 ①冷藏溫度應控制在 10℃以下 ②熱藏溫度應控制在 30℃至 50℃之間 ③食品之危險溫度帶介於 7℃至 60℃之間 ④熱食售出後 8 小時內食用都在安全範圍。

160.（4）食品添加物之使用，下列敘述何者為正確 ①只要是業務員介紹的新產品，一定要試用 ②食品添加物業者尚無需取得食品業者登錄字號 ③複方食品添加物

的內容，絕對不可對外公開 ④應瞭解食品添加物的使用範圍及用量，必要時再使用。

161.（2）食品業者實施衛生管理，以下敘述何者為正確 ①必要時實施食品良好衛生規範準則 ②掌握製程重要管制點，預防、降低或去除危害 ③為了衛生稽查，才建立衛生管理文件 ④建立標準作業程序書，現場操作仍依經驗為準。

162.（3）餐飲服務人員操持餐具碗盤時，應注意事項 ①戴了手套，偶爾觸摸杯子或碗盤內部並無大礙 ②以玻璃杯直接取用食用冰塊 ③拿取刀叉餐具時，應握其把手 ④為避免湯汁濺出，遞送食物時，可稍微觸摸碗盤內部食物。

163.（4）餐飲服務人員對於掉落地上的餐具，應如何處理 ①沒有髒污就可以繼續提供使用 ②如果有髒污，使用面紙擦拭後就可繼續提供使用 ③使用桌布擦拭後繼續提供使用 ④回收洗淨晾乾後，方可提供使用。

164.（1）餐飲服務人員遞送餐點時，下列敘述何者正確 ①避免言談 ②指甲未修剪 ③衣著髒污 ④嬉戲笑鬧口沫橫飛。

165.（3）餐飲服務人員如有腸胃不適或腹瀉嘔吐時，應如何處理 ①工作賺錢重要，忍痛撐下去 ②外場服務人員與食品安全衛生沒有直接相關 ③主動告知管理人員進行健康管理 ④自行服藥後繼續工作。

166.（2）食品安全衛生知識與教育，下列敘述何者正確 ①廚師會做菜就好，沒必要瞭解食品安全衛生相關法規 ②外場餐飲服務人員應具備食品安全衛生知識 ③業主會經營賺錢就好，食品安全衛生法規交給秘書瞭解 ④外場餐飲服務人員不必做菜，無須接受食品安全衛生教育。

167.（2）餐飲服務人員進行換盤服務時，應如何處理 ①邊收菜渣，邊換碗盤 ②先收完菜渣，再更換碗盤 ③請顧客將菜渣倒在一起，再一起換盤 ④邊送餐點，邊換碗盤。

168.（3）餐飲服務人員應養成之良好習慣，下列敘述何者正確 ①遞送餐點時，同時口沫橫飛地介紹餐點 ②指甲彩繪增加吸引力 ③有身體不適時，主動告知主管 ④同時遞送餐點及接觸紙鈔等金錢。

169.（4）微生物容易生長的條件為下列哪一種環境？①高酸度 ②乾燥 ③高溫 ④高水分。

170.（4）鹽漬的水產品或肉類，使用後若有剩餘，下列何種作法最不適當 ①可不必冷藏 ②放在陰涼通風處 ③放置冰箱冷藏 ④放在陽光充足的通風處。

171.（1）下列何者敘述正確 ①冷藏的未包裝食品和配料在貯存過程中必須覆蓋，防止污染 ②生鮮食品（例如：生雞肉和肉類）在冷藏櫃內得放置於即食食品的上方 ③冷藏的生鮮配料不須與即食食品和即食配料分開存放 ④有髒污或裂痕蛋類經過清洗也可使用於製作蛋黃醬。

172.（4）下列何者是處理蛋品的錯誤方式 ①選購蛋品應留意蛋殼表面是否有裂縫及泥沙或雞屎殘留 ②未及時烹調的蛋，鈍端朝上存放於冰箱中 ③烹煮前以溫水沖洗蛋品表面，避免蛋殼表面上病原菌污染內部 ④水煮蛋若沒吃完，可先剝殼長時間置於冰箱保存。

工作項目 02：食品安全衛生相關法規

1. （3）食品從業人員的健康檢查應多久辦理一次 ①每三個月 ②每半年 ③每一年 ④想到再檢查即可。

2. （1）下列何種肝炎，感染或罹患期間不得從事食品及餐飲相關工作 ①A型 ②B型 ③C型 ④D型。

3. （1）目前法規規範需聘用全職「技術證照人員」的食品相關業別為 ①餐飲業及烘焙業 ②販賣業 ③乳品加工業 ④食品添加物業。

4. （3）中央廚房式之餐飲業依法規需聘用技術證照人員的比例為 ① 85% ② 75% ③ 70% ④ 60%。

5. （2）供應學校餐飲之餐飲業依法規需聘用技術證照人員的比例為 ① 85% ② 75% ③ 70% ④ 60%。

6. （1）觀光旅館之餐飲業依法規需聘用技術證照人員的比例為 ① 85% ② 75% ③ 70% ④ 60%。

7. （2）持有烹調相關技術證照者，從業期間每年至少需接受幾小時的衛生講習 ① 4 小時 ② 8 小時 ③ 12 小時 ④ 24 小時。

8. （4）廚師證書有效期間為幾年 ① 1 年 ② 2 年 ③ 3 年 ④ 4 年。

9. （2）選購包裝食品時要注意，依食品安全衛生管理法規定，食品及食品原料之容器或外包裝應標示 ①製造日期 ②有效日期 ③賞味期限 ④保存期限。

10. （2）食品著色、調味、防腐、漂白、乳化、增加香味、安定品質、促進發酵、增加稠度、強化營養、防止氧化或其他必要目的，而加入、接觸於食品之單方或複方物質稱為 ①食品材料 ②食品添加物 ③營養物質 ④食品保健成分。

11. （2）根據「餐具清洗良好作業指引」，下列何者是正確的清洗作業設施 ①洗滌槽：具有 100℃以上含洗潔劑之熱水 ②沖洗槽：具有充足流動之水，且能將洗潔劑沖洗乾淨 ③有效殺菌槽：水溫應在 100℃以上 ④洗滌槽：人工洗滌應浸 20 分鐘以上。

12. （4）根據「餐具清洗良好作業指引」，有效殺菌槽的水溫應高於 ① 50℃ ② 60℃ ③ 70℃ ④ 80℃ 以上。

13. （2）依據「食品良好衛生規範準則」，為有效殺菌，依規定以氯液殺菌法處理餐具，氯液總有效氯最適量為 ① 50ppm ② 200ppm ③ 500ppm ④ 1000ppm。

14. （4）依據「食品良好衛生規範準則」，食品熱藏溫度為何 ①攝氏 45 度以上 ②攝氏 50 度以上 ③攝氏 55 度以上 ④攝氏 60 度以上。

15. （4）依據「食品良好衛生規範準則」，食品業者工作檯面或調理檯面之照明規範，應達下列哪一個條件 ① 120 米燭光以上 ② 140 米燭光以上 ③ 180 米燭光以上 ④ 200 米燭光以上。

16.（3）依據「食品良好衛生規範準則」，食品業者之蓄水池（塔、槽）之清理頻率為何 ①三年至少清理一次 ②二年至少清理一次 ③一年至少清理一次 ④一月至少清理一次。

17.（3）下列何者是「食品良好衛生規範準則」中，餐具或食物容器是否乾淨的檢查項目 ①殘留澱粉、殘留脂肪、殘留洗潔劑、殘留過氧化氫 ②殘留澱粉、殘留蛋白質、殘留洗潔劑、殘留過氧化氫 ③殘留澱粉、殘留脂肪、殘留蛋白質、殘留洗潔劑 ④殘留澱粉、殘留脂肪、殘留蛋白質、殘留過氧化氫。

18.（3）與食品直接接觸及清洗食品設備與用具之用水及冰塊，應符合「飲用水水質標準」規定，飲用水的氫離子濃度指數（pH 值）限值範圍為 ① 4.6 ～ 6.5 ② 4.6 ～ 7.5 ③ 6.0 ～ 8.5 ④ 6.0 ～ 9.5。

19.（2）供水設施應符合之規定，下列敘述何者正確 ①製作直接食用冰塊之製冰機水源過濾時，濾膜孔徑越大越好 ②使用地下水源者，其水源與化糞池、廢棄物堆積場所等污染源，應至少保持十五公尺之距離 ③飲用水與非飲用水之管路系統應完全分離，出水口毋須明顯區分 ④蓄水池（塔、槽）應保持清潔，設置地點應距污穢場所、化糞池等污染源二公尺以上。

20.（2）依據「食品良好衛生規範準則」，為維護手部清潔，洗手設施除應備有流動自來水及清潔劑外，應設置下列何種設施 ①吹風機 ②乾手器或擦手紙巾 ③刮鬍機 ④牙線等設施。

21.（2）依照「食品良好衛生規範準則」，下列何者應設專用貯存設施 ①價值不斐之食材 ②過期回收產品 ③廢棄食品容器具 ④食品用洗潔劑。

22.（2）依照「食品良好衛生規範準則」，當油炸油品質有下列哪些情形者，應予以更新 ①出現泡沫時 ②總極性化合物超過 25% ③油炸超過 1 小時 ④油炸豬肉後。

23.（1）下列何者為「食品良好衛生規範準則」中，有關場區及環境應符合之規定 ①冷藏食品之品溫應保持在攝氏 7 度以下，凍結點以上 ②蓄水池（塔、槽）應保持清潔，每兩年至少清理一次並作成紀錄 ③冷凍食品之品溫應保持在 攝氏 -10 度以下 ④蓄水池設置地點應離汙穢場所或化糞池等污染源 2 公尺以上。

24.（2）「食品良好衛生規範準則」中有關病媒防治所使用之環境用藥應符合之規定，下列敘述何者正確 ①符合食品安全衛生管理法之規定 ②明確標示為環境用藥並由專人管理及記錄 ③可置於碗盤區固定位置方便取用 ④應標明其購買日期及價格。

25.（2）「食品良好衛生規範準則」中有關廢棄物處理應符合之規定，下列敘述何者正確 ①食品作業場所內及其四周可任意堆置廢棄物 ②反覆使用盛裝廢棄物之容器，於丟棄廢棄物後，應立即清洗 ③過期回收產品，可暫時置於其他成品放置區 ④廢棄物之置放場所偶有異味或有害氣體溢出無妨。

26.（2）「食品良好衛生規範準則」中有關倉儲管制應符合之規定，下列敘述何者正確 ①應遵循先進先出原則，並貼牆整齊放置 ②倉庫內物品不可直接置於地上，以供搬運 ③應善用倉庫內空間，貯存原材料、半成品或成品 ④倉儲過程中，應緊閉不透風以防止病媒飛入。

27. （1）「食品良好衛生規範準則」中有關餐飲業之作業場所與設施之衛生管理，下列敘述何者正確 ①應具有洗滌、沖洗及有效殺菌功能之餐具洗滌殺菌設施 ②生冷食品可於熟食作業區調理、加工及操作 ③為保持新鮮，生鮮水產品養殖處所應直接置於生冷食品作業區內 ④提供之餐具接觸面應保持平滑、無凹陷或裂縫，不應有脂肪、澱粉、膽固醇及過氧化氫之殘留。

28. （3）廢棄物應依下列何者法規規定清除及處理 ①環境保護法 ②食品安全衛生管理法 ③廢棄物清理法 ④食品良好衛生規範準則。

29. （3）廢食用油處理，下列敘述何者正確 ①一般家庭及小吃店之廢食用油屬環境保護署公告之事業廢棄物 ②依環境保護法規定處理 ③非餐館業之廢食用油，可交付清潔隊或合格之清除機構處理 ④環境保護署將廢食用油列為應回收廢棄物。

30. （4）包裝食品應標示之事項，以下何者正確 ①製造日期 ②食品添加物之功能性名稱 ③含非基因改造食品原料 ④國內通過農產品生產驗證者，標示可追溯之來源。

31. （1）餐飲業者提供以牛肉為食材之餐點時，依規定應標示下列何種項目 ①牛肉產地 ②烹調方法 ③廚師姓名 ④牛肉部位。

32. （2）食品業者販售重組魚肉、牛肉或豬肉食品時，依規定應加註哪項醒語 ①烹調方法 ②僅供熟食 ③可供生食 ④製作流程。

33. （2）市售包裝食品如含有下列哪種內容物時，應標示避免消費者食用後產生過敏症狀 ①鳳梨 ②芒果 ③芭樂 ④草莓。

34. （1）為避免食品中毒，真空包裝即食食品應標示哪項資訊 ①須冷藏或須冷凍 ②水分含量 ③反式脂肪酸含量 ④基因改造成分。

35. （3）餐廳提供火鍋類產品時，依規定應於供應場所提供哪項資訊 ①外帶收費標準 ②火鍋達人姓名 ③湯底製作方式 ④供應時間限制。

36. （1）基因改造食品之標示，下列敘述何者為正確 ①調味料用油品，如麻油、胡麻油等，無須標示 ②產品中添加少於 2% 的基因改造黃豆，無需標示 ③我國基因改造食品原料之非故意攙雜率是 2% ④食品添加物含基因改造原料時，無須標示。

37. （4）購買包裝食品時，應注意過敏原標示，請問下列何者屬之？ ①殺菌劑過氧化氫 ②防腐劑己二烯酸 ③食用色素 ④蝦、蟹、芒果、花生、牛奶、蛋及其製品。

38. （3）下列產品何者無須標示過敏原資訊？ ①花生糖 ②起司 ③蘋果汁 ④優格。

39. （3）工業上使用的化學物質可添加於食品嗎？ ①只要屬於衛生福利部公告準用的食品添加物品目，則可依規定添加於食品中 ②視其安全性認定是否可添加於食品中 ③不得作食品添加物用 ④可任意添加於食品中。

40. （4）餐飲業者如因衛生不良，違反食品良好衛生規範準則，經命其限期改正，屆期不改正，依違反食安法可處多少罰鍰？ ①6 ～ 100 萬 ②6 ～ 1,500 萬 ③6 ～ 5,000 萬 ④6 萬～ 2 億元。

工作項目 03：營養及健康飲食

1. （1）下列全穀雜糧類，何者熱量最高？ ①五穀米飯 1 碗（約 160 公克） ②玉米 1 根（可食部分約 130 公克） ③粥 1 碗（約 250 公克） ④中型芋頭 1/2 個（約 140 公克）。

2. （4）下列何者屬於「豆、魚、蛋、肉」類？ ①四季豆 ②蛋黃醬 ③腰果 ④牡蠣。

3. （2）下列健康飲食的觀念，何者正確？ ①不吃早餐可以減少熱量攝取，是減肥成功的好方法 ②全穀可提供豐富的維生素、礦物質及膳食纖維等，每日三餐應以其為主食 ③牛奶營養豐富，鈣質含量尤其高，應鼓勵孩童將牛奶當水喝，對成長有利 ④對於愛吃水果的女性，若當日水果吃得較多，則應將蔬菜減量，對健康就不影響。

4. （1）研究顯示，與罹患癌症最相關的飲食因子為 ①每日蔬、果攝取份量不足 ②每日「豆、魚、蛋、肉」類攝取份量不足 ③常常不吃早餐，卻有吃宵夜的習慣 ④反式脂肪酸攝食量超過建議量。

5. （3）下列何者是「鐵質」最豐富的來源？ ①雞蛋 1 個 ②紅莧菜半碗（約 3 兩） ③牛肉 1 兩 ④葡萄 8 粒。

6. （3）每天熱量攝取高於身體需求量的 300 大卡，約多少天後即可增加 1 公斤？ ① 15 天 ② 20 天 ③ 25 天 ④ 35 天。

7. （4）下列飲食行為，何者是對多數人健康最大的威脅？ ①每天吃 1 個雞蛋（荷包蛋、滷蛋等） ②每天吃 1 次海鮮（蝦仁、花枝等） ③每天喝 1 杯拿鐵（咖啡加鮮奶） ④每天吃 1 個葡式蛋塔。

8. （4）世界衛生組織（WHO）建議每人每天反式脂肪酸不可超過攝取熱量的 1%。請問，以一位男性每天 2,000 大卡來看，其反式脂肪酸的上限為 ① 5.2 公克 ② 3.6 公克 ③ 2.8 公克 ④ 2.2 公克。

9. （3）下列針對「高果糖玉米糖漿」與「蔗糖」的敘述，何者正確？ ①高果糖玉米糖漿甜度高、用量可以減少，對控制體重有利 ②蔗糖加熱後容易失去甜味 ③高果糖玉米糖漿容易讓人上癮、過度食用 ④過去研究顯示：二者對血糖升高、癌症誘發等的影響是一樣的。

10. （3）老年人若蛋白質攝取不足，容易形成「肌少症」。下列食物何者蛋白質含量最高？ ①養樂多 1 瓶 ②肉鬆 1 湯匙 ③雞蛋 1 個 ④冰淇淋 1 球。

11. （3）100 克的食品，下列何者所含膳食纖維最高？ ①番薯 ②冬粉 ③綠豆 ④麵線。

12. （1）100 克的食物，下列何者所含脂肪量最低？ ①蝦仁 ②雞腿肉 ③豬腱 ④牛腩。

13. （3）健康飲食建議至少應有多少量的全穀雜糧類，要來自全穀類？ ① 1/5 ② 1/4 ③ 1/3 ④ 1/2。

14. （3）每日飲食指南建議每天 1.5-2 杯奶，一杯的份量是指？ ① 100cc ② 150cc ③ 240cc ④ 300cc。

15. （2）每日飲食指南建議每天 3-5 份蔬菜，一份是指多少量？ ①未煮的蔬菜 50 公克 ②未煮的蔬菜 100 公克 ③未煮的蔬菜 150 公克 ④未煮的蔬菜 200 公克。

16. （3）健康飲食建議的鹽量，每日不超過幾公克？ ① 15 公克 ② 10 公克 ③ 6 公克 ④ 2 公克。

17. （1）下列營養素，何者是人類最經濟的能量來源？ ①醣類 ②脂肪 ③蛋白質 ④維生素。

18. （4）健康體重是指身體質量指數在下列哪個範圍？ ① 21.5-26.9 ② 20.5-25.9 ③ 19.5-24.9 ④ 18.5-23.9。

19. （2）飲食指南中六大類食物的敘述何者正確 ①玉米、栗子、荸薺屬蔬菜類 ②糙米、南瓜、山藥屬全穀雜糧類 ③紅豆、綠豆、花豆屬豆魚蛋肉類 ④瓜子、杏仁果、腰果屬全穀雜糧類。

20. （2）關於衛生福利部公告之素食飲食指標，下列建議何者正確 ①多攝食瓜類食物，以獲取足夠的維生素 B12 ②多攝食富含維生素 C 的蔬果，以改善鐵質吸收率 ③每天蔬菜應包含至少一份深色蔬菜、一份淺色蔬菜 ④全穀只須占全穀雜糧類的 1/4。

21. （3）關於衛生福利部公告之國民飲食指標，下列建議何者正確 ①每日鈉的建議攝取量上限為 6 克 ②多葷少素 ③多粗食少精製 ④三餐應以國產白米為主食。

22. （2）飽和脂肪的敘述，何者正確 ①動物性肉類中以紅肉（例如牛肉、羊肉、豬肉）的飽和脂肪含量較低 ②攝取過多飽和脂肪易增加血栓、中風、心臟病等心血管疾病的風險 ③世界衛生組織建議應以飽和脂肪取代不飽和脂肪 ④於常溫下固態性油脂（例如豬油）其飽和脂肪含量較液態性油脂（例如大豆油及橄欖油）低。

23. （2）反式脂肪的敘述，何者正確 ①反式脂肪的來源是植物油，所以可以放心使用 ②反式脂肪會增加罹患心血管疾病的風險 ③反式脂肪常見於生鮮蔬果中 ④即使是天然的反式脂肪依然對健康有危害。

24. （4）下列那一組午餐組合可提供較高的鈣質？ ①白飯（200g）＋荷包蛋（50g）＋芥藍菜（100g）＋豆漿（240mL）②糙米飯（200g）＋五香豆干（80g）＋高麗菜（100g）＋豆漿（240mL）③白飯（200g）＋荷包蛋（50g）＋高麗菜（100g）＋鮮奶（240mL）④糙米飯（200g）＋五香豆干（80g）＋芥藍菜（100g）＋鮮奶（240mL）。

25. （1）下列何者組合較符合地中海飲食之原則 ①雜糧麵包佐橄欖油＋烤鯖魚＋腰果拌地瓜葉 ②地瓜稀飯＋瓜仔肉＋涼拌小黃瓜 ③蕎麥麵＋炸蝦＋溫泉蛋 ④玉米濃湯＋菲力牛排＋提拉米蘇。

26. （3）下列何者符合高纖的原則 ①以水果取代蔬菜 ②以果汁取代水果 ③以糙米取代白米 ④以紅肉取代白肉。

27. （2）請問飲食中如果缺乏「碘」這個營養素，對身體造成最直接的危害為何？ ①孕婦低血壓 ②嬰兒低智商 ③老人低血糖 ④女性貧血。

28. （3）銀髮族飲食需求及製備建議，下列何者正確 ①應盡量減少豆魚蛋肉類的食用，避免增加高血壓及高血脂的風險 ②應盡量減少使用蔥、薑、蒜、九層塔等，以免刺激腸胃道 ③多吃富含膳食纖維的食物，例如：全穀類食物、蔬菜、水果，

可使排便更順暢 ④保健食品及營養補充品的食用是必須的，可參考廣告資訊選購。

29.（2）以下敘述，何者為健康烹調？ ①含「不飽和脂肪酸」高的油脂有益健康，油炸食物最適合 ②夏季涼拌菜色，可以選用麻油、特級冷壓橄欖油、苦茶油、芥花油等，美味又健康 ③裹於食物外層之麵糊層越厚越好 ④可多使用調味料及奶油製品以增加食物風味。

30.（1）「國民飲食指標」強調多選用「當季在地好食材」，主要是因為 ①當季盛產食材價錢便宜且營養價值高 ②食材新鮮且衛生安全，不需額外檢驗 ③使用在地食材，增加碳足跡 ④進口食材農藥使用把關不易且法規標準低於我國。

31.（2）下列何者是蔬菜的健康烹煮原則？ ①「水煮」青菜較「蒸」的方式容易保存蔬菜中的維生素 ②可以使用少量的健康油炒蔬菜，以幫助保留維生素 ③添加「小蘇打」可以保持蔬菜的青綠色，且減少維生素流失 ④分批小量烹煮蔬菜，無法減少破壞維生素 C。

32.（1）「素食」烹調要能夠提供足夠的蛋白質，下列何者是重要原則？ ①豆類可以和穀類互相搭配（如黃豆糙米飯），使增加蛋白質攝取量，又可達到互補的作用 ②豆干、豆腐及腐皮等豆類食品雖然是素食者重要蛋白質來源，但因其仍屬初級加工食品，素食不宜常常使用 ③種子、堅果類食材，雖然蛋白質含量不低，但因其熱量也高，故不建議應用於素食 ④素食成形的加工素材種類多樣化，作為「主菜」的設計最為方便且受歡迎，可以多多利用。

33.（3）下列方法何者不宜作為「減鹽」或「減糖」的烹調方法？ ①多利用醋、檸檬、蘋果、鳳梨增加菜餚的風（酸）味 ②於甜點中利用新鮮水果或果乾取代精緻糖 ③應用市售高湯罐頭（塊）增加菜餚口感 ④使用香菜、草菇等來增加菜餚的美味。

34.（2）下列有關育齡女性營養之敘述何者正確？ ①避免選用加碘鹽以及避免攝取含碘食物，如海帶、紫菜 ②食用富含葉酸的食物，如深綠色蔬菜 ③避免日曬，多攝取富含維生素 D 的食物，如魚類、雞蛋等 ④為了促進鐵質的吸收率，用餐時應搭配喝茶。

35.（2）下列有關更年期婦女營養之敘述何者正確？ ①飲水量過少可能增加尿道感染的風險，建議每日至少補充 15 杯（每杯 240 毫升）以上的水分 ②每天日曬 20 分鐘有助於預防骨質疏鬆 ③多吃紅肉少吃蔬果，可以補充鐵質又能預防心血管疾病的發生 ④應避免攝取含有天然雌激素之食物，如黃豆類及其製 品等。

36.（4）下列何種肉類烹調法，不宜吃太多？ ①燉煮肉類 ②蒸烤肉類 ③汆燙肉類 ④碳烤肉類。

37.（1）下列何者是攝取足夠且適量的「碘」最安全之方式 ①使用加「碘」鹽取代一般鹽烹調 ②每日攝取高含「碘」食物，如海帶 ③食用高單位碘補充劑 ④多攝取海鮮。

38.（1）下列敘述的烹調方式，哪個是符合減鹽的原則 ①使用酒、糯米醋、蒜、薑、胡椒、八角及花椒等佐料，增添料理風味 ②使用醬油、味精、番茄醬、魚露、紅糟等醬料取代鹽的使用 ③多飲用白開水降低鹹度 ④採用醃、燻、醬、滷等方式，添增食物的香味。

39.（1）豆魚蛋肉類食物經常含有隱藏的脂肪，下列何者脂肪含量較低 ①不含皮的肉類，例如雞胸肉 ②看得到白色脂肪的肉類，例如五花肉 ③加工絞肉製品，例如火鍋餃類 ④食用油處理過的加工品，例如肉鬆。

40.（2）請問何種烹調方式最能有效減少碘的流失 ①爆香時加入適量的加碘鹽 ②炒菜起鍋前加入適量的加碘鹽 ③開始燉煮時加入適量的加碘鹽 ④食材和適量的加碘鹽同時放入鍋中熬湯。

41.（1）下列何者方式為用油較少之烹調方式 ①涮：肉類食物切成薄片，吃時放入滾湯裡燙熟 ②爆：強火將油燒熱，食材迅速拌炒即起鍋 ③三杯：薑、蔥、紅辣椒炒香後放入主菜，加麻油、香油、醬油各一杯，燜煮至湯汁收乾，再加入九層塔拌勻 ④燒：菜餚經過炒煎，加入少許水或高湯及調味料，微火燜燒，使食物熟透、汁液濃縮。

42.（3）下列有關國小兒童餐製作之敘述，何者符合健康烹調原則？①建議多以油炸類的餐點為主，如薯條、炸雞 ②應避免供應水果、飲料等甜食 ③可運用天然起司入菜或以鮮奶作為餐間點心 ④學童挑食恐使營養攝取不足，應多使用奶油及調味料來增加菜餚的風味。

43.（4）下列有關食品營養標示之敘述，何者正確？ ①包裝食品上營養標示所列的一份熱量含量，通常就是整包吃完後所獲得的熱量 ②當反式脂肪酸標示為「0」時，即代表此份食品完全不含反式脂肪酸，即使是心臟血管疾病的病人也可放心食用 ③包裝食品每份熱量 220 大卡，蛋白質 4.8 公克，此份產品可以視為高蛋白質來源的食品 ④包裝飲料每 100 毫升為 33 大卡，1 罐飲料內容物為 400 毫升，張同學今天共喝了 4 罐，他單從此包裝飲料就攝取了 528 大卡。

44.（4）某包裝食品的營養標示：每份熱量 220 大卡，總脂肪 11.5 公克，飽和脂肪 5.0 公克，反式脂肪 0 公克，下列敘述何者正確？ ①脂肪熱量佔比 < 40%，與一般飲食建議相當 ②完全不含反式脂肪，健康無慮 ③飽和脂肪為熱量的 20 %，屬安全範圍 ④此包裝內共有 6 份，若全吃完，總攝取熱量可達 1320 大卡。

45.（1）某稀釋乳酸飲料，每 100 毫升的營養成分為：熱量 28 大卡，蛋白質 0.2 公克，脂肪 0 公克，碳水化合物 6.9 公克，內容量 330 毫升，而其內容物為：水、砂糖、稀釋發酵乳、脫脂奶粉、檸檬酸、香料、大豆多醣體、檸檬酸鈉、蔗糖素及醋磺類酯鉀。下列敘述何者正確？ ①此飲料主要提供的營養成分是「糖」 ②整罐飲料蛋白質可以提供相當於 1/3 杯牛奶的量（1 杯為 240 毫升） ③蔗糖素可以抑制血糖的升高 ④此飲料富含維生素 C。

46.（2）食品原料的成分展開，可以讓消費者對所吃的食品更加瞭解，下列敘述，何者正確？ ①三合一咖啡包中所使用的「奶精」，是牛奶中的一種成分 ②若依標示，奶精主要成分為氫化植物油及玉米糖漿，營養價值低 ③有心臟病史者，每天 1 杯三合一咖啡，可以促進血液循環並提神，對健康及生活品質有利 ④若原料成分中有部分氫化油脂，但反式脂肪含量卻為 0，代表不是所有的部分氫化油脂都含有反式脂肪酸。

47.（3）104 年 7 月起我國包裝食品除熱量外，強制要求標示之營養素為 ①蛋白質、脂肪、碳水化合物、鈉、飽和脂肪、反式脂肪及纖維 ②蛋白質、脂肪、碳水化合物、鈉、飽和脂肪、反式脂肪及鈣質 ③蛋白質、脂肪、碳水化合物、鈉、

飽和脂肪、反式脂肪及糖 ④蛋白質、脂肪、碳水化合物、鈉、飽和脂肪、反式脂肪。

48. （2）下列何者不是衛福部規定的營養標示所必須標示的營養素？ ①蛋白質 ②膽固醇 ③飽和脂肪 ④鈉。

49. （1）食品每 100 公克固體或每 100 毫升液體，當所含營養素量不超過 0.5 公克時，可以用「0」做為標示，為下列何種營養素？ ①蛋白質 ②鈉 ③飽和脂肪 ④反式脂肪。

50. （3）包裝食品營養標示中的「糖」是指食品中 ①單糖 ②蔗糖 ③單糖加雙糖 ④單糖加蔗糖之總和。

51. （2）下列何者是現行包裝食品營養標示規定必須標示的營養素 ①鉀 ②鈉 ③鐵 ④鈣。

52. （1）一般民眾及業者於烹調時應選用加碘鹽取代一般鹽，請問可以透過標示中含有哪項成分，來辨別食鹽是否有加碘 ①碘化鉀 ②碘酒 ③優碘 ④碘 131。

53. （1）食品每 100 公克之固體（半固體）或每 100 毫升之液體所含反式脂肪量不超過多少得以零標示 ① 0.3 公克 ② 0.5 公克 ③ 1 公克 ④ 3 公克。

54. （4）依照衛生福利部公告之「包裝食品營養宣稱應遵行事項」，攝取過量將對國民健康有不利之影響的營養素列屬「需適量攝取」之營養素含量宣稱項目，不包括以下營養素 ①飽和脂肪 ②鈉 ③糖 ④膳食纖維。

55. （1）關於 102 年修訂公告的「全穀產品宣稱及標示原則」，「全穀產品」所含全穀成分應占配方總重量多少以上 ① 51% ② 100% ③ 33% ④ 67%。

56. （2）植物中含蛋白質最豐富的是 ①穀類 ②豆類 ③蔬菜類 ④薯類。

57. （2）豆腐凝固是利用大豆中的 ①脂肪 ②蛋白質 ③醣類 ④維生素。

58. （1）市售客製化手搖清涼飲料，常使用的甜味來源為？ ①高果糖玉米糖漿 ②葡萄糖 ③蔗糖 ④麥芽糖。

59. （1）以營養學的觀點，下列那一種食物的蛋白質含量最高且品質最好 ①黃豆 ②綠豆 ③紅豆 ④黃帝豆。

60. （2）糙米，除可提供醣類、蛋白質外，尚可提供 ①維生素 A ②維生素 B 群 ③維生素 C ④維生素 D。

61. （2）下列油脂何者含飽和脂肪酸最高 ①沙拉油 ②奶油 ③花生油 ④麻油。

62. （4）下列何種油脂之膽固醇含量最高 ①黃豆油 ②花生油 ③棕櫚油 ④豬油。

63. （4）下列何種麵粉含有纖維素最高？ ①粉心粉 ②高筋粉 ③低筋粉 ④全麥麵粉。

64. （2）下列哪一種維生素可稱之為陽光維生素，除了可以維持骨質密度外，尚可預防許多其他疾病 ①維生素 A ②維生素 D ③維生素 E ④維生素 K。

65. （2）下列何者不屬於人工甘味料（代糖）？ ①糖精 ②楓糖 ③阿斯巴甜 ④醋磺內酯鉀（ACE-K）。

66. （4）新鮮的水果比罐頭水果富含 ①醣類 ②蛋白質 ③油脂 ④維生素。

67. （3）最容易受熱而被破壞的營養素是 ①澱粉 ②蛋白質 ③維生素 ④礦物質。

68. （2）下列蔬菜同樣重量時，何者鈣質含量最多 ①胡蘿蔔 ②莧菜 ③高麗菜 ④菠菜。

69. （1）素食者可藉由菇類食物補充 ①菸鹼酸 ②脂肪 ③水分 ④碳水化合物。

20600 飲料調製

工作項目 01：吧檯清潔

1. （4）吧檯設備器具的維護及清潔工作是誰的任務？ ①工程部及清潔員 ②餐飲部及餐務部 ③飲務部及養護組 ④飲務員及助理員。

2. （3）由餐廳服務人員點單 (Order)，再由餐廳服務人員將調製好的飲料送至顧客餐桌上，此種供應飲料之吧檯型態稱之為： ① Front Bar ② Open Bar ③ Service Bar ④ Lounge。

3. （4）吧檯內的 Under Bar 指 ①放托盤的地方 ②出納收錢的地方 ③陳列、儲存酒的地方 ④飲務員工作的地方。

4. （2）吧檯檯前，作為顧客座位使用的高腳椅稱為： ① Bar Chair ② Bar Stool ③ High Chair ④ Arm Chair。

5. （2）以下那一項是飲務員的工具 (Bartender Tools)？ ① Coaster、Straw ② Cocktail Shaker、Jigger ③ Cocktail Station、Sink ④ Ice Making Machine 、Refriger ator。

6. （3）吧檯杯子洗好時，應先置放何處？ ①置杯架 (Glass Display) ②雞尾酒工作檯 (Cocktail Station) ③瀝水墊 (Drain Board) ④冰箱 (Refrigerator)。

7. （2）從製冰機的儲冰槽內取冰塊，應該使用何種工具較佳？ ①冰夾 (Ice Tong) ②冰鏟 (Ice Scoop) ③冰桶 (Ice Bucket) ④吧匙 (Bar Spoon)。

8. （4）串聯飲料裝飾品所用的小叉子稱為 ① Garnish Tray ② Fruit Fork ③ Cocktail Fork ④ Cocktail Pick。

9. （1）工作檯 (Bar Station) 邊的一個放冰塊槽，稱為： ① Ice Bin ② Sink ③ Ice Cooler ④ Ice Bucket。

10. （1）調製飲料時，使用最多的冰塊型態是 ①塊狀冰塊 (Ice Cube) ②刨冰 (Shaved Ice) ③碎冰 (Crashed Ice) ④冰片 (Flake Ice)。

11. （4）Garnish Tray 是用來裝： ①鹽 ②糖 ③飲料 ④裝飾物 。

12. （1）Glass Rimmer 是 ①沾杯器 ②開罐器 ③掛杯架 ④洗杯機。

13. （4）雪克杯 (Shaker) 應每天清洗幾次？ ①每天 1 次 ②每天 2 次 ③每天 3 次 ④每次用完即清洗。

14. （3）傳統雪克杯 (Shaker) 是由幾個部分組成？ ① 1 個 ② 2 個 ③ 3 個 ④ 4 個。

15. （2）杯皿的清洗程序是： ①清水沖洗→洗潔劑→消毒液→晾乾 ②洗潔劑→清水沖洗→消毒液→晾乾 ③洗潔劑→消毒液→清水沖洗→晾乾 ④消毒液→洗潔劑→清水沖洗→晾乾。

16. （2）清洗玻璃杯一般均使用何種消毒液殺菌？ ①清潔藥水 ②漂白水 ③清潔劑 ④肥皂粉。

17. （4）清洗香甜酒杯 (Liqueur Glass) 要使用： ①長柄刷 ②抹布 ③菜瓜布 ④尖嘴刷。

18. （4）清洗後不需要掛於吊杯架的是：①白蘭地杯 ②香檳杯 ③雞尾酒杯 ④高飛球杯。

19. （2）打開後必須要冷藏的調味品是：①可可粉 ②液態鮮奶油 ③咖啡豆 ④蜂蜜。

20.（3）吧檯水源要充足，並應設置足夠水槽，水槽及工作檯之材質最好為：①木材 ②塑膠 ③不銹鋼 ④水泥。

21.（4）一般吧檯冰箱冷藏溫度需維護正常指示，以不超過多少度較佳？ ① 20℃ ② 15℃ ③ 10℃ ④ 5℃。

22.（4）下列何種器皿，不可盛裝飲料供顧客飲用？ ①古典酒杯 (Old Fashioned Glass) ②高飛球杯 (Highball Glass) ③可林杯 (Collins Glass) ④公杯 (Lipped Glass)。

23.（1）吧檯的砧板 (Cutting Board) 的主要用途 ①切水果及製作裝飾物 ②可放在吧檯上調酒的工作檯且會止滑 ③偶爾也可用來製作三明治或火腿類的食物 ④可直接在上面調製飲料。

24.（3）為了讓吧檯工作檯面保持乾淨，應 ①每做完一道飲料不需急著整理 ② Rush Hour 時先放著，等打烊再一起整理 ③做完一道飲料即刻將器皿清洗歸位，檯面要擦拭乾淨並處理殘渣 ④飲務員不必親力親為，可請助手稍後再整理。

25.（1）吧檯工作檯內的腳踏墊應 ①天天清洗 ②三天洗一次 ③一週洗一次 ④為節省水費、響應環保，髒了再洗。

26.（2）咖啡杯及茶杯，每週應浸泡在下列何者，以除去咖啡和茶垢，保持杯皿光亮？ ① 80℃以上的熱水 ②稀釋的漂白水 ③稀釋的沙拉脫 ④稀釋的銀器清潔液。

27.（3）下列哪一種吧檯器具設備，不需要每天清洗？ ①吧叉匙 ②量酒器 ③製冰機 ④咖啡機。

28.（1）清洗拿鐵玻璃杯要使用清潔劑和下列何者，來清洗並檢查杯子是否有破損？ ①洗杯刷 ②用手指直接搓揉 ③菜瓜布 ④鐵刷。

29.（3）清潔吧檯地板最佳時機是？ ①營業前 ②營業後 ③地板濕掉隨時擦乾以保安全 ④不必太在意，穿工作鞋止滑即可。

30.（3）以下敘述何者不正確？ ①飲務員作業前需洗淨雙手 ②飲務員上班前，最好先洗澡以去除個人體味 ③飲務員上班前，應擦指甲油以帶給顧客好印象 ④飲務員應該隨時保持整潔的儀容。

31.（2）飲務員隨時將清潔的調飲工具，擺放在工作檯上方，以利工作方便迅速，下列哪一選項敘述正確？ ①清洗完成之玻璃器皿，應陰乾或使用抹布擦拭後才可使用 ②雪克杯 (Shaker) 每次使用後都應清洗 ③為了工作方便與節省時間，必須準備多套，打烊後再一起集中清理 ④吧檯的杯子最好送到廚房的洗碗機一起清洗。

32.（2）吧檯物料使用前應檢視其新鮮度，下列敘述何者正確？ ①購買回來之奶精粉，開封後應立即冷藏 ②打開濃縮果汁或糖漿時若有「嘶」聲音，表示已經發酵變質 ③已切好的裝飾用水果，可預先掛在杯口備用 ④水蜜桃罐頭若未使用完，可用保鮮膜包覆開口處冷藏備用。

33.（3）" Can Opener" 是指 ①過濾器 ②量酒器 ③開罐器 ④開瓶器。

34.（2）吧檯內的工作檯高度，一般多調整在？ ① 50 公分高 ② 75 公分高 ③ 110 公分高 ④ 150 公分高。

35.（1）Reach-in Refrigerator 是吧檯必備的設備，其中文稱？ ①一般的冷藏冰箱 ②可推車進去的冷藏冰箱 ③低溫冷凍庫 ④冰啤酒專用冰箱。

工作項目 02：作業準備

1. （4）吧檯的種類很多，有獨立經營、有附屬在餐廳或飯店內，有一種吧檯設在飯店的客房內，現場並不需要人員服務，其英文稱為下列何者？ ① Cocktail Lounge ② Sky Lounge ③ Night Club ④ Mini Bar。

2. （2）飯店的大廳處，設有桌子及座位，並供應酒類、飲料的地方，其英文稱為下列何者？ ① Sport Bar ② Lobby Bar ③ Music Bar ④ Mobile Bar。

3. （4）可在晚宴前等待賓客時所舉行的酒會，其英文稱為下列何者？ ① Punch Party ② Champagne Party ③ Birthday Party ④ Cocktail Party。

4. （3）大型的吧檯，常設有專供給蘇打飲料的器具，其英文稱為下列何者？ ① Draft Beer Dispenser ② Speed Gun ③ Soda Gun ④ Syrup Container。

5. （4）一般營業時，下列何種設備或器皿較不常在大型酒會中使用？ ①冰夾 (Ice Tong) ②冰車 (Ice Trolley) ③開瓶器 (Opener) ④義式咖啡機 (Espresso Machine)。

6. （3）下列何者比較不常用在飲料之裝飾物？ ①櫻桃 ②檸檬 ③小黃瓜 ④柳橙。

7. （4）飲務員每天於營業前的首要任務是下列何者？ ①核視採購報表 ②檢視營業月報表 ③檢視庫存月報表 ④檢視營業日報表(含工作日誌)。

8. （1）飲料裝飾物、杯飾以何種材料最適宜？ ①蔬菜水果 ②花、草 ③藥草 ④豆類穀物。

9. （4）吧檯作業內的靈魂人物是下列何者？ ①餐飲經理 ②吧檯經理 ③吧檯領班 ④吧檯飲務員。

10. （4）國家元首接受外交使節呈遞國書及富商高官所舉辦的豪華酒會稱為 ① Punch Party ② Cocktail Party ③ Tea Party ④ Champagne Party。

11. （1）負責吧檯飲品調製的人員，英文稱為下列何者？ ① Bartender ② Sommelier ③ Waiter ④ Waitress。

12. （1）飯店的飲務組織是歸屬在 ①餐飲部 ②客務部 ③房務部 ④工程部。

13. （4）成本的計算公式，以下何者為正確？ ①成本／售價＝進貨成本 ②成本 × 售價＝成本率 ③售價／成本＝成本率 ④售價 × 成本率＝成本。

14. （4）作帳盤存的程序，以下何者為正確？ ①今日進貨－前日存貨＝今日盤存 ② 今日銷售＋前日存貨＝今日盤存 ③今日進貨＋前日存貨＋今日銷售＝今日盤存 ④ 今日進貨＋前日存貨－今日銷售＝今日盤存。

15. （3）營業吧檯，會將先行製作完成之裝飾物安全儲存何處？ ①工作檯砧板正前方 ②近水槽處 ③冷藏冰箱內 ④冷凍冰箱中。

16. （3）下列何者是量酒器？ ① ② ③ ④ 。

17. （1）下列何者不是碳酸氣飲料？ ①礦泉水 ②蘇打水 ③薑汁汽水 ④奎寧水。

18. （4）下列何者不是吧檯所使用的器皿？①砧板 ②水果刀 ③果汁機 ④龍蝦鉗。

19. （2）飲料貯存管理是採 ①先進後出 ②先進先出 ③後進先出 ④隨心所欲。

20. （2）作業準備時，不需要檢視水果的 ①新鮮度 ②生產地 ③大小 ④形狀。

21. （3）水果擺切時，下列何種水果不宜在作業準備時切好？①西瓜 ②鳳梨 ③香蕉 ④柳丁。

22. （2）下列何者不適合在作業準備時即做好備用？①冰紅茶 ②聖代 ③冰咖啡 ④裝飾物。

23. （2）作業準備時，下列何者不需冰鎮？①奎寧水 ②果糖 ③汽水 ④可樂。

24. （1）義式咖啡機須在什麼時間開機較適當？①作業準備開始時 ②前一天晚上 ③要用時再開機 ④不用關機。

25. （2）準備製作虹吸式（Syphon）咖啡時，需 ①將下座於加水前點火保溫 ②檢視酒精燈組 ③每次更換棉線 ④每次更換濾布。

26. （2）為方便切割及止滑，一般會於砧板下方墊上 ①乾抹片 ②微溼抹布 ③菜瓜布 ④紙巾。

27. （1）吧檯作業準備時，不需要準備的是哪種刀具？①剁刀 ②水果刀 ③三角尖刀 ④檸檬刮絲器。

28. （3）吧檯作業準備時，下列何者不需準備？①OK 繃 ②創傷軟膏 ③沙拉油 ④塑膠手套。

29. （1）吧檯作業準備時，不需要 ①研磨咖啡豆 ②製作裝飾物 ③檢視物料新鮮度 ④擦拭杯皿。

30. （1）有關泡茶三要素，下列何者較正確？①茶量、時間、水量 ②茶壺、茶杯、茶海 ③茶量、茶杯、水量 ④茶壺、水溫、水量。

31. （3）對於每日工作前之敘述，下列何者為非？①檢查工作環境有無異樣 ②檢查是否有蟑螂、老鼠的排泄物 ③發現製冰機漏水，只要把水清乾淨即可 ④檢查飲水機溫度是否有異常。

32. （2）作業準備時，應將哪種器具浸泡在乾淨的水中備用？①攪拌棒 ②冰淇淋杓 ③搖酒器 ④隔冰器。

33. （3）調製咖啡時，應在何時溫杯匙？①前一天晚上 ②作業準備時 ③調製過程時 ④善後處理時。

34. （2）吧檯從業人員不可戴戒指及手錶，應在何時摘除？①上班前 ②作業準備前 ③調製過程時 ④善後處理時。

35. （3）下列何種水果切開後需浸泡在鹽水中，預防氧化變色？①香蕉 ②鳳梨 ③蘋果 ④草莓。

36. （4）下列何種物料，受潮不新鮮時，不會結成硬塊？①即溶咖啡粉 ②可可亞 ③阿華田 ④咖啡豆。

37. （2）下列何種水果於常溫中較容易產生果蠅？①西瓜 ②鳳梨 ③柳丁 ④檸檬。

38. （3）作業準備時，若非特殊需要，下列何種水果儘量不要準備？①西瓜 ②柳丁 ③榴槤 ④檸檬。

39.（1）開罐後，在保存期限中，可存放較長時間的是 ①櫻桃 ②奶水 ③鮮奶 ④水蜜桃。

40.（2）作業準備時，不需要清洗的是 ①吧叉匙 ②紙杯墊 ③抹布 ④砧板。

41.（2）前一天晚上放在冰箱中的物料，於作業準備時，必須要丟棄的是 ①半顆檸檬 ②一壺冰紅茶 ③開過的橄欖罐 ④用過的奶水。

42.（2）吧檯的工作服應在何時著裝完成 ①由家中出發時 ②作業準備前 ③調製過程時 ④下班時。

43.（2）吧檯從業人員的手機，何時要關機或轉成震動？ ①上班前一晚 ②作業準備前 ③調製過程時 ④下班後。

44.（1）乾冰放入保存容器後，置於下列何處較佳？ ①冷凍庫 ②冷藏室 ③沒曬到太陽的地方 ④浸泡在水中。

45.（2）台灣在哪一期間為「水蜜桃」的產期？ ① 4-5 月 ② 6-9 月 ③ 10-12 月 ④全年。

46.（4）「 Automatic Glass Washer 」之中文名稱為下列何者？ ①洗杯架 ②自動洗碗機 ③製冰機 ④自動洗杯機。

47.（3）下列何者非承辦酒會之注意事項？ ①堅持服裝方面之要求，全體服裝必須協調一致 ②瞭解酒會之場地，原則上應先前往該酒會地點觀察場地 ③工作直到合約明定之時間為止，當然在經同意後早走也是可以 ④向酒會主辦人詢問所期盼執行之其他服務或工作。

48.（1）一般吧檯工作檯的前下方，會擺放常用的基酒、飲料及配料，下列何項為此設備之名稱 ① Speed Rack ② Server Pick-up Area ③ Wine Shelf ④ Speed Pouring。

49.（2）下列咖啡原生種，何種產量最多？ ① Robusta ② Arabica ③ Liberica ④ Java。

50.（3）使用個人式茶具沖泡茶葉時，3g 的茶葉量，最好使用多少的水量為佳？ ① 100 cc ② 120 cc ③ 150 cc ④ 180 cc。

51.（3）素有「美如觀音，重似鐵」之稱的茶為下列何者？ ①綠茶 ②龍井茶 ③鐵觀音 ④椪風茶。

52.（3）咖啡樹適合成長在熱帶和亞熱帶氣候的地區，也就是位於南北迴歸線之間，以赤道為中心，約於北緯 25 度到南緯 30 度之間，並形成一個環狀地帶稱之為下列何者？ ①咖啡赤道 ②咖啡歸線 ③咖啡腰帶 ④無特別稱號。

53.（4）下列何者茶葉不屬於部分發酵茶 ①凍頂烏龍茶 ②東方美人茶 ③鐵觀音 ④碧螺春。

54.（3）1 茶匙＜ Tea Spoon ＞＝多少 oz？ ① 1/2 ② 1/4 ③ 1/6 ④ 1/12。

55.（3）下列何者為後發酵茶？ ①白毫銀針 ②玉露茶 ③普洱茶 ④烏龍茶。

56.（2）一般而言，茶類發酵程度較輕者呈飄逸的花香，較深者呈熟果香或蜜糖香；而完全發酵係指茶葉中的哪一物質經酵素氧化作用，產生一連串化學變化過程。下列何者為是？ ①胺基酸 ②多元酚類 ③單元酚類 ④黃腐酚。

57.（3）下列哪種咖啡煮器適合細研磨的咖啡粉？ ①濾杯式 ②虹吸式 ③義式咖啡機 ④法式濾壓壺。

58.（1）工作檯上，應設有一處重要的地方提供服務人員傳送飲料，這個地方稱之為 ① Server Pick-up Area ② Take Out Area ③ Service Account ④ Cashier。

59.（4）飲務員隨時把清潔過的調製工具擺在下列何處上方，以利工作方便迅速？ ①備餐區 ②服務區 ③回收台 ④飲料工作檯。

60.（3）在開放式吧檯（Open Bar）的正確作業程式，其順序為下列何者？ ①按開單→點酒→調製→結帳 ②按密碼→開單→調製→結帳 ③按點酒→開單→調製→結帳 ④按帳號→開單→調製→結帳。

61.（4）各種不同的製造過程會造就完全不同的風味與茶品，下列何者不是影響茶葉品質的製作基本過程？ ①焙火 ②揉捻 ③發酵 ④榨乾。

62.（2）各種吧檯工作檯因供應商品的特性不同，擺設的方式也不同，但都以下列何者為主要考量？ ①餐廳風格 ②操作方便 ③服務員個性 ④節省成本。

63.（4）義式咖啡機前置作業時，磨咖啡粉最好的方式是 ①大量磨好，以迅速作業 ②每次磨三杯份 ③控制研磨份量、當天使用完畢即可 ④現磨現煮。

64.（3）常用的新鮮果汁，應使用何種容器盛裝後冷藏以便取用？ ①服務水壺中 ②咖啡壺 ③塑膠容器裡 ④金屬容器中。

65.（1）酒會的臨時吧檯最佳設立的位置，為方便主人招呼賓客，應該設在下列何處？ ①盡量靠近入口不遠的地方 ②筵席中央 ③電梯口 ④沙發區。

66.（3）宴席前酒會之時間較其他型酒會時間短，通常在宴席前多久時間較為恰當？ ①十分鐘 ②二十分鐘 ③半小時至一小時 ④視情形而定。

67.（2）關於一般品茶的方式，下列何者錯誤？ ①看乾茶外觀 ②嚼茶葉 ③評茶湯滋味和香氣 ④看茶湯水色。

68.（4）酒會的準備工作以下列哪一份資料之內容來準備？ ① Banquet Order ② Drinks Order ③ Special Order ④ Function Order。

69.（3）飲用碳酸飲料最適合的玻璃器皿之英文為 ① Champagne Flute ② Old Fashio ned Glass ③ Collins ④ Liqueur。

70.（4）下列飲料何者含有二氧化碳？ ①可可 ②咖啡 ③茶 ④碳酸飲料。

71.（2）雞尾酒會的特性是人數眾多、供應量大及速度快，所以飲料的供應多以哪種飲料為主 ① Milk ② Mixed Drinks ③ Virgin Drinks ④ Ice Tea。

72.（2）下列那一個冷藏溫度比較適合新鮮果汁？ ① 0℃ ② 4℃ ③ 12℃ ④ 20℃。

73.（3）下列那一種物料是屬調味品？ ① Coke ② Whisky ③ Tabasco Sauce ④ Red Cherry。

74.（2）無論使用那一種調飲方式，每次都要用到的器具是下列何者？ ①雪克杯（Shaker）②量酒器（Jigger）③吧叉匙（Bar Spoon）④刻度調酒杯（Mixing Glass）。

75.（2） 下列何者是略帶鹼性（不甜）的碳酸飲料？ ①薑汁汽水（Ginger Ale）②蘇打水（Soda Water）③奎寧水（Tonic Water）④可樂（Coke）。

76.（3）罐裝番石榴汁（Guava Juice）未用完，其保存方式最好是 ①繼續存罐內，入冷藏冰箱 ②加保鮮膜封緊 ③倒入加蓋玻璃器皿，存冷藏冰箱 ④即刻丟掉 。

77.（2）一般常用吧檯發泡氮氣槍是為下列何者準備的？ ①奎寧水（Tonic Water） ②發泡鮮奶油（Whipped Cream）③紅石榴糖漿（Grenadine Syrup）④荳蔻粉（Nutmeg Powder）。

78.（2）已切好的檸檬、柳丁等裝飾物未用完，應該 ①放入冷凍庫以加強保鮮效果②以保鮮盒加蓋儲放在冷藏冰箱，隔天仍可使用 ③在常溫下以保鮮膜包妥，隔夜仍可使用 ④成本不高直接丟掉。

79.（1）下列哪一種容器不適合裝糖水？①馬口鐵罐 ②玻璃罐 ③瓷罐 ④塑膠罐。

80.（3）放置冰箱過久的水果，常會引起果皮產生凹狀斑點、塊斑或變成褐黑色，果肉變褐色並呈水爛狀等，嚴重地影響食用品質。這種現象稱為下列何者？①撞傷 ②結凍 ③冷害 ④農藥殘留。

81.（4）水果成熟時會產生下列何種氣體，加速水果的成熟和老化？ ①丙烯 ②乙炔 ③氯乙烯 ④乙烯。

82.（1）水果削皮或切片後，可灑上特殊物質使其減少褐化，下列何者為非？①葡萄汁 ②檸檬汁 ③鳳梨汁 ④浸泡鹽水。

83.（4）標準的飲料配方，不包括下列何者？ ①杯子 ②份量 ③裝飾物 ④人員。

84.（3）下列裝飾物中，何者不屬於 Garnish? ①櫻桃 ②小洋蔥 ③小紙傘 ④檸檬塊。

85.（2）西元 1933 年發明摩卡壺 (Moka Pot) 的是哪一國人？ ①日本人 ②義大利人 ③美國人 ④德國人。

86.（3）可樂最好的存放方法是 ①放在恆溫室 ②放在陰暗處 ③放在冷藏室 ④放在冷凍庫裡。

87.（4）台灣高山烏龍茶係種植於海拔多少公尺？ ①700 公尺以下 ②700～800 公尺 ③800～900 公尺 ④1,000 公尺以上。

工作項目 03：飲料調製

1. （4）液體容量換算，下述何者不當？ ① 1 Jigger ＝ 45ml ② 1 公升＝ 1000ml ③ 1 盎司（oz）＝ 30ml ④ 1 茶匙（tsp）＝ 15ml 。

2. （3）吧檯飲料操作步驟，以下何者最佳？ ①認識配方→準備裝飾→取用冰塊→量取用酒 ②準備杯皿→認識配方→量取用酒→取用冰塊 ③認識配方→準備杯皿→準備裝飾→準備材料 ④準備材料→量取用酒→取用冰塊→準備杯皿 。

3. （1）酒精含量在多少以上的飲料，即稱之為酒？ ① 0.5% ② 1% ③ 3% ④ 5% 。

4. （4）Seltzer Water 是一種碳酸水，如果用完了，由下列何種可代替？ ① Ginger Ale ② 7-Up ③ Tonic Water ④ Club Soda 。

5. （3）酒吧工作手冊是酒吧工作人員的書面作業指導，其英文稱為下列何者？ ① Bar Menu ② Requisition Form ③ Bar Manual ④ Inventory Sheet 。

6. （2）在酒吧的專有名詞中「Cash Bar」是指？ ①酒吧內設有收帳櫃檯 ②每點一杯付一杯錢 ③結帳時要付現不得簽帳 ④會計派一位出納專門收現金 。

7. （1）專有名詞的「Call Out」是解釋成？ ①酒吧打烊 ②把雞尾酒外送 ③打電話出去 ④雞尾酒外帶 。

8. （1）吧檯調飲常用的糖，以下那一種最方便？ ①糖水（Simple Syrup）②砂糖（Granulated Sugar）③蜜糖（Honey）④冰糖（Crystal Sugar）。

9. （3）調製一杯飲料，內含有雞蛋及牛奶，應以何種方法調製最恰當？ ①直接注入法（Building）②攪拌法（Stirring）③搖盪法（Shaking）④霜凍法（Frozen）。

10. （2）吧檯專業術語中「Fill Up」中文之意為？ ①不加冰 ②加滿 ③一半份量 ④不加客人指示之酒水 。

11. （3）Pourer 中文之意為？ ①杯蓋 ②開酒器 ③酒嘴 ④濾酒器 。

12. （4）1 個 Jigger 的容量，下列何者不當？ ① 1.5oz ② 45cc ③ 4.5cl ④ 40ml 。

13. （3）下列哪一種咖啡未加入乳品類？ ① Irish Coffee ② Viennese Coffee ③ Caf'e Royal ④ Caf'e Latte 。

14. （4）下列何者是有酒精飲料？ ①純真可樂達（Virgin Pina Colada）②雪莉登波（Shirley Temple）③純真瑪莉（Virgin Mary）④龍舌蘭日出（Tequila Sunrise）。

15. （1）以下哪一種材料在製作飲料時，不可放入雪克杯中搖盪？ ①含碳酸氣飲料 ②新鮮果汁 ③雞蛋 ④牛奶 。

16. （2）通常用搖盪法製作飲料時，使用的器皿為下列何者？ ①吧叉匙（Bar Spoon）②搖酒器（Shaker）③刻度調酒杯（Mixing Glass）④攪拌棒（Stirrer）。

17. （3）調製碳酸飲料，是採用下列那一種方法調製？ ①搖盪法（Shaking）②攪拌法（Stirring）③直接注入法（Building）④電動攪拌法（Blending）。

18. （4）咖啡豆是那一個國家的人所發現 ①衣索比亞人 ②美國人 ③法國人 ④阿拉伯人 。

19. （3）下列何者不屬於生產咖啡豆的國家？ ①台灣 ②美國 ③日本 ④印尼 。

20. （3）下列哪一種的咖啡豆特性最酸？ ①藍山 ②曼特寧 ③摩卡 ④巴西 。

21. （2）下列哪一種的咖啡豆特性最苦？ ①哥倫比亞 ②曼特寧 ③巴西 ④藍山 。

22. （3）製作飲料時，加入蛋白主要目的是 ①色澤較好看 ②增加份量 ③使其產生泡沫 ④節省材料 。

23. （2）鮮奶的飲料會發生凝結現象，是因為加入了含有什麼成份的食品？ ①糖份 ②酸性 ③苦味 ④脂肪 。

24. （4）第一個製作咖啡飲料的國家是 ①墨西哥 ②巴西 ③哥倫比亞 ④土耳其 。

25. （2）製作下列何種咖啡會使用到烤杯架？ ①皇家咖啡 ②愛爾蘭咖啡 ③維也納咖啡 ④卡布奇諾咖啡 。

26. （3）購買回來的咖啡豆，密封的咖啡袋隔天有膨脹的情形，是因為咖啡豆釋出的二氧化碳所造成，這表示豆子 ①不新鮮 ②受潮 ③新鮮 ④過期不可食用。

27. （4）操作義式咖啡機的奶泡時，若有像噴射機轟隆的聲音是表示 ①水溫太高 ②水溫太低 ③蒸氣管離杯底太高 ④蒸氣管離杯底太近。

28. （3）高酸性飲料不能置於 ①紙製容器 ②陶瓷容器 ③銅製容器 ④玻璃容器。

29. （2）下列那一種茶的單寧酸含量最高？ ①白毫烏龍 ②碧螺春 ③普洱茶 ④鐵觀音。

30. （4）下列那一種茶的維生素 C 含量最多？ ①茉莉花茶 ②桂花茶 ③菊花茶 ④龍井綠茶。

31. （2）必須使用較高水溫沖泡的是那一種茶？ ①綠茶 ②鐵觀音 ③抹茶 ④白毫烏龍。

32. （1）下列哪一種咖啡是以玻璃杯盛裝？ ①愛爾蘭咖啡 ②爪哇式咖啡 ③貴夫人咖啡 ④維也納熱咖啡。

33. （1）義大利傳統的卡布奇諾 (Cappuccino)，其中濃縮咖啡與牛奶和奶泡的比例為多少？ ① 1：1：1 ② 1：2：1 ③ 2：1：1 ④ 3：2：1。

34. （3）儲茶罐以何種材質具有較好的密閉性？ ①紙盒罐 ②塑膠罐 ③金屬罐 ④陶罐。

35. （3）多為低脂乳或脫脂乳，有添加其他營養成分之鮮奶是 ①低脂鮮乳 ②脫脂鮮乳 ③強化鮮乳 ④保久乳。

36. （2）牛奶中有下列何種營養素，可以防止骨質疏鬆症？ ①磷脂 ②鈣質 ③糖 ④泛酸。

37. （2）所謂果汁飲料，其原汁含有率，最少應達百分之幾以上？ ① 5% ② 10% ③ 15% ④ 20%。

38. （1）多使用於柳橙、檸檬、葡萄柚等水果果汁調製方法為 ①壓榨法 ②搖盪法 ③電動攪拌法 ④直接注入法。

39. （2）無色透明、帶有奎寧味及微苦的碳酸水，稱之為 ① Soda Water ② Tonic Water ③ Cola ④ 7-Up。

40. （2）西元 1884 年（清光緒 10 年）英國人引入咖啡，在台灣哪裡種植？ ①桃園 ②三峽 ③淡水 ④木柵。

41. （2）由冰淇淋加上牛奶打成，稱為 ①蛋蜜汁 ②奶昔 ③聖代 ④百匯。

42. （1）養樂多、優酪乳就是一種 ①發酵乳 ②調味乳 ③保久乳 ④脫脂乳。

43. （2）虹吸式沖煮法是利用何種原理？ ①對流 ②真空 ③蒸氣 ④咖啡表面的高壓。

44.（2）台灣紅茶的故鄉是在 ①新北市坪林區 ②南投縣魚池鄉 ③南投縣鹿谷鄉 ④ 高雄市六甲區 。

45.（4）下列有關綠茶之說明何者錯誤？ ①不揉捻 ②不萎凋 ③不發酵 ④不烘焙 。

46.（2）「鐵觀音茶」其發酵程度約 ① 10% ② 30% ③ 70% ④ 90% 。

47.（2）下列何者不屬於綠茶？ ①龍井 ②文山包種茶 ③玉露茶 ④碧螺春 。

48.（4）台灣最有名的「龍井茶」是在 ①苗栗 ②桃園 ③大溪 ④三峽 。

49.（1）有「茶中香檳」之稱的是 ①大吉嶺紅茶 ②阿薩姆紅茶 ③莫斯科紅茶 ④台灣紅茶 。

50.（1）「碧螺春」是屬哪一種茶葉？ ①不發酵茶 ②輕發酵茶 ③全發酵茶 ④後發酵茶 。

51.（4）「紅茶」是屬於 ①輕發酵茶 ②不發酵茶 ③重發酵茶 ④全發酵茶 。

52.（3）「茶池」即是 ①茶壺 ②茶盅 ③茶船 ④茶荷 。

53.（4）最早將中國茶道引進日本的是哪個朝代？ ①清 ②宋 ③明 ④唐 。

54.（2）飲用紅茶如添加牛奶後，不可再添加以下哪一種材料，以避免產生凝結作用：①糖 ②檸檬 ③蜂蜜 ④茶湯 。

55.（3）以 50% 生乳為原料所製成的乳製品是 ①保久乳 ②發酵乳 ③調味乳 ④強化乳。

56.（2）「無酒精的飲料」稱之為 ① Sweet Drink ② Soft Drink ③ Straight ④ Fresh Drink 。

57.（2）乳製品置於常溫太久會變得黏稠，是因為乳酸菌使下列哪種成分凝固？ ①乳清蛋白 ②酪蛋白 ③脂肪 ④鈣質 。

58.（1）咖啡生長的條件年均溫最好在 ① 20℃ ② 30℃ ③ 35℃ ④ 40℃ 左右 。

59.（3）咖啡樹適合生長南北迴歸線之間，以赤道為中心約 ①北緯 10 到南緯 15 度②北緯 15 到南緯 20 度③北緯 25 到南緯 30 度④北緯 35 到南緯 40 度。

60.（3）冰淇淋加上切碎水果或者果漿、果汁之類，稱為下列何者？ ①奶昔 ②雪糕 ③聖代 ④冰沙 。

61.（1）「純天然果汁」是如何製成的？ ①現壓果汁 ②需添加冰塊 ③比例接近 ④濃縮還原 。

62.（2）Espresso Coffee 是採用哪一種咖啡機調製而成 ①過濾式 ②壓力式 ③水滴式 ④蒸餾式 。

63.（2）沖泡大量冰咖啡，宜選用何種沖泡方式？ ①濾紙沖泡法 ②濾布沖泡法 ③虹吸式咖啡壺沖泡法 ④濾壓壺沖泡法 。

64.（4）下列何者咖啡有薄荷的味道？ ①愛爾蘭咖啡 ②亞歷山大咖啡 ③維也納咖啡④貴夫人咖啡 。

65.（1）綠茶的沖泡水溫，以下列何者為宜？ ① 75 ～ 80℃ ② 85 ～ 95℃ ③ 95 ～ 100℃ ④ 100℃以上 。

66.（3）重焙火、重喉韻的茶，適合選用下列何種壺？ ①瓷壺 ②金屬壺 ③陶壺 ④玻璃壺。

67.（2）台灣的凍頂茶主要產於 ①彰化 ②南投 ③苗栗 ④雲林 。

68. （1）下列哪一種茶的發酵程度最多？ ①紅茶 ②凍頂茶 ③白毫烏龍茶 ④包種茶 。

69. （1）關於紅茶葉片的等級，屬於最尖端的嫩芽，稱之為 ① Flowery Orange Pekoe (FOP) ② Orange Pekoe (OP) ③ Fanning (F) ④ Pekoe (P) 。

70. （2）下列何種果汁不適合直接飲用，須加水稀釋？ ①柳丁汁 ②檸檬汁 ③木瓜汁④ 葡萄柚汁 。

71. （4）下列哪一種碳酸飲料含有咖啡因？ ① Soda Water ② 7-up ③ Ginger Ale ④ Coke 。

72. （2）下列哪一種罐裝飲料打開後，隔夜仍可使用？ ①薑汁汽水 ②蕃茄汁 ③可樂 ④ 奎寧水 。

73. （3）有「形美、色綠、香濃、味醇」四絕之稱的是下列何者？ ①烏龍茶 ②包種茶 ③龍井茶 ④紅茶 。

74. （2）下列何者為不含咖啡因飲料？ ①咖啡 ②水果醋 ③綠茶 ④可可 。

75. （3）茶葉的生長環境相對濕度在 ① 55% ～ 65% ② 65% ～ 70% ③ 75% ～ 80% ④ 85% ～ 90% 之間。

76. （4）以下何者不是主要西瓜產地？ ①彰化 ②雲林 ③屏東 ④澎湖。

77. （2）以下哪一個月份是西瓜主要盛產季？ ① 1 ～ 3 月 ② 4 ～ 7 月 ③ 8 ～ 9 月 ④ 10 ～ 12 月。

78. （4）以下何者不是芒果的主要產區？ ①屏東縣 ②高雄市 ③台南市 ④花蓮縣。

79. （2）以下何者為芒果的盛產季節？ ①春 ②夏 ③秋 ④冬。

80. （4）以下何者不是香蕉的主要產區？ ①屏東縣 ②高雄市 ③南投縣 ④花蓮縣。

81. （1）最適合調製水果冰沙的作法為下列何者？ ①電動攪拌法 ②搖盪法 ③攪拌法 ④ 直接注入法。

82. （2）以新鮮果汁加入調味 Syrup ，一般稱為 ① Cocktail ② Mocktail ③ Fizz ④ Cooler 。

83. （1）調製 Frozen 主要的工具為下列何者？ ①冰沙機 ②搖酒器 ③刻度調酒杯 ④雪 平鍋 。

84. （2）以櫻桃、檸檬作為杯口裝飾，我們稱為下列何者？ ① Decoration ② Garnish ③ Furnishing ④ Rimming 。

85. （4）調製含有碳酸氣體的飲料，應使用以下何種器具？ ① Shaker ② Blender ③ Mixing Glass ④ Bar Spoon 。

86. （3）義大利式咖啡 (Espresso) 所使用的咖啡豆是 ①摩卡豆 ②巴西豆 ③綜合豆 ④藍 山豆。

87. （3）使用義大利式（蒸氣、壓力）咖啡機來調製熱奶泡，以下何者為最恰當溫度？ ① 35 ～ 40℃ ② 45 ～ 50℃ ③ 65 ～ 70℃ ④ 80 ～ 85℃。

88. （4）以下何者不是無酒精飲料的英文名稱？① Soft Drinks ② Virgin Drinks ③ Mocktail ④ Hard Drinks。

89. （3）以下哪一種不屬於軟性飲料？ ①紅茶 ②果汁 ③雞尾酒 ④咖啡。

90. （1）在咖啡的成份中，哪一項最能夠刺激中樞神經系統，使人情緒激昂、提高思考 力、消除睡意，具有提神效果？ ①咖啡因 ②脂肪 ③蛋白質 ④單寧酸。

91. （1）下列何者為不發酵茶的製造過程？ ①茶菁→炒菁→揉捻→乾燥→成品 ②茶菁→日光萎凋→室內萎凋 ③茶菁→揉捻→炒菁→乾燥→成品 ④茶菁→炒菁→揉捻→成品。

92. （2）以下哪一種茶葉的成份是茶葉中多元酚類的通稱，是茶中主要的成分，有幫助消化的功能，也是茶帶澀味的主要因素？ ①胺基酸 ②單寧酸 ③礦物質 ④維生素。

93. （1）以下哪一個國家非紅茶主要出產國？ ①西班牙 ②印度 ③斯里蘭卡 ④肯亞。

94. （4）以下何者不為茶葉的功效？ ①提神醒腦、消除疲勞 ②抗菌作用 ③強化微血管 ④幫助睡眠。

95. （4）台灣氣候適宜種植茶樹，一年最多可採收幾次？ ①一次 ②二次 ③四次 ④六次。

96. （1）全發酵茶的紅茶類以幾度的熱水沖泡為宜？ ① 95℃ ② 90℃ ③ 80℃ ④ 70℃ 。

97. （4）泡中國茶的器具很多，以下何者「非」泡茶時會使用的器具？ ①茶壺 ②茶海 ③水方 ④濾杯。

98. （2）英式下午茶點心的吃法，下列何者正確？ ①由上而下，由甜而鹹，由淡而濃 ②由下而上，由鹹而甜，由淡而濃 ③由上而下，由鹹而甜，由濃而淡 ④ 由下而上，由甜而鹹，由淡而濃。

99. （1）以下何種茶雖名為「茶」，卻是由天然花草製成，不含咖啡因、茶鹼等刺激性的成分？ ①花草茶 ②紅茶 ③綠茶 ④烏龍茶。

100. （3）以下何種花茶不是常見的飲用花茶？ ①玫瑰花茶 ②紫羅蘭花茶 ③鬱金香花茶 ④檸檬草。

101. （2）以下何種茶含有豐富的維生素，帶有酸味及花果香？ ①花茶 ②果粒茶 ③烏龍茶 ④綠茶。

102. （4）以下敘述何者錯誤？ ①泡沫茶品是以各式茶品為基茶，添加果糖調製而成，如泡沫紅茶、綠茶等 ②加味茶品是以紅茶或綠茶為基茶，添加梅子、薄荷、蜂蜜等調配，如梅子綠茶、薄荷綠茶等 ③泡沫果茶是以紅茶或綠茶為基茶，添加各式果汁，如葡萄柚綠茶、百香果綠茶等 ④泡沫奶茶是以綠茶為基茶，添加奶粉調製而成，如伯爵奶茶等。

103. （2）下列何者是將採摘的茶葉蒸氣殺菁，然後乾製碾碎，製成粉末沖泡飲用？①玄米茶 ②抹茶 ③薄荷茶 ④煎茶。

104. （2）以下四種水果中，哪一項不適合加牛奶調製？ ①木瓜 ②萊姆 ③西瓜 ④酪梨。

105. （3）以下四種水果中，哪一項不是夏季盛產的水果？ ①西瓜 ②芒果 ③草莓 ④荔枝。

106. （3）以下四種水果中，哪一項是源自中國，本名彌猴桃？ ①鳳梨 ②百香果 ③奇異果 ④蕃茄 。

107. （4）以下何者在調製果汁時，不適合用果汁機操作？ ①哈密瓜 ②水蜜桃 ③西瓜 ④甘蔗 。

108. （1）何種型態之碳酸飲料是以添加水果味道的香料來做為果味的來源，且顏色鮮艷，價格也很便宜？ ①果味型碳酸飲料 ②可樂型碳酸飲料 ③麥芽碳酸飲料 ④其他碳酸飲料 。

109.（1）下列何者「非」為製造冰淇淋的材料？ ①冰塊 ②牛奶製品 ③糖 ④香料、穩定劑、乳化劑 。

110.（1）可可樹是熱帶常綠植物，果實為莢狀，香氣濃郁，剝開果肉取出可可豆後，可加工製成下列何者？ ①巧克力 ②即溶咖啡 ③花草茶 ④果粒茶 。

111.（3）咖啡果實成熟時，在尚未去皮及加工過程，呈現什麼顏色？ ①綠色 ②白色 ③紅色 ④黑色 。

112.（2）台灣最早大量種植咖啡的地區是 ①新北市 ②雲林縣 ③台南市 ④花蓮縣 。

113.（2）最早引進咖啡樹至台灣種植是於西元哪一年？ ① 1500 年 ② 1624 年 ③ 1884 年 ④ 1914 年 。

114.（2）台灣有名的古坑咖啡位於哪一個縣市？ ①嘉義縣 ②雲林縣 ③台南市 ④花蓮縣 。

115.（2）咖啡豆最適合種植於哪種環境？ ①全日照地區 ②半日照地區 ③無日照地區 ④雨林中 。

116.（1）首先在台灣大量種植咖啡豆的人是 ①日本人 ②荷蘭人 ③西班牙人 ④英國人 。

117.（3）台灣第一家以重烘焙咖啡豆起家的直營咖啡連鎖店，是來自哪個國家？ ①日本 ②義大利 ③美國 ④法國 。

118.（2）即溶式咖啡是在何時正式在市面上發行？ ①西元 1933 年 ②西元 1938 年 ③西元 1943 年 ④西元 1948 年 。

119.（3）摩卡咖啡豆是指哪個國家的咖啡豆？ ①剛果 ②坦尚尼亞 ③葉門及衣索比亞 ④南非 。

120.（1）以噴霧乾燥法（Spray Dried）製造的即溶咖啡，俗稱為第幾代咖啡？ ①一 ②二 ③三 ④四 。

121.（3）以凍結乾燥法（Freeze Dried）製造的即溶咖啡，俗稱為第幾代咖啡？ ①一 ②二 ③三 ④四 。

122.（3）下面哪種咖啡豆不屬於阿拉比卡種（Arabica）？ ①曼特寧豆 ②可娜豆 ③爪哇豆 ④摩卡豆 。

123.（3）西元1843年由哪一個國家的人發明手搖式製冰機，才使冰淇淋成為大眾化冰品？ ①英國人 ②義大利人 ③美國人 ④德國人 。

124.（4）西元 1923 年發明無咖啡因咖啡的是那一國人？ ①美國人 ②義大利人 ③法國人 ④德國人 。

125.（1）西元 1960 年發明罐裝飲料，留置型易開罐拉環的是哪一國人？ ①美國人 ②英國人 ③法國人 ④德國人 。

126.（2）可娜豆（Kona）主要產於 ①印尼 ②夏威夷 ③宏都拉斯 ④哥倫比亞 。

127.（4）下列哪個國家最早種植咖啡豆？ ①巴西 ②哥倫比亞 ③印尼 ④印度 。

128.（2）世界咖啡生豆期貨最大的交易地點位於 ①倫敦 ②紐約 ③東京 ④巴黎 。

129.（1）台灣包種茶主要產地在 ①新北市 ②嘉義縣 ③南投縣 ④雲林縣 。

130.（4）台灣的港口茶主要產地在 ①新北市 ②宜蘭縣 ③高雄市 ④屏東縣 。

131.（2）台灣的三星上將茶的主要產地在 ①花蓮縣 ②宜蘭縣 ③南投縣 ④屏東縣 。

132.（3）可樂加冰塊點綴檸檬片，這種不需要攪拌的方法稱之為 ①壓榨法 (Muddle) ②漂浮法 (Float) ③注入法 (Pour) ④攪拌法 (Stir)。

133.（4）水果切盤不會使用下列哪種切法？ ①拉切 ②推切 ③鋸切 ④鍘切。

134.（3）可可飲用時覺得有點苦苦的，其原因是 ①受潮 ②過期 ③含生物鹼 ④發霉。

135.（3）製作水果茶時，一般不使用哪種水果？ ①奇異果 ②蘋果 ③酪梨 ④柳橙。

136.（3）全世界最大的紅茶生產國是 ①中國 ②斯里蘭卡 ③印度 ④台灣。

137.（1）茶葉製作過程中，不需經過萎凋處理的是 ①綠茶 ②紅茶 ③烏龍茶 ④包種茶。

138.（1）泡製中國茶時，用以盛放泡好之茶湯，再分倒各小杯，使各小杯茶湯濃度平均的用具，稱之為 ①茶海 ②茶盤 ③茶則 ④茶漏 。

139.（2）台茶 12 號是指哪一種品種的茶？ ①烏龍茶 ②金萱茶 ③翠玉茶 ④四季春。

140.（3）下列有關飲料容積單位，何者錯誤？ ① ml 為 Milliliter 的簡寫 ② cl 為 Centiliter ③ 10g ＝ 1cc ④ 10ml ＝ 1cl 。

141.（4）飲務員在調製飲料過程中，不用量酒器來量製，直接倒入的方式稱之為 ① Fine Pour ② Easy Pour ③ Full Pour ④ Free Pour。

142.（1）下列那一項不可放入雪克杯 (Shaker) 內調製飲料？ ①奎寧水 (Tonic Water) ②鮮奶 (Milk) ③蕃茄汁 (Tomato Juice) ④苦精 (Bitters) 。

143.（4）下列何者操作方式有誤？ ①含有蛋黃或乳製品的材料，可用搖盪法來調製 ②倒碳酸飲料時，在酒杯快倒滿前，應將酒杯扶正立直 ③電動攪拌機 (Elect rical Blender) 使用後，需立即清洗，並擦拭乾淨 ④清洗玻璃杯皿時，要使用清潔劑和菜瓜布，並檢查杯子是否有破損 。

144.（3）對人類健康有益，經濟又實惠的飲料是 ①茶 ②果汁 ③水 ④咖啡 。

145.（3）下列那一種茶的發酵程度最高？ ①鐵觀音 ②凍頂烏龍茶 ③白毫烏龍 ④包種茶。

146.（2）熱咖啡最適宜飲用的溫度約在 ① 40℃ ② 60℃ ③ 80℃ ④ 100℃ 。

147.（4）無咖啡因咖啡之英文為 ① Light Coffee ② Free Coffee ③ Light Coffee with Decaffeinated ④ Decaffeinated Coffee 。

工作項目 04：善後作業

1. （1）飲料成本是屬於 ①變動成本 ②半變動成本 ③固定成本 ④視情況而定 。

2. （1）飲料的售價減飲料的成本等於 ①毛利 ②淨利 ③單位成本 ④總利潤 。

3. （2）有關成本控制概念，下列何者敘述錯誤？ ①隨時關掉不用的電燈 ②為節省能源，營業時少開幾盞燈 ③能遵守每次調飲都能使用量酒器的規定 ④調飲時，依照公司規定的配方做 。

4. （3）下列何者不是盤存的目的？ ①防止失竊 ②確定存貨出入的流動率 ③了解常客的名字 ④查明銷售流量不高的材料以便處理 。

5. （1）飲料之儲存應 ①分類分開且採用不同溫度貯存 ②全部一起貯存 ③採用同一溫度 ④視營業情況而定 。

6. （4）每月飲料盤存作業應由 ①會計室人員執行 ②外場經理執行 ③吧檯人員執行 ④會計人員會同吧檯人員執行 。

7. （1）吧檯的營運成本控制循環應始於 ①採購 ②驗收 ③貯存 ④銷售 。

8. （2）飲料庫存記錄中的損耗記錄表，損耗指的是 ①杯子破裂 ②飲料變質 ③客人跑單 ④員工偷喝飲料 。

9. （1）飲務員以哪種方式執行每日電氣設備的清潔保養工作最恰當？ ①按照清潔保養表進行 ②請工程技術人員幫忙 ③找清潔工處理 ④請原供應商處理 。

10. （4）瓶裝檸檬汁、萊姆汁、紅石榴糖漿等，打烊時沒用完應存放於下列何處？①冷凍於冰箱 ②存放於製冰機內 ③放回倉庫內儲存 ④蓋上蓋子存放於快速架上 。

11. （3）製冰機如沒按時清潔保養，製造出來的冰塊形狀，以下列何者居多？ ①無法製造冰塊 ②冰塊變霧白色 ③空心冰塊 ④冰塊龜裂 。

12. （3）吧檯補充飲料（領貨）的最佳時段為 ①早上 ②下午 ③上班前 ④下班後 。

13. （4）下列的文件，何者是每一位飲務員都要先熟記的？ ①吧檯營運記錄報告 ②成本控制表 ③營業日報表 ④標準配方表 。

14. （2）快速酒架（Speed Rack）多久清潔擦拭一次？ ①每次使用均擦拭 ②每日擦拭一次 ③每月擦拭一次 ④不必要清潔擦拭 。

15. （1）以下何者通常不屬於飲料單上陳列的項目？ ①配方 ②價目 ③飲料名稱 ④品名代號 。

16. （1）以下何者通常不屬於打烊後的公共安全檢查工作？ ①盤存作業 ②關閉電燈 ③關閉水源 ④關冷氣 。

17. （2）破損的杯皿處理方式為 ①直接丟入垃圾桶 ②放入破損箱 ③打碎丟入垃圾桶 ④繼續使用 。

18. （2）營業績效接近目標成本但略為高出正常成本時，應促銷何種商品？ ①高成本低利潤商品 ②低成本高利潤商品 ③低成本低利潤商品 ④促銷呆滯物料 。

19.（3）安全庫存的設定依據是 ①座位使用周轉率 ②營業面積使用率 ③物料使用周轉率 ④銷售營業額 。

20.（3）請問下列何者不會直接影響營業成本？ ①銷售商品結構 ②營業額 ③營業目標額 ④破損率 。

21.（3）成本率的計算公式為 ①售價÷成本 ②售價×成本 ③成本÷售價 ④成本＋售價 。

22.（4）營業額的計算基礎，是以下列何種單據為憑據？ ①單杯銷售報表 ②內部轉帳單 ③盤存表 ④點菜（酒）單 。

23.（4）以下哪一種報表不屬於銷售報表？ ①點菜（酒）單 ②單杯銷售報表 ③盤存表 ④破損單 。

24.（1）吧檯打烊前的飲料盤點工作是由何人負責？ ①飲務員 ②出納 ③吧檯服務員 ④吧檯領班 。

25.（3）玻璃杯洗杯機應維持衛生、清潔，每天必須清理一次，清理時間是 ①營業前 ②營業中 ③營業後 ④不定時 。

26.（3）下列那些調味品使用後，必須放置冰箱保存？ ①荳蔻粉 ②胡椒粉 ③奶水④苦精 。

27.（1）飲料的調配成本應如何控制？ ①按標準配方調製 ②依定價調配 ③依經理指示調配 ④依自己方式調配 。

28.（2）每天打烊後，清理清潔用具、杯皿和器具後如何處理？ ①等待下一班處理 ②歸位 ③清洗後放置托盤即可 ④晾乾即可 。

29.（4）下列何者不影響酒類、飲料的直接成本？ ①價格標準化 ②建立標準配方 ③杯類大小容量標準化 ④服務流程標準化 。

30.（3）一般於飯店吧檯之酒水轉帳到別的單位，開立之內部轉帳單，其英文為下列何者？ ① Food Store Requisition Form ② External Form ③ Internal Transfer Form ④ House Use Slip 。

31.（4）通常於飯店之吧檯酒水量不足時，會填寫 "飲料倉庫領料單" 領貨，其英文為下列何者？ ① Petty Cash Voucher Form ② Trouble Report ③ Food Store R equisition Form ④ Beverage Store Requisition Form 。

32.（4）剩餘之「罐裝產品」未使用完時，得妥善處理後置於冰箱，下列何者不適合隔日再使用？ ①櫻桃 ②罐頭果汁 ③椰奶 ④罐裝汽水 。

33.（1）電動攪拌機(Blender)之使用時應注意事項，下列何者為非？ ①儘量使用大一點的冰塊 ②不要將有核之水果丟入 ③使用前後皆應清洗，且要定期保養 ④不可加入有氣之飲料 。

34.（3）一般飯店、咖啡廳由於咖啡使用量大，皆會使用咖啡機來煮咖啡，有關咖啡機之保養、使用常識下列何者為非？ ①一般開機後暫時無法使用，待「熱機」後即可使用 ②咖啡豆渣盒滿時要取出清洗 ③咖啡機故障時可請飲務員自行拆卸、修理 ④咖啡機須每日清洗保養 。

35.（4）於營業結束盤存飲料，帳單上之存量與現場實際存量有異時，應再仔細檢查，下列何者錯誤？①重新計算帳上及現場之實際存量，看是否有計算錯誤 ②檢查是

否有漏開單或重複開單 ③檢查是否有材料轉入或轉出之情形 ④詢問服務人員是否有偷飲料 。

36.（4）降低破損是大家的責任，下列何者「非」減少破損應注意的事項？ ①以正確方式拿托盤 ②保持地面乾燥 ③若桌面杯類太多，可分兩次收拾 ④儘量不去使用生財器皿 。

37.（4）一般清洗酒杯的毛刷洗杯機，安置在何處？ ①冰箱上 ②製冰機上 ③工作檯上 ④水槽內 。

38.（2）下列那一項不是吧檯之消耗品？ ①杯墊(Coaster) ②冰夾(Ice Tong) ③吸管(Straw) ④櫻桃叉(Cherry Stick) 。

39.（2）通常吧檯使用之「飲料酒水日報表」中一定要有四大欄，下列何者不在此列？ ①昨日結存 ②昨日進貨 ③今日銷售 ④今日結存 。

40.（2）每次領貨，都須填寫哪一種單據，才可以從倉庫提領？ ①出貨單 ②領料單 ③估價單 ④庫存表 。

41.（1） 每次調製飲料時，都能使用哪種器具，較能達到成本控制的目的？ ①量酒器(Jigger) ②隔冰器(Strainer) ③公杯(Lipped Glass) ④攪拌棒(Stirrer) 。

42.（4）有經驗的飲務員，通常在打烊後之後標準作業流程為下列何者,完成後才會離去？ ①結帳→填寫日報表→開立領貨單→檢查水、火、電等之安全 ②檢查水、火、電等之安全→填寫日報表→開立領貨單 →清點存貨 ③清點存貨→填寫日報表→檢查水、火、電等之安全→開立領貨單 ④清點存貨→填寫日報表→開立領貨單→檢查水、火、電等之安全 。

43.（3）製作每日之酒水日報表時，扣除飲料用量，應以下列何者為基準？ ①當日營業額 ②當日出貨單 ③當日飲料單上的量 ④當日客流量 。

44.（3）一杯售價是 $200 元，成本為 $40 元的飲料之成本率為 ①2% ②10% ③20% ④25% 。

45.（2）標準配方的內容不包含下列何者？ ①調配方法 ②價錢 ③材料 ④容量 。

46.（4）調製飲料供給顧客飲用時，所產生的開銷是指 ①飲料類毛利 ②庫存報表 ③飲料類材料 ④飲料類成本 。

47.（1）飲務人員每天下班前，吧檯內的物品都必須盤點，下列何者「非」每日必盤的物品？ ①垃圾桶 ②飲料 ③酒類 ④配料 。

48.（3）一般營業單位會將飲料單與下列何者分開設計？ ①報廢單 ②帳單 ③葡萄酒單 ④日報表 。

49.（2）吧檯的清洗設備應設置三格水槽，下列何者為非？ ①沖洗槽 ②光槽 ③消毒槽 ④洗刷槽 。

50.（4）飲料吧材料的採購、儲存的多寡，必須以飲料吧所訂立的何者為根據？ ①營業報表 ②日報表 ③成本 ④庫存量 。

51.（1）領貨單是依據下列何者來填寫需求數量？ ①盤存表 ②報廢單 ③周轉率 ④日報表。

52.（2）飲料成本的設定是根據下列何者計算而來？ ①毛利 ②配方 ③酒庫 ④報表 。

53.（2）調製飲料時，若需加入 120cc 之柳橙汁，在配方上不會出現哪種標示方法？ ① 4oz ② 0.12L ③ 12cl ④ 120ml 。

54.（1）一本好的飲料單目錄，在設計上除了精美印刷之外，還須具備哪些基本要件，下列何者為非？ ①銷售成本 ②掌握潮流 ③市場調查分析 ④消費心理 。

55.（3）物料的補充是根據倉庫的何種比率而定？ ①餐廳周轉率 ②毛利率 ③安全庫存周轉率 ④成本率 。

56.（4）盤存表的記載是用來對比下列哪一表單？ ①周轉率 ②成本 ③飲料單 ④帳目 。

57.（4）關於乳製品的儲存，以下何者為非？ ①乳製品極易吸收氣味，冷藏時應將瓶蓋蓋好 ②乳製品不可暴露在陽光或燈光下，光線會破壞乳製品中的維生素 ③溫度過低對乳製品有不良影響，結冰的乳製品，營養成分會受破壞 ④ 保久乳、煉乳儲存於陰涼、乾燥，且日光直射的地方 。

58.（4）咖啡豆包裝袋經常使用鋁箔材質，其功用敘述，以下何者為非？ ①阻擋陽光 ②防止氧化 ③預防潮濕 ④只為美觀而已 。

59.（1）半自動義式咖啡機旁的研磨機粗細刻度，下列何者為最佳調整時機？ ①更換豆子或每次清潔後皆需調整 ②一週一次即可 ③二週一次即可 ④每月調整一次即可 。

60.（3）一組全新的虹吸壺，最可能影響咖啡風味的部份是 ①虹吸壺上座 ②吸壺下座 ③新濾布和新調棒 ④酒精燈型式 。

61.（3）義式咖啡機開啟加熱後，將兩邊蒸氣管開關開啟，進入等待加熱階段，此作法主要目的是為了 ①提醒自己咖啡機可以用了 ②純粹是工作習慣動作 ③將咖啡機內水氣排擠出來，增加加熱效率 ④測試咖啡機溫度 。

62.（1）一般義式咖啡機加熱至工作壓力區時，壓力表正常會上升到 ①綠色區塊 ②紅色區塊 ③咖啡色區塊 ④紫色區塊 。

63.（1）每杯義式咖啡萃取量為 30ml 時，最適當的咖啡粉量為多少公克？ ① 6-8 ② 10-14 ③ 15-19 ④ 20-25 。

64.（2）加熱完牛奶或是巧克力後，清潔蒸氣管及噴頭的最佳時機為 ①營業結束時一次清洗 ②每打一次後，即刻用濕抹布清潔 ③打完二到三杯時，再清潔以節省人力 ④有結乳垢時再清洗擦拭 。

65.（3）檢查義式咖啡機的水壓，最適當的幫浦壓力為 ① 4-5 Bar ② 6-7Bar ③ 8-9Bar ④ 10-11Bar 。

66.（4）檢查義式咖啡機的鍋爐內工作區壓力錶，理想值應為 ① 0.2-0.3Bar ② 0.4-0.5Bar ③ 0.6-0.7Bar ④ 0.8-1.2Bar 。

67.（1）義式咖啡機正在萃取咖啡時 ①不可將萃取手把移開，以免被燙傷 ②發現萃取出的 Crema 不理想時，可以抽出萃取手把 ③壓力不足時，萃取手把可以抽出或移開 ④當咖啡滴漏不出來時，可以將萃取手把左右轉動 。

68.（2）清洗義式咖啡機時，以下敘述何者為正確？ ①因為機器有防水保濕設計，可以直接用水沖洗 ②機器中的電子零件機板可能會短路，所以不可以用水直接沖洗 ③機器外表泛黃時，應該用去漬油擦拭 ④當電源開啟時，拆卸電子零件擦拭，才會知道機器運作是否正常 。

69.（1）打烊後，果汁機 (Blender) 的插頭應如何處理？ ①馬上拔掉 ②明天處理 ③視情況而定 ④不用拔掉。

70.（3）吧檯打烊時，哪一種電器設備不需拔掉插頭？ ①果汁機 ②咖啡機 ③製冰機 ④磨豆機。

71.（3）吧檯打烊時，最後要處理的事務是 ①清洗杯子 ②清洗地板 ③檢查電源 ④垃圾清理。

72.（1）吧檯打烊時，何種開罐後的物料不須放回冰箱？ ①萊姆汁 ②蕃茄汁 ③柳橙汁 ④鳳梨汁。

73.（1）雪克杯 (Shaker) 清洗完後，應該如何處理？ ①倒立、濾乾妥善放置，使其陰乾之後再組裝 ②重新組裝後陰乾備用 ③烘乾後再備用 ④放置於陰涼乾燥的地方。

74.（2）清洗高飛球杯 (Highball) 要使用下列何者？ ①清潔劑和菜瓜布 ②弱鹼性清潔劑及長柄海綿刷 ③長柄刷 ④長柄菜瓜布清洗 並檢查杯子是否有破損。

工作項目 05：飲料調製服務特性

1. （4）如果你要請外國客人買單之說法，下列何者正確？ ① Could you give me money？ ② Could I have your money？ ③ Service is included. ④ Could you settle up？ 。

2. （1）如果你要請外國客人簽字應如何講才正確？ ① May I have your signature？ ② Here is your change ③ What is your name？ ④ May I sign it？ 。。

3. （3）如果要請客人用"正楷"簽名，其"正楷"之英文為 ① First Name ② Family Name ③ Black Letter ④ Sign Please 。

4. （3）有關於吧檯之服務，下列敘述何者錯誤？ ①顧客光臨，要面帶微笑並向顧客問好 ②顧客起身離去，注意是否遺失物品 ③離打烊時間還有十分鐘，可以將吧檯現場之燈光打到最亮，音樂關掉，以提醒顧客該走了 ④隨時注意桌面及顧客需求，看是否須換煙灰缸或續杯…等 。

5. （3）有關個人服裝儀容，下列敘述何者正確？ ①指甲可留長，以方便工作 ②口紅可畫各種奇怪的顏色 ③制服首要整齊、清潔 ④鬍鬚可留長才性格 。

6. （4）於餐廳吧檯，服務人員要為三位同桌之外國人（房客）買單時，應注意的事項，下列何者錯誤？ ①應問是否分開買或一起買 ②應問是刷卡、付現或入房客帳 ③檢查帳單是否正確 ④刷卡後不用核對顧客的簽字 。

7. （1）於晚上外國客人喝完酒要離開吧檯時，下列何者說法錯誤？ ① Have a seat there ② Have a nice evening ③ We hope to see you again ④ Thank you. good bye 。

8. （2）通常至吧檯喝酒之基本禮儀，下列何者正確？ ①為節省花費，可自行攜帶飲料進入吧檯飲用 ②依自己的酒量，適量飲酒 ③可在吧檯吃檳榔，檳榔汁吐在煙灰缸即可 ④可在吧檯大聲划拳、嬉鬧 。

9. （4）下列何者不是健全的服務心態？ ①工作有榮譽感 ②隨時有熱忱及愉快的心 ③工作藝術化 ④以金錢目標為唯一激勵 。

10. （3）當工作場所的機器設備有故障情形發生時，工作人員正確處理態度是 ①裝作沒事 ②馬上逃離現場，當做不知道 ③主動通知維修單位及該單位主管 ④停止工作。

11. （4）下列行為何者是餐飲服務人員應有的品德與修養？ ①代人打卡 ②對同仁斥吼 ③有蒜味 ④微笑待客 。

12. （1）國際通用語言是飲務員必備的條件，現今是以那一種語言為主？ ①英文 ②西班牙文 ③法文 ④日文 。

13. （4）以下何者不是顧客光臨吧檯的期望？ ①可口安全的飲料 ②清潔舒適的環境 ③令人愉悅的服務 ④剝削式的高售價 。

14. （3）吧檯飲務員的工作表現，讓顧客最無法忍受的是什麼？ ①酒量太少 ②調錯雞尾酒 ③服務態度不好 ④個人衛生不好 。

15. （4）吧檯的飲務員必須遵守道德規範，除個人忠於職守外還必須強調 ①人際關係 ②業務規範 ③企業規範 ④廉潔和誠實 。

16. （2）飲務員（Bartender）在何種狀態下可以拒絕供酒服務？ ①客人講話太大聲 ②客人已有醉意 ③客人年齡太高 ④客人尚未結帳 。

17. （2）飲務員對裝飾物之補充，應如何處理？ ①不一定檢查 ②應每天檢查 ③不必要檢查 ④聽上級指示處理 。

18. （3）修飾並打理個人儀容，對飲務員而言是 ①浪費時間 ②可做可不做的事情 ③必要的職責 ④不必要的工作 。

19. （1）職業道德最重要的是 ①敬業精神 ②溝通協調 ③滿足員工需要 ④供應美酒咖啡 。

20. （2）如有研發新的調飲配方頗受歡迎，飲務員的心態應 ①藉機要求加薪 ②能以餐廳或吧檯提昇業績為榮 ③當做秘方，不可告訴別人 ④待價而沽 。

21. （4）下列何者不是一位優秀的吧檯從業人員應具備的條件？ ①良好的工作態度 ②溝通技巧熟練 ③重視職業道德 ④英雄主義 。

22. （3）下列何者不屬於服務業的特性？ ①工作時間長 ②高低起伏的需求 ③朝九晚五的單一上班制 ④生產與消費不可分離 。

23. （2）吧檯的滅火設備若有缺失導致火災，最大受害者是下列何者？ ①老闆與股東 ②顧客與員工 ③設計師與水電工 ④建築師與酒商 。

24. （3）餐飲服務人員之服裝儀容，下列何者不被允許？ ①指甲適當修剪 ②保持制服整潔 ③濃妝艷抹 ④綁髮髻 。

25. （1）收拾顧客桌面之空杯皿時，下列作法何者正確？ ①應順口禮貌的再問顧客是否還需要再點一瓶（杯）②等顧客召喚要求再詢問是否需要再點一瓶（杯）③不可以催促顧客繼續點一瓶 ④看顧客心情決定 。

26. （1）調酒員為外國客人解說飲料的配方時，下列何者正確？ ① This is a mocktail with some and some ② It is one cup of.. ③ I am serving one cup of beverage ④ It is one kind of soft drink 。

27. （3）服務進行的優先順序，是以下列何者為優先？ ①男士 ②小朋友 ③年長者、女士 ④付錢請客的主人 。

28. （1）吧檯工作人員有特殊體味者，應如何處理？ ①勤洗澡，並適當使用除味劑 ②工作權是公民的權利，所以沒關係 ③儘量不要錄用 ④藉故辭退 。

29. （3）一位好的吧檯從業人員可以單獨作業 ①全力表現出專業就好 ②不須要與別的同事協調工作 ③但是仍需與同事密切合作 ④只要討好主管即可 。

30. （3）因為吧檯的工作很繁雜 ①垃圾分類可以視實際情況來決定，以免浪費時間與資源 ②垃圾可以不必分類 ③垃圾仍必需分類 ④只要簡單把需回收的物件整理好即可 。

31. （1）為了個人飲食衛生，飲務員應有隨時做到下列何者的習慣？ ①洗手 ②照鏡子 ③梳頭髮、清頭皮屑 ④喝水 。

32. （4）保持專業的服裝儀容與外表是飲料調製員的基本義務，所以在工作時，一旦發現自己的儀容不整時，應該如何處理？ ①立刻就地處理 ②請同事幫忙看看 ③不管它、把工作做好再說 ④儘快抽空到休息室或是洗手間整理 。

33. （1）如果餐廳有最低消費的規定，應如何處理才算正確？ ①事先告知顧客 ②結帳時才說 ③想到再說 ④直接加入帳單 。

34. （2）提供一個愉悅的餐飲環境是服務業的基本責任，有關音樂的播放，應該要注意些什麼原則？ ①顧及服務品質所以應以服務人員的喜好為主 ②應以符合餐廳的主題與主要顧客族群訴求為主 ③當下流行音樂為主 ④古典音樂 。

35. （1）如果餐廳有收取開瓶費之規定時，應如何處理才算正確？ ①事先告知顧客 ②結帳時才說 ③想到再說 ④直接加入帳單 。

36. （1）當有顧客留下完全未食用的食物或飲料時，應該如何處理？ ①一律丟棄、不可做其他使用 ②看看是否真的完全未食用，如果確定之後，飲料倒掉、食物留下 ③如果有客人 Order 一樣的項目，正好可以遞補 ④問過主管之後，可以給員工食用 。

37. （2）服務人員工作時，如有親友來消費時，下列行為何者正確？ ①儘量讓他們坐在不醒目的位置，以便抽空與他們聊天，或是偷偷的贈送飲食物品 ②一視同仁，提供正確標準的服務為主，但是仍可適當的時刻與之寒暄，以示歡迎 ③看狀況而定，如果主管或是老闆不在現場，就可儘量提供優惠與便利 ④為了避免麻煩，拜託他們儘量別出示身份 。

20600 飲料調製

工作項目 06：飲料調製衛生事項

1. （3）依據飲料類衛生標準規定，有容器或包裝之液態飲料當中之「茶」的咖啡因含量不得超過多少？ ① 30mg/100mL (300 ppm) ② 40mg/100 mL (400ppm) ③ 50 mg/100mL (500ppm) ④ 60mg/100mL (600ppm) 。

2. （2）依據飲料類衛生標準規定，有容器或包裝之液態飲料，茶、咖啡及可可以外之飲料的咖啡因含量不得超過多少？ ① 28mg/100mL (280ppm) ② 32mg/100mL (320 ppm) ③ 46mg/100mL (460ppm) ④ 54 mg/100mL (540ppm) 。

3. （1）餐飲業發生之食物中毒，以何者最多？ ①細菌性中毒 ②化學性中毒 ③天然毒素中毒 ④類過敏性中毒 。

4. （4）於調製飲料時穿戴整潔衣帽，其主要目的為下列何者？ ①好看 ②怕弄髒衣服 ③擦手方便 ④防止頭髮、頭屑及夾雜物落入飲料中 。

5. （1）若以保久乳調製木瓜牛奶，則保久乳每公克大腸桿菌群最正確數值應為 ①陰性 ② 10 以下 ③ 50 以下 ④ 100 以下 。

6. （4）防腐劑不得使用於 ①水果酒 ②濃糖果漿 ③含果汁之碳酸飲料 ④罐頭 。

7. （4）製作蔬果汁時，使用壓榨法較使用果汁機合適，其原因為 ①壓榨法較為藝術 ②壓榨法設備較便宜 ③壓榨法製作較迅速 ④壓榨法較不易混進氣體，因此維生素較不易氧化 。

8. （4）工作人員清洗煙灰缸時，應該 ①用口布加以擦拭 ②用刷子先行刷洗 ③用煮過的咖啡粉來墊底 ④要分開，不可與杯子一起清洗 。

9. （4）有關製冰機的使用原則，下列何者正確？ ①只要是清理乾淨的食物都可以放置保鮮 ②乾淨的飲料用具都可以放進去 ③除了冰鏟外，不能存放食品及飲料才能保持冰塊新鮮與清潔 ④不得放任何器具、材料 。

10. （1）飲料製作完成後，哪些裝飾物可直接利用手擺置杯上？ ①小紙傘 ②櫻桃 ③小洋蔥 ④橄欖 。

11. （2）清洗杯子的最佳洗潔劑是 ①肥皂粉 ②弱鹼性專用清潔劑 ③洗碗精 ④玻璃清潔劑 。

12. （4）下列何者非吧檯內之易燃物品？ ①瓦斯罐 ②杯墊 ③紙巾 ④吧叉匙 。

13. （4）飲料食品從業人員在新進時，應該健康檢查合格，之後多久需再檢查？ ①每月 ②每季 ③每半年 ④每年 。

14. （3）吧檯砧板消毒洗淨後，應以何種方式存放？ ①平放 ②倒掛 ③側立 ④疊放 。

15. （2）購買回來之橄欖罐 (Olives)，應如何處理？ ①擦拭乾淨後應立即冷藏 ②常溫保存即可 ③低溫冰存 ④恆溫保存 。

16. （2）茶會結束後，如有剩餘冰塊應該如何處理？ ①可做食品冷藏，下次使用時再清洗即可 ②任何冰塊都不可以重複使用 ③拿去放在冷藏室幫助降溫 ④可以拿來給員工餐廳使用 。

17. （4）酒吧冷藏冰箱溫度，應設定在華氏幾度？ ① 0 度 ② 25 ～ 32 度 ③ 33 ～ 39 度 ④ 40 ～ 45 度 以下 。

18. （1）濺溢軌道 (Spill Rail) 是飲務員調製飲料的地方，多久清潔擦拭一次？ ①每次使用均擦拭 ②每日擦拭一次 ③每月擦拭一次 ④不必要清潔擦拭 。

Cook50203

飲料調製證照教室

飲調丙級技術士技能檢定術科寶典＆學科滿分題庫

作者｜許可函
攝影｜林宗億
美術設計｜許維玲
編輯｜劉曉甄
校對｜翔榮
企畫統籌｜李橘
總編｜莫少閒
出版者｜朱雀文化事業有限公司
地址｜台北市基隆路二段 13-1 號 3 樓
電話｜02-2345-3868
傳真｜02-2345-3828
劃撥帳號｜19234566 朱雀文化事業有限公司
E-mail｜redbook@hibox.biz
網址｜http://redbook.com.tw
總經銷｜大和書報圖書股份有限公司 （02）8990-2588
ISBN｜978-986-99736-2-5
初版一刷｜2021.02
定價｜480 元
出版登記｜北市業字第 1403 號

國家圖書館出版品預行編目

飲料調製證照教室：飲調丙級技術
士技能檢定術科寶典＆學科滿分題
庫／許可函著
－初版－台北市：
朱雀文化，2021.02
面；公分（Cook50：203）
ISBN 978-986-99736-2-5(平裝)
1.烹飪 2.考試指南

427.16

About 買書

●實體書店：北中南各書店及誠品、
金石堂、何嘉仁等連鎖書店均有販
售。建議直接以書名或作者名，請書
店店員幫忙尋找書籍及訂購。

●●網路購書：至朱雀文化網站購書
可享 85 折起優惠，博客來、讀冊、
PCHOME、MOMO、誠品、金石堂等
網路平台亦均有販售。

●●●郵局劃撥：請至郵局窗口辦理
（戶名：朱雀文化事業有限公司，帳
號：19234566），掛號寄書不加郵資，
4 本以下無折扣，5 ～ 9 本 95 折，
10 本以上 9 折優惠。